数字化转型理论与实践系列丛书

数字化转型实践
构建云原生大数据平台

金鑫　武帅　编著

電子工業出版社
Publishing House of Electronics Industry
北京 • BEIJING

内 容 简 介

21 世纪，互联网行业的爆发开启了全球数据量急剧增长的新时代，数据已经成为驱动企业数字化转型的核心力量。整个数据行业的技术能力不断提升，从数据库到数据仓库，再到开源大数据，都在经济社会中发挥着极其重要的作用。近年来，新兴数据技术与云计算相互辅助，共同发展，诞生了一系列云原生数据服务，让企业能够突破传统模式的局限，专注于业务，降本增效。本书以全球前沿的云原生服务为基础，详细展现了如何将数据存储、数据引入、批量数据处理、实时数据处理、数据仓库、数据可视化和机器学习等核心要素综合起来，逐步构建一个高效的大数据服务平台。

本书内容丰富，示例与图解清晰易懂，既能帮助大数据初学者迅速熟悉大数据技术的核心内容和流程，也适合已经熟悉大数据的技术人员通过云原生服务进一步优化解决方案。

图书在版编目（CIP）数据

数字化转型实践：构建云原生大数据平台 / 金鑫，武帅编著. 一北京：电子工业出版社，2022.8
（数字化转型理论与实践系列丛书）
ISBN 978-7-121-44006-9

Ⅰ. ①数… Ⅱ. ①金… ②武… Ⅲ. ①云计算 Ⅳ. ①TP393.027

中国版本图书馆 CIP 数据核字（2022）第 129661 号

责任编辑：王 群
印　　刷：天津画中画印刷有限公司
装　　订：天津画中画印刷有限公司
出版发行：电子工业出版社
　　　　　北京市海淀区万寿路173信箱　　邮编：100036
开　　本：720×1 000　1/16　印张：20.75　　字数：398.4千字
版　　次：2022 年 8 月第 1 版
印　　次：2022 年 8 月第 1 次印刷
定　　价：109.00元

凡所购买电子工业出版社图书有缺损问题，请向购买书店调换。若书店售缺，请与本社发行部联系，联系及邮购电话：（010）88254888，88258888。

质量投诉请发邮件至zlts@phei.com.cn，盗版侵权举报请发邮件至dbqq@phei.com.cn。

本书咨询联系方式：wangq@phei.com.cn，910797032(QQ)。

前言
FOREWORD

作者多年来一直在微软公司从事企业数字化转型的布道与咨询工作，深刻地体会到数字化转型正在深刻地影响着我们生活的方方面面。例如，在物流行业中，对货物流转、车辆追踪、仓储等环节产生的数据进行归纳、分类、整合、分析和提炼，可以有效提升物流的整体服务水平。在保险行业中，基于企业内外部运营、管理和交互数据分析，可以全方位统计和预测企业经营和管理绩效；基于保险保单和客户交互数据进行建模，可以快速分析和预测市场风险、操作风险等。可以说，数字化转型使企业经营决策模式发生了转变，正在驱动着行业变革，不断衍生出新的商机和发展契机。

在整个数字化转型中，数据是驱动转型的核心力量。特别是近年来，数据蕴藏的巨大潜力和能量在各行各业中绽放光彩，为流程、组织、甚至社会本身的转型激发了更多新的方式，整个数据行业的技术基础和实践能力不断提升。本书聚焦数字化转型中数据的全生命周期管理与应用，帮助读者了解如何通过云原生技术将数据存储、数据引入、批量数据处理、实时数据处理、数据仓库、数据可视化和机器学习等核心要素综合起来，构建高效的数据服务平台。本书内容分为 8 章。

第 1 章为数字化转型与数据技术，介绍了什么是数字化转型及其中的数据价值，阐述了从数据库到数据仓库，从大数据到数据湖的技术发展进程。

第 2 章为数据存储，介绍了数据存储发展过程中各类文件系统的特点及使用场景，阐述了云原生存储的优势及其在现代大数据平台中的关键作用，演示了如何在各类大数据平台中对云存储进行访问。

第 3 章为数据引入，介绍了数据引入的相关知识，并以数据工厂为例，展示了如何使用云原生服务创建数据驱动型工作流，以对不同数据源进行访问，并将数据从本地移动/复制到数据湖存储中。

第 4 章为批量数据处理，介绍了数据处理的挑战和相关技术，展示了如何通过云原生数据处理技术，对数据进行批量处理等。

第 5 章为实时数据处理，从实时数据产生和流向的各环节出发，介绍了当前前沿的消息队列和实时数据处理引擎，展示了如何使用云原生服务构建实时数据处理系统。

第 6 章为数据仓库，梳理了当前主流的云原生数据仓库服务，并以 Synapse Analytics 为例，介绍了其架构、资源和负载管理，演示了如何快速将数据从数据湖存储导入到 Synapse Analytics 中，并展示了其无服务器架构、Spark 引擎等特性。

第 7 章为数据可视化，介绍了目前市场上比较流行的可视化工具，并以 Power BI 为例，演示了如何创建、发布和共享报表，以及对数据仓库中的数据进行可视化。

第 8 章为机器学习，介绍了机器学习的算法类型和使用场景，阐述了机器学习的挑战和云原生平台的优势，深入展示了云原生机器学习平台中的机器学习设计器和自动化机器学习等功能。

本书的目标是既能让初学者快速熟悉数据技术的核心内容和流程，迅速上手；也能帮助已经熟悉数据技术的人员通过云原生服务进一步优化解决方案，降本增效。

感谢家人对我们利用业余时间编写本书的理解，在漫长的编写过程中始终给予关爱与支持，也感谢微软诸多同事和电子工业出版社编辑王群的鼓励与支持，本书的成书与他们密不可分。

本书所用数据集和相关代码请在 https://github.com/builddigittransform/cloudnativedatademo 下载。

由于作者学识有限，时间仓促，书中难免有错误或疏漏之处，恳请广大读者批评指正。

金鑫　武帅

2022 年 5 月于上海

目录

第 1 章

数字化转型与数据技术

近年来，随着各行各业的蓬勃发展，数字化转型已经成为一个热度颇高的名词。随着企业实践的不断深入，数字化转型所包含的内容也越来越多，它正深刻影响着企业变革、市场营销、用户反馈、客户服务、技术实现和远程交流等的方方面面。事实上，人与人之间、机器与机器之间的关系都在数字化，数字化转型逐步成为每个企业和每个部门不可或缺的核心竞争力。

1.1 数字化转型

回望过去，第一次工业革命和第二次工业革命分别通过机械化和电气化以更经济的方式和更高的效率创造了更丰富的产品，大大满足了人们吃穿住行的需求，提高了生活品质。与此类似，数字技术变革的驱动力也来自改善用户体验，不断满足用户日新月异的需求，创造更好的服务和更好的产品的目标。

在谈数字化转型前，我们先看看什么是产业数字化。“十四五”规划中曾多次提到“产业数字化”，简单理解，就是数字化在传统行业的变革。以企业的采购系统为例，在初始阶段，采购人员依据公司订单在纸质材料上填写订单信息，包括客户姓名、产品类型、产品数量、单价等。这种模式对业务人员要求很高，订单容易丢失，并且耗时耗力。后来，企业逐步引入线上采购系统，采购人员可直接在系统里录入订单，不仅效率得到提升，查找也更加方便，大大降低了企业的管理成本。进而，企业还可以对采购系统进行升级，根据历史订单数据对客户进行画像，分析哪些是核心客户，哪些是一般客户，哪些是即将流失的客户，以及针对不同的客户应该采取什么样的促销手段来提升业绩。这就是传统的采购业务进行产业数字化的历程。

数字化转型正是产业数字化中，企业对业务过程进行数字化重塑的过程。它将产品制造、客户经营和流程管理等企业事务映射为可以度量的数字，帮助企业构建或改革商业模式。从目的来看，数字化转型是一种企业面向客户需求的自我驱动，通过尝试新技术和不断思考来持续提升业务能力，所以数字化转型在不同的行业以不同的变革方式呈现。

让我们看几个数字化转型的成功案例。

安踏拥有数百个产品系列和数千个库存单位，需要为品牌和多家零售店提供支持，因此期望有效地推动销售，确保为每个产品系列生产、交付数量最合理的产品。由于每位顾客在样式、颜色、尺码和价格方面都有自己的需求和偏好，这些需求和偏好各不相同，所以如何抓住每次销售机会，满足不同的顾客需求是重中之重。在数字化转型中，安踏通过构建数据分析平台，对关键绩效指标进行统一监控和管理，从而更迅速地洞悉新兴零售趋势，缩短每个月结账所需的时间。安踏通过加速商品销售过程，从库存消耗、产品类别、地理区域和目标特点等多个维度进行更频繁、更精细的分析，大大提升了趋势预测的准确性，确保了每个产品线都能达到更精准的产量和最佳的质量。

作为一家聚焦农村，以生产农业运输车和农业装备为主的制造业企业，五征集团期望以数字平台的解决方案引领城乡物流、服务客户，从而更好地提升企业长期的竞争能力。2020 年年初，五征集团基于物联网平台的数字化营销服务平台建设，开启了其在数字化转型的征程，重点响应产品智能化、客户服务数字化和企业运营透明化这 3 个方面的诉求。在产品智能化方面，随着 5G、人工智能技术的发展，依托物联网把产品从过去的交通工具变成可以通过信息技术实现前端运行和后台管理联动的智能产品；在客户服务数字化方面，通过数据展现生产现场，为客户提供智慧预测服务，让客户在交通不便的情况下，能够提前预约，及时解决服务难题；在企业运营透明化方面，五征集团建立了数字化的运营体系，打造智能工作流，提升运营效率。借助数据和技术创新，五征集团颠覆了外界对农用装备制造企业的刻板印象，开辟了从感知、认知到预知，加速传统企业数字化转型之路。

从以上案例可以看到，在进行数字化转型时，技术平台至关重要，这也是数字化转型的基础。而衡量技术平台成功与否的标准就是其是否能够准确获取数据并挖掘数据中的价值。

1.2 基于数据进行数字化转型

数学家 Clive Humb 在 2006 年就曾把数据喻为新时代的石油，与推动工业时代高速发展的石油类似，数据已经成为驱动当前数字革命的核心力量。特别是近年来，数据蕴藏的巨大潜力和能量开始在各行各业不断绽放光彩，整个数据行业的技术基础和实践能力也不断提升，在经济社会中发挥着越来越重要的作用。

数据之所以如此重要，源于其无与伦比的价值。以零售为例，企业可能经常要思考如何提升运营现状、目标客群是谁、自己与竞品相比优势是什么等问题，这些看似简单的问题背后是海量的数据分析处理。只有综合客流数据、经营数据、过往活动相关数据、线上线下店铺信息、竞品数据进行深入挖掘，才能帮助企业进行用户画像、分析经营、建立会员体系、策划活动。

综合而言，数据在数字化转型中的价值体现在如下几个方面。

1. 改善企业管理

企业管理的基础是信息搜集与传递，而数据的实质在于信息的关联、挖掘，进而发现新知识并创造新价值。两者在这一特征上高度吻合，甚至可以说，数据就是企业管理的一种工具。对企业而言，数据就是财富，充分发挥其辅助决策的作用，可以更好地服务企业发展战略。另外，企业还能通过挖掘业务流程各环节的中间数据和结果，发现流程中的瓶颈，改善流程效率，降低成本。

2. 促进产品服务的创新

数据可以有效地帮助企业整合、挖掘、分析其掌握的庞大信息，构建系统化的数据体系，从而完善企业自身结构，持续改进现有业务，提出全新的业务模式，创造新产品。随着消费者个性化需求的增长，数据也在改变着企业的发展途径及商业模式，如完善基于柔性制造的定制生产，推动制造业的升级改造，建立高效的现代物流体系，建立多维度企业信用评级体系，提高金融业资金使用率，改变传统金融企业的运营模式等。

3. 提高企业决策能力

虽然不同行业产生的数据及其所支撑的管理形态千差万别，但从数据获取、整合、加工和应用来看，其模式是一致的，即在业务和管理层之间增加数据资源体系，通过数据加工，把当前数据和历史数据进行比对，把数据和企业的核心指标关联起来。把面向业务的数据转换成面向管理的数据，可以真正实现从数据到洞察的转变，提高企业经营决策水平和效率，推动创新。

4. 促进服务个性化

有数据支撑的服务往往可以提供更加个性化的体验。例如，在数据的帮助下，新型诊疗可以对患者的历史数据进行分析，并结合特定疾病的易感性和对特殊药物的反应等关系，实现个性化的医治。在传统的教育模式下，一个班上的所有学生使用相同的教材，同一个老师上课，课后布置同样的作业。这个模式很难做到对千差万别的学生因材施教。基于数据的个性化辅导，可以分析学生的表现，包括什么时候开始看书及在不同类型的题目上停留多久，从而真正做到根据每个人的特点进行个性化教学，激发其学习潜力。

5. 促进公共事业的发展

数据也是公共事业的基础，在大数据时代有着举足轻重的作用。例如，在治安领域，数据已用于信息的监控管理与实时分析、犯罪模式分析与犯罪趋势预测；在交通领域，可以通过对公交地铁刷卡信息、停车收费站信息、摄像头采集和视频等的收集，分析预测出行交通规律，指导公交线路的设计或调整车辆派遣密度，进行车流指挥控制，及时缓解拥堵，减轻城市交通负担。

1.3 数据仓库

在计算机诞生后的初始阶段，那时应用程序主要使用磁带存储数据，其是一种顺序存储器，寻址时间长，无法快速找到文件在磁带中的准确位置。20 世纪 70 年代，出现了磁盘存储，也就是直接访问存储，用户能够以毫秒级（甚至更短时间）找到磁盘上的文件。随着存储的不断发展，数据库管理系统（Database Management System，DMS）应运而生，也就是今天大家熟知的关系型数据库。在随后的 30 年，数据库大放异彩，出现了很多优秀的代表（包括 Oracle、SQL Server、MySQL 和 PostgreSQL 等），成为计算机领域的重要组成部分。数据库的主要用途是联机事务处理（Online Transactional Processing，OLTP），典型的场景包括电子商务、银行和证券等。在这样的系统里，单个数据库每秒处理的事务数往往很高。

随着时间的推移，企业逐渐意识到数据的价值，希望通过已掌握的数据对市场战略进行评估。以零售业为例，市场营销体系通常涵盖市场评价、用户体验和品牌价值等多个维度，企业希望从更高的维度发现整个体系的总体规律，通过横向分析了解用户的体验效果，这就需要用到在线联机分析（Online Analytical Processing，OLAP）。一般来说，单次 OLTP 处理的数据量比较小，所涉及的表比较有限，一般仅一两张表，而 OLAP 的目的是从大量的数据中找出规律，经常用到 count、sum 和 avg 等聚合方法，所以对多张表的数据进行连接汇总非常普遍。表 1-1 给出了 OLTP 和 OLAP 的主要区别。

表 1-1　OLTP 和 OLAP 的主要区别

对比项	OLTP	OLAP
操作对象	数据库	数据仓库
数据量	小	大
数据模型	实体关系	星型或雪花型
数据时效	当前数据	当前及历史数据
数据操作	支持 DML、DDL	一般不更新和删除
操作粒度	记录	多表
性能要求	高吞吐、低延时	要求较低
操作目的	增、删、查、改	分析规律，预测趋势

虽然传统数据库也能执行 OLAP，但由于其设计目的是面向事务处理，在执行计划和查询优化方面受限于数据规模，无法完全满足 OLAP 的要求。另外，企业需求错综复杂，可能需要使用跨多个部门的数据源，由于数据库类型不同，数据抽取时间不同，外部信息来源不同，因此在获得一份公司整体运营情况的报表时，只有跨部门动用大量的人力进行分析、设计和编码，才能保证结果的准确性和有效性。这样的处理方式效率低、时效性差。所以，为了访问和整合业务数据，使数据保持一致、可靠、及时和随时可用，企业需要将事务处理和数据分析的环境分离开，数据仓库的理论和解决方案应运而生。数据仓库与数据库相比有如下优势。

（1）整合多个来源的数据，实现企业的中心视图，并且可以使用单一的查询引擎呈现数据。

（2）维护数据历史记录，支持对历史数据的分析。

（3）将分析处理与事务性数据库分离，从而提高两个系统的性能。

以下为数据仓库的发展史。

（1）1983 年，Teradata 发布了第一款专门为决策支持而设计的 DBC/1012 数据库系统。

（2）1988 年，IBM 的 Barry Devlin 和 Paul Murphy 发表了 *An Architecture for a Business and Information System*，提出了企业数据仓库的概念。

（3）1990 年，由 Ralph Kimball 创立的 Red Brick Systems 推出了专门用于数据仓库的数据库管理系统 Red Brick Warehouse。

（4）1991 年，Bill Inmon 出版了 *Building the Data Warehouse*，说明了建立数据仓库的原因、数据仓库的价值，并提出建设数据仓库的指导性意见。

（5）1996 年，Ralph Kimball 出版了 *The Data Warehouse Toolkit*，提供了进行数据模型优化的详细指导意见，讨论了通用的维度设计技术，优化决策支持系统的数据架构。

初期的数据仓库主要用于管理企业中多个数据库实例，后来逐渐演变出由独立软硬件构成的数据仓库一体机，但其成本较高且扩展性有限。后期又出现了分布式数据仓库，一方面，它基于分库分表，在逻辑上把数据分成不同的模块，存放在不同的数据库中；另一方面，它通过大规模并行处理（Massively Parallel Processing，MPP）架构提供更好的扩展性，以应对海量数据的查询，在一定程度上解决了扩容问题。21 世纪初是数据仓库高速发展的时期，IBM、Oracle、Teradata 等公司提供了从硬件、软件到实施的数据仓库建设整体方案，同时也出现了很多并购活动，例如，Oracle 收购了 Hyperion，SAP 收购了 Business Objects，IBM 收购了 Cognos、Netezza 等。

随着数据仓库的蓬勃发展，企业的数据环境逐渐发展为以数据库为基础构建业务处理系统和以数据仓库为基础构建分析系统的统一体。数据仓库作为企业数据管理系统的中心枢纽，通过整合来自交易系统、ERP、CRM 的数据提供报告和分析，如图 1-1 所示。

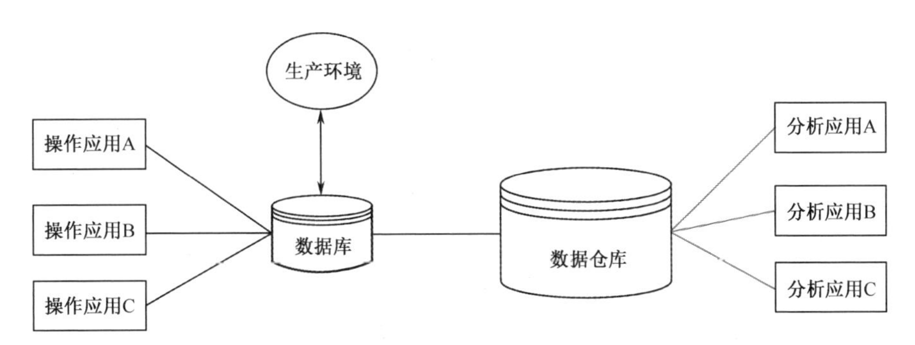

图 1-1　以数据仓库为中心的企业数据环境

但是，数据仓库出现的目的并不是取代数据库，事实上，两者相辅相成，能够满足企业不同的业务需求，表 1-2 给出了数据库与数据仓库的区别。

表 1-2　数据库与数据仓库的区别

对比项	数据库	数据仓库
设计目标	OLTP	OLAP
数据特点	交易数据	历史数据
设计规则	避免冗余，多采用范式规则设计	有意引入冗余，采用反范式的方式设计
容量	较小	较大
服务对象	企业业务人员	企业决策人员

1.4　大数据

进入 21 世纪，随着互联网行业的爆发，海量的用户点击带来动辄几十亿甚至上百亿次的页面访问，开启了全球数据量急剧增长的新时代。2001 年，Gartner 分析员 Doug Laney 在 *3D Data Management: Controlling Data Volume, Velocity, and Variety* 一文中指出，数据增长有 3 个方向的挑战和机遇，分别是数据规模、传输速度和多样性。在此基础上，IBM 进一步总结了如下 4 个方面的特征，得到业界的广泛认可。

（1）数量（Volume）：数据量巨大，能够到达数百 TB 甚至 PB 级。

（2）速度（Velocity）：数据的处理速度快，时效性强，很多场景要求实时更新。

（3）价值（Value）：追求高质量、有价值的数据。

（4）多样性（Variety）：数据类型繁多，不仅包括传统的格式化数据，还包括半结构化数据（如 CSV、日志、XML、JSON）、非结构化数据（如电子邮件、文档、PDF、图片、音频和视频等）。

处理满足这些特征的数据的系统就是我们常说的大数据系统。处理大数据就像淘金和挖矿，不断剔除无用的数据，挖掘有价值的信息。如果大数据系统不能给企业带来价值，不能给用户带来更好的体验，这个系统就是无用的。但大数据在 21 世纪初却遇到很大的技术挑战。

（1）传统关系型数据库技术很难处理 TB 级以上的数据，需要新型的调度方式以实现高效分析。

（2）传统的关系型数据库都是库、表、字段结构，没有考虑其他类型。而大数据具有数据多样化的特征，不适合全部存储在关系型数据库内。

（3）数据产生的价值会随着时间的推移而降低，传统数据库难以实现数据的实时分析和实时展示。

2003 年、2004 年、2006 年，Google 先后发表了 3 篇论文，即 *Google File System*、*MapReduce: Simplified Data Processing on Large Clusters* 和 *Bigtable: A Distributed Storage System for Structured Data*，分别提出 GFS、MapReduce 和 BigTable，即分布式存储、分布式调度及分布式计算模型。这 3 篇论文奠定了随后大数据技术发展的基础。在此基础上，逐渐衍生出 Hadoop 开源大数据生态，成为应对以上诸多挑战的方案。Hadoop 的历史最早要追溯到 2004 年，当时全球第一个全文文本搜索开源函数库创始人 Doug Cutting 正在开发能够处理数十亿网页搜索的分布式系统 Nutch，他发现 GFS 和 MapReduce 正是自己所需要的理论基础，于是使用 Java 在

Nutch 中进行了实现。2006 年，Doug Cutting 将 Nutch 中的分布式文件系统 HDFS 和 MapReduce 合并成一个新的项目——Hadoop，并贡献给 Apache 开源基金会。作为 Apache 最重要的项目，Hadoop 自推出以来就受到全球学术界和工业界的普遍关注，并得到广泛的推广和应用。随着企业与个人开发者不断做出贡献，越来越多的工具进入 Hadoop 大数据技术栈，以不可阻拦的磅礴气势引领了大数据时代。如今，伴随物联网和新兴互联网应用的崛起，更多的研发资源投入其中，大数据技术进入蓬勃发展的阶段，各类以 SQL 查询为表达方式的计算引擎如雨后春笋般出现，整体开始从"能用"转向"好用"。这些计算引擎针对不同的场景进行优化，采用用户熟悉的 SQL 语言，大大降低了大数据技术的使用成本，各种数据库时代的方法论开始回归。图 1-2 所示为当前 Hadoop 的主要技术生态。

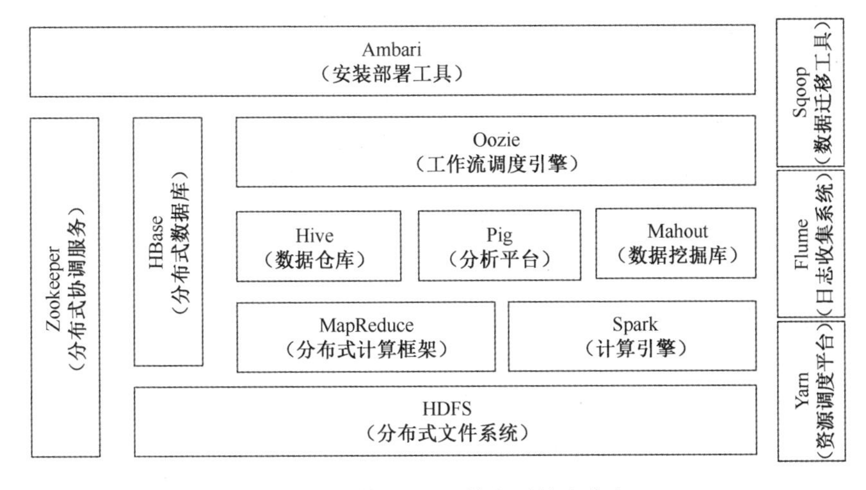

图 1-2　当前 Hadoop 的主要技术生态

（1）HDFS。HDFS 是基于 Google DFS 实现的具有高容错、高吞吐量和高可用特性的分布式文件系统。HDFS 非常适合存储大规模数据集，提供高吞吐量的数据访问，并且可以部署在廉价的机器上。它放宽了对 POSIX 的要求，允许以流的形式访问文件系统中的数据。

（2）MapReduce。MapReduce 是基于 Google MapReduce 实现的分布式计算框架，能够对保存于 HDFS 上的数据进行分布式迭代处理和分析，适用于离线数据处理场景，内部处理流程主要划分为 map 和 reduce 两个阶段。

（3）HBase。HBase 是基于 Google BigTable 实现的具有高可靠性和高性能、面向列、可伸缩的 NoSQL 分布式数据库，主要用于海量结构化和半结构化数据存储。

（4）Spark。Spark 是一个快速、通用、可扩展、可容错的大数据计算引擎。目前其生态体系主要包括用于批数据处理的 SparkRDD 和 SparkSQL、用于流数据处理的 Spark Streaming 和 Structured Streaming、用于机器学习的 Spark MLlib、用于图计算的 Graphx 及用于统计分析的 SparkR，支持 Java、Scala、Python、R 等多种编程语言。

（5）Hive。Hive 是基于 Hadoop 的数据仓库，可以将结构化的数据文件映射为数据库表，提供类似于 SQL 的 HQL 语言查询功能。Hive 支持多种计算引擎，如 Spark、MapReduce；支持多种存储格式，如 TextFile、SequenceFile、RCFile、ORC 和 Parquet；支持多种压缩格式，如 gzip、snappy 和 bzip2 等。

（6）Pig。Pig 是基于 Hadoop 的大规模数据分析平台，使用 Pig Latin 脚本语言描述数据流。Pig Latin 的编译器会把类 SQL 的数据分析请求转换为一系列经过优化处理的 MapReduce 运算，为复杂的海量数据并行计算提供简单的操作和编程接口。

（7）Mahout。Mahout 提供了可扩展的机器学习领域经典算法的实现，包括聚类、分类、推荐过滤等。

（8）Yarn。Yarn 是一个通用资源调度平台，负责为运算程序分配资源和调度，它为集群在利用率、资源统一管理和数据共享等方面带来了巨大帮助。

（9）Oozie。Oozie 是用于 Hadoop 平台的工作流调度引擎，可以根据时间频率或数据触发条件重复执行 Oozie 任务。

（10）Ambari。Ambari 是基于 Web 的安装部署工具，支持多个 Hadoop 生态组件，包括对 HDFS、MapReduce、Hive、Pig、HBase 等的管理和监控。

（11）Zookeeper。Zookeeper 为分布式应用程序提供协调服务，如主从协调、服务器节点动态上下线、统一配置管理和分布式共享锁等。作为 Hadoop 家族的分布式协作服务，几乎处处可以看到 Zookeeper 的身影。例如，Hadoop 通过 Zookeeper 来克服单点故障，HBase 通过 Zookeeper 选举集群主节点及保存元数据等。

（12）Flume。Flume 是一个高可用、高可靠、分布式的海量日志采集、聚合和传输系统，Flume 支持在日志系统中定制各类数据发送方，用于收集数据；同时，Flume 也提供对数据进行处理并将其传输至各类数据接收方的能力。

（13）Sqoop。Sqoop 是一个分布式数据迁移工具，可以将关系型数据库中的数据导入 HDFS，也能将 HDFS 中的数据导入关系型数据库。

1.5　数据湖

2010 年，Pentaho 公司的创始人兼首席技术官 James Dixon 在大数据理论的基础上提出了数据湖的概念。狭义的数据湖是一个大型的数据存储库，数据以原始格式进行保存以供后期处理、分析和传输，无须事先对数据进行处理。可以看到，数据湖在大数据理论的基础上强调了对原始数据的保存，即无论数据价值如何，先将其保存再考虑后续分析。广义上的数据湖则代表了更为宏大的数据栈，是一种企业数据的架构方法，不仅包括存储本身，也包括业务系统中数据集成和数据处理的完整体系，其目的是将企业内海量、多来源、多种类的数据，以原始状态保存到存储介质中，通过对数据进行快速加工和分析，提供机器学习和商业智能的能力。

以开源 Hadoop 体系为代表的开放式 HDFS 存储、开放的文件格式、元数据服务及多种引擎协同工作的模式形成了数据湖的雏形。但 Hadoop 并不等同于数据湖，更多是作为数据湖的部分技术实现而存在的。

尽管数据湖与数据仓库都具有提供商业智能的能力，但也存在明显的不同，数据湖的特点如下。

1. 保存所有数据

在建立数据仓库时，用户一般会花大量的时间分析数据源、理解业务逻辑、做数据切片，然后生成高度结构化的数据模型。在这个过程中，为了简化模型、降低存储成本、提高性能，可能还会花大量时间去筛选哪些数据需要进入数据仓库。与之相比，数据湖保留所有历史数据，甚至包括可能永远不会被使用的数据，以便能够及时回溯到任何时间点进行分析。

2. 支持所有数据类型

数据仓库一般从事务系统中提取数据，而服务器日志、传感器数据、社交网络活动、文本和图像等其他数据源一般会被数据仓库忽略。虽然这些非结构化数据的用途正在不断被发现，但消费和存储它们相对比较昂贵和困难。数据湖最初就被设计为天然支持非结构化的数据源，它以原始形式保留所有数据，只有在准备使用它们时才会对其进行处理。

3. 适应变化

数据仓库价格昂贵且需要大量时间来搭建和维护，虽然设计良好的数据仓库可以适应变化，但数据加载过程的复杂性，以及为简化分析和报告所做的前期工作仍然会大大消耗开发资源，使得数据仓库难以满足快速获得商业分析结果的需求。而在数据湖中，所有数据都以其原始形式存储并且不会被删除，用户能够根据不同需求，随时以各种分析方式探索数据。如果发现分析结果对决策没有帮助，则可以丢弃该结果，但不会对原始数据进行任何更改，也不会消耗过多的开发资源。

近年来，数据仓库不断被行业中的新事物、新需求冲击，给人留下了数据仓库在企业中优先级下降的印象，甚至有人认为数据仓库已经是“过去时”，可以被数据湖完全代替了，但事实并非如此。

技术上，数据湖与数据仓库的根本区别是对存储系统和建模要求的把控。数据湖通过开放底层文件存储，给用户带来了极大的灵活性，也给上层的引擎带来了更多的扩展性，各类引擎可以根据不同场景随意读写数据湖中的数据，只需要遵循相对宽松的兼容约定。所以当企业处于初创阶段时，从产生到消费，还需要不断探索才能使数据逐渐沉淀下来，那么用于支撑这类业务的数据系统的灵活性就更加重要，数据湖会更适用。而数据仓库更加关注数据使用效率、大规模的数据管理、安全合规等企业级需求，提供闭环的安全体系和数据治理能力。数据仓库里的数据通常预先定义结构和类型，经过统一开放的服务接口进入数据仓库，用户则通过数据服务接口或者计算引擎进行查询。由于企业在成熟后处理数据的成本不断增加，参与数据流程的人员、部门不断增多，所以数据系统的稳定性和成长性决定了业务的发展前景，数据仓库的架构更适合这种场景。事实上，相当一部分企业（特别是新兴的互联网企业）在从零开始架构数据湖技术栈，伴随开源 Hadoop 体系的流行，经历了从探索创新到成熟建模的过程。在这个过程中，数据湖架构太过灵活而缺少对数据的监管、控制和必要的治理手段，导致运维成本不断增加且数据治理效率降低，最后只有把数据湖与数据仓库不断融合，才能解决运维、成本、数据治理等问题。

也就是说，对企业而言，数据湖和数据仓库并不是“单选题”。企业需要同时兼顾数据湖的灵活性和数据仓库的成长性，将二者有效结合起来。如今，数据湖和数据仓库的边界正在慢慢变模糊，数据湖自身的治理能力、数据仓库延伸到外部存储的能力都在加强。数据仓库正在发展为数据湖的一部分，或者说，数据湖正在迅速发展为下一代数据仓库，而这一切都与云计算的发展息息相关。

1.6 云计算中数据技术的演进

数据技术的演进史实际上就是数据量的变化史。在进入互联网时代后，海量数据带来的容量问题和成本问题成为阻碍数据技术发展的核心难题。例如，数据保存在存储介质上，一般通过磁盘阵列或者多副本的方式进行冗余存储。在做后续数据分析的时候，还需要把这些数据进行抽取、清理并复制到 HDFS 等分布式存储上。在通常情况下，HDFS 需要做“三副本”，因此一份数据就会占用大量的存储空间，这要求数据存储系统具备很强的扩容能力，并且足够简便，保证在不停机的情况下完成扩容。本地机房虽然可以通过增加磁盘柜的方式来提高容量，但往往有较长的采购周期，容量问题无法得到完美解决。另外，海量数据也意味着高昂的成本，对于使用大数据的企业来说，成本控制也非常重要。

如今炙手可热的云计算恰恰可以完美解决本地机房扩容和成本的局限性问题。云计算巨大的规模效应让用户无须单独采购存储设备，能够以低廉的价格保存数据，即便面对海量存储需求，云计算服务遍布全球的数据中心也能确保随时提供足够的可用资源。

云计算的历史最早要追溯到 2006 年。当时，Amazon 已经是著名的在线零售商，为了支持交易高峰期的资源需求，不得不购买大量的服务器。而在非交易高峰时间段，这些服务器会长时间闲置，造成很大的浪费。为了合理利用空闲服务器，Amazon 率先推出存储服务 S3 和弹性计算服务 EC2，云计算正式走上了历史舞台。云计算的核心在于其庞大的规模效应，众多用户共享大量硬件和软件服务，由云计算厂商统一运作物理机房。用户可以根据自己的实际情况按需申请或释放计算资源，节省成本，无须像维护本地机房那样购买、安装或运维服务器和其他硬件设备，在成本降低的情况下还可以获得更好的稳定性。

在云计算发展早期，各云厂商的数据服务还没有完全成型，用户主要利用虚拟机和存储自行搭建大数据平台，这在很长的时间里是行之有效的方案。但数据技术的发展日新月异，各种开源产品不断涌现，很少有人能成为每个技术领域的专家，这也意味着自行搭建一个高可用、高效率且紧跟技术前沿的大数据平台是一件非常具有挑战性的工作。有些行业（如金融数据和医疗信息等）还有自己的安全标准和保密性需求，而数据分析往往需要多数据源的相互参考，这也催生出新的安全问题。如何保证运维中数据的安全合规问题亟待解决。在这种情况下，云原生数据服务不断成熟并越来越受到用户的青睐。Amazon 基于 S3、AWS Glue、EMR 和 RedShift，阿里云基于 OSS、Dataworks 和 MaxCompute，Azure 基于数据湖存储、数据工厂和 Synapse Analytics 等，均构建起云原生的大数据生态，支持数据引入、数据存储、数据治理和商业智能。用户不仅可以在云原生数据仓库内访问数据湖里的数据，还可以在保证数据安全的情况下与其他异构数据库一起进行联合查询。云计算让正在高速发展的数据湖和数据仓库进一步融合，用户无须在项目之初就进行技术路线的选择，只需要根据业务发展情况，随时随地利用云原生技术丰富自己的技术栈。

2008 年 10 月 27 日，在洛杉矶举行的开发者大会 PDC2008 上，时任微软首席架构师的 Ray Ozzie 宣布推出服务全球的云计算平台 Azure。发展至今，Azure 已经涵盖全球 61 个区域，提供近 200 项服务，图 1-3 所示为当前 Azure 上的数据服务生态体系。

本书将以 Azure 为例，展现如何通过云原生服务将数据存储、数据引入、批量数据处理、实时数据处理、数据仓库、数据可视化和机器学习等核心要素综合起来，构建一个高效的数据服务平台。

由于后续章节要基于 Azure 服务进行讲解，请读者确保已有可用的 Azure 资源，或者通过 https://azure.microsoft.com/en-us/free/获得账号。

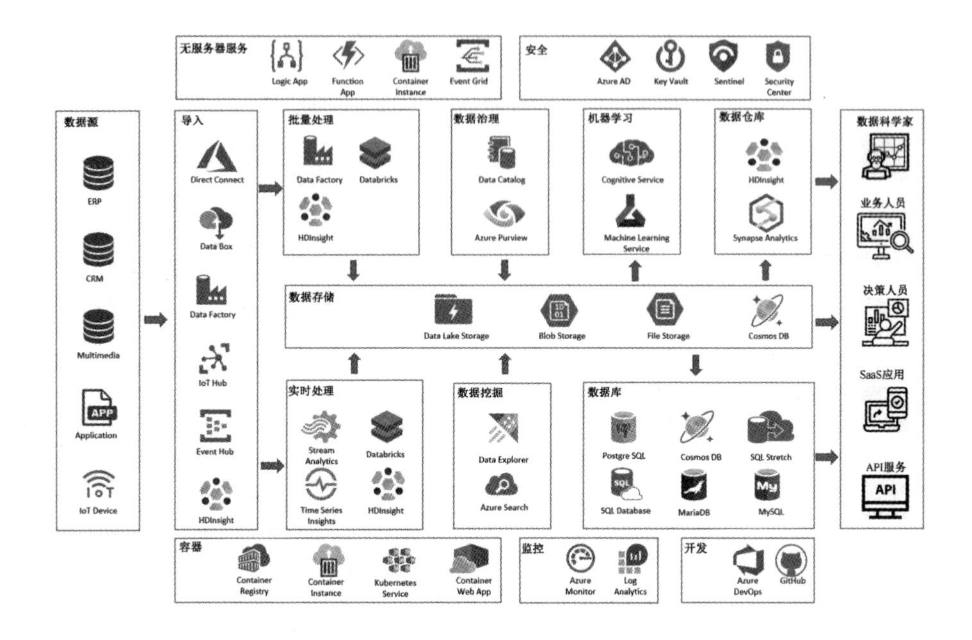

图 1-3 当前 Azure 上的数据服务生态体系

1.7 本书目标

如今，数字化转型正在各行业中如火如荼地进行。数据则在整个转型过程中发挥着中流砥柱的作用，不断帮助企业创新产品、优化服务。本章介绍了什么是数字化转型及其中的数据价值，阐述了从数据库到数据仓库，从大数据到数据湖的技术发展进程。进入 21 世纪，不断进步的数据技术与云计算相互辅助、共同发展，诞生了一系列云原生的大数据生态，让企业能够突破传统模式的局限性，通过数字化转型更好地服务用户。本书的目标是既能让初学者快速熟悉数据技术的核心内容和流程，迅速上手；又能帮助已经熟悉数据技术的人员通过云原生服务进一步优化解决方案，通过大数据赋能用户、降本增效。

第 2 章

数据存储

数据存储是对数据进行归档、整理和共享的过程，也是大数据技术的基础。自磁盘问世以来，数据存储已经走过了漫长的发展历程。如今在互联网时代，各种存储方案层出不穷，其涵盖的内容已经远远超出过去物理存储的概念，无论是关系型数据库（Oracle、MySQL），还是 NoSQL 数据库（HBase、MongoDB），都对存储性能和弹性提出了更高的要求。选取合适的存储方案，是成功构建大数据系统的核心要务。

2.1 数据存储的发展与趋势

数据存储技术最早可以追溯到 1928 年 Fritz Pfleumer 发明的录音磁带，其被用来记录声音的模拟信号。1932 年，Gustav Tauschek 发明了磁鼓存储器，它包含一个金属圆柱体，表面涂有铁磁记录材料，被认为是硬盘驱动器的前身。1956 年，硬盘驱动器的雏形出现，即 IBM 的 RAMAC 305 计算机，该驱动器约两个冰箱大小，重达一吨，却只能存储 5MB 的信息，数据传输速度为 10 KB/s。1967 年，IBM 推出了软盘，随即在各行业得到广泛应用，软盘可以初始化大型机、存储软件应用，是在硬盘驱动器价格下降之前唯一可用的永久存储设备。后来硬盘技术进一步发展，固态驱动器用固态芯片和闪存取代了旋转型磁盘，为用户提供了更高的性能与稳定性。在这近一个世纪的时间里，存储设备一直随着计算机系统的发展而发展，如今已成为计算机中最关键的组成之一，与此同时，与存储相关的文件系统也相应取得了发展和进步。

2.1.1 集中式文件系统

早期的数据存储通过总线直接将硬盘等存储介质连到主机上，在存储设备和主机之间没有任何网络设备的参与。此时，数据的载体是保存在磁盘上的文件，称为集中式文件存储或集中式文件系统，简称“文件系统”（File System）。如图 2-1 所示，多个文件按一定规则分组，每组文件放在同一个目录下，每个目录和文件名有一个易于理解的名字，目录下面除了文件还可能有下一级目录，所有的文件、目录形成一个树状结构。在 Windows 系统中，打开资源管理器就可以看到以这种方式组织起来的文件和目录。在 Linux 中，可以用 tree 命令以树状图的形式列出当前目录结构。把存储介质上的数据组织成目录、子目录、文件这种形式的数据结构，在这个结构中寻找、添加、修改、删除文件，以及维护这个结构的程序就是文件系统。为了提高容量，还可以通过磁盘阵列将多块廉价的硬盘组合起来，成为一个大容量的逻辑盘，从而代替单个磁盘。在写入数据的时候，基于由多块硬盘组合而成的逻辑盘，可以做到并行写入，提升读写效率。集中文件存储的缺点是整体容量有限，难以在多个主机之间共享数据。

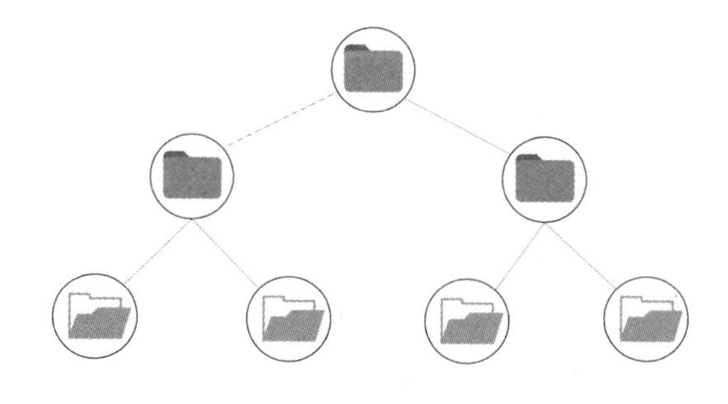

图 2-1　集中式文件存储

2.1.2　网络文件系统

随着网络技术的发展，逐渐出现了网络文件系统（Network File System，NFS）。网络文件系统不仅安装便捷、成本低廉，而且能够大规模地扩展存储设备，支持多客户端同时访问，从而有效满足海量数据对存储空间的需求，也有利于服务器间的数据共享。但是，NFS 仍然存在局限性。如图 2-2 所示，NFS 虽然支持远程数据访问，但文件仍然保存在单个服务器上，无法提供足够的可靠性，当多个客户端同时访问时，容易造成性能瓶颈。另外，网络文件系统里数据的读取涉及网络传输，限于早期的传输技术，在性能和功能上无法完全满足大数据的需求，因此使用具有可扩展能力的分布式存储成为大数据的发展方向。

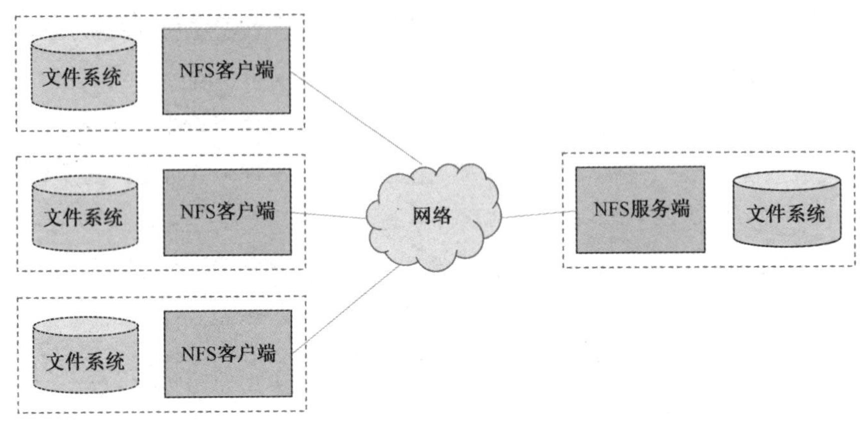

图 2-2　NFS 系统

2.1.3　分布式文件系统

文件系统的树状结构及路径访问方式虽然便于理解、记忆和访问，但计算机需要把路径进行分解并逐级向下查找，才能定位到目标文件，性能较低。另外，一个文件通常包含大小、修改时间等元数据，文件系统直接将文件的内容与元数据一起分成若干块写入硬盘，应用程序只有读完当前块才能知道下一个块的存储地址，读取速度较慢，无法做到并行读取。

在这种情况下，对象存储出现了，它把文件分成若干块并存储在多个节点中，同时由控制节点负责管理文件的元数据和在各节点上的存储信息。当需要读取某个文件时，可以在多个计算节点上同时进行，提高了效率。对象存储通常有唯一的 URL 作为标识，用户在获得授权后便可以通过这个 URL 进行访问。在访问接口上，对象存储秉承简洁易用的原则，支持通过标准的 HTTP 协议和 REST 接口，用 Get、Put、Delete 等操作即可进行数据块的获取、存放和删除等。

对象存储底层依赖分布式文件系统，需要解决扩展性、数据冗余、数据一致性、全局命名空间和缓存等多个核心技术问题。2003 年，Google 发表论文 *Google File System*，提出了可扩展的分布式文件系统 GFS，适用于大型、分布式、面向海量数据的应用。作为 Hadoop 的核心子项目，HDFS 基于 GFS 的论文理论得到了实现，并逐步发展成当今主流大数据平台中数据存储的基础，能够为海量数据提供高可用的存储，为超大数据集的处理带来便利。HDFS 具有以下特点。

（1）超大数据集。HDFS 中的数据可以达到几百 TB 甚至 PB 级。

（2）高可用性。在使用大量节点存储数据时，不可避免地会出现硬件故障的情况。HDFS 在设计之初就考虑了高可用性，因此采取了多种机制来保证在硬件出错的情况下实现数据的完整性和可用性。

（3）高吞吐率。普通文件系统主要用于随机读写及用户交互，而 HDFS 面向批量数据处理，基于一次写入、多次读取这样的大数据处理假设，以流式的方式访问数据，提高了数据吞吐率。

（4）跨平台。HDFS 是基于 Java 语言实现的，具有很好的跨平台兼容性。

如图 2-3 所示，HDFS 被设计为主从结构，拥有一个名称节点（Name Node）和多个数据节点（Data Node）。其中，名称节点负责管理文件系统名称空间，存放所有文件、目录的元数据，配置副本策略和处理客户端对文件的读写请求。实际文件则被分成若干个数据块存放在多个数据节点中。名称节点执行文件系统操作，如打开、关闭、重命名文件或目录等，也负责数据块到具体数据节点的映射。第二名称节点（Secondary Name Node）则在名称节点发生故障时协助其进行恢复。

虽然 HDFS 有诸多优点，但其局限性也不可忽视。

（1）费用高。HDFS 中的数据存储在物理硬盘上，需要 3 个备份来支持高可用性，大规模使用则需要较高的费用。

（2）存在资源浪费。在 HDFS 的设计中，调度计算与存储资源紧密耦合，当存储空间不足时，只能同时对存储和计算资源进行扩容。假设用户对存储资源的需求远大于对计算资源的需求，那么在用户同时扩容计算和存储资源后，新扩容的计算资源就被浪费了，反之则存储资源被浪费。这导致扩容的经济效益较低，会增加成本。

（3）扩容较复杂。在计算和存储耦合的模式下，扩容需要迁移大量数据。

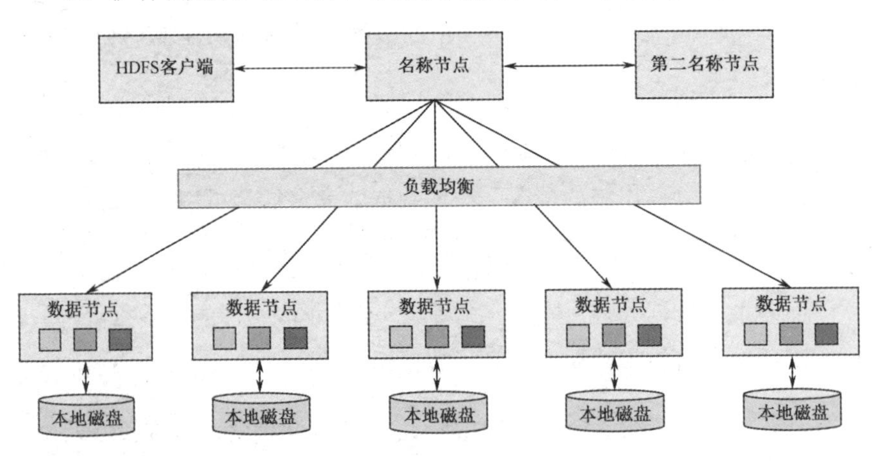

图 2-3　HDFS 架构

2.1.4　云原生存储

要改善 HDFS 的不足，将计算和存储分离是一个直观的思路。Google 在提出 GFS 的时候，之所以将计算和存储耦合处理，部分原因是当时的网络传输速度较慢，如果计算与存储分离，大量数据操作的时间会花费在网络传输上，大大影响了性能。

如今，随着网络传输速度的提高，以及虚拟化技术的日益成熟，计算与存储的分离迎来了新的机遇。通过将存储虚拟化，抽象和封装底层存储系统的物理特性，将多个互相隔离的存储系统整合为统一的资源池，能够显著降低 HDFS 的成本。基于存储虚拟化技术，云计算提供商提出了云原生存储的概念，他们负责数据中心的部署、运营和维护工作，统一管理存储系统，将数据存储包装成服务提供给用户。云原生存储作为云计算的基础设施，提供了“按需分配、按量计费”的使用模式，用户既节省了自己搭建数据中心和基础架构的成本，又可以根据业务需求动态地扩大或减小存储容量。

在企业发展到一定阶段后，数据在不同部门独立存储、独立维护、相互孤立，数据间缺乏关联性，形成了数据孤岛。在构建大数据平台的时候，为了打破数据孤岛，往往需要将各类孤立的数据库、日志和 SaaS 产品数据整合到一个完整的数据存储中，用于后续分析。云原生存储大大降低了大数据的准入门槛，天然适合作为大数据平台的基础组件，为各企业进军大数据行业提供了可能性。借助云原生存储，分析师和数据科学家可以直接访问多个数据源，更轻松地搜索、查找和访问数据，大大加速了数据准备和重用流程；商业智能分析师也可以更快、更容易地创建可视化仪表盘和报告工具。云原生存储的特点如下。

（1）具有灵活性和扁平性的特点，能够存储海量的数据。

（2）可以存储非结构化和半结构化数据，支持快速查找和读取数据。

（3）通过简单的 HTTP 编程接口即可供各种客户端和编程语言使用。

（4）成本低，可按需使用。

目前公有云厂商都提供了对象存储服务，包括 AWS 的 S3、阿里云的 OSS 和 Azure Blob 等。本章后续将以 Azure Blob 为例，进一步介绍云原生（对象）存储的特点与优势。

2.2　Azure Blob 对象存储

Azure 存储是 Azure 提供的适用于现代数据存储场景的云存储解决

方案，包括多种存储服务。

（1）Azure File：托管文件共享，适用于通过 SMB 和 NFS 协议进行的访问。

（2）Azure Queue：用于在应用程序组件之间进行消息传送的队列存储，通常存储需要异步处理的消息。

（3）Azure Table：一种 NoSQL 存储，适用于结构化数据存储。

（4）Azure Blob：适用于非结构化或半结构化数据的云原生存储。

和传统的本地数据中心相比，Azure 存储具有多项优势。

（1）安全。对写入 Azure 存储的所有数据进行加密，实现精细的访问控制。

（2）可缩放。Azure 存储被设计为“可大规模缩放”以满足应用程序在数据存储和性能方面的需求。

（3）托管式。Azure 负责硬件维护和更新。

（4）易访问。可以通过 REST API 直接访问 Azure 存储中的数据，或者通过各种编程语言（如.NET、Java、Node.js、Python、PHP、Ruby 和 Go 等）的 SDK 接口访问。

（5）具有成本优势。在 Azure 上，无须像本地数据中心那样一次性购买大量存储硬件，结合 Azure 原生的分层存储机制，可以获得极高的成本优势。

作为Azure提供的具有高可用、高扩展性的对象存储服务，Azure Blob 主要适用于以下场景。

（1）直接向浏览器提供图像或文档。

（2）存储文件以供分布式访问。

（3）对视频和音频进行流式处理。

（4）存储日志文件。

（5）存储用于备份还原、灾难恢复及存档的数据。

（6）存储数据以供数据分析。

2.2.1　数据冗余策略

在大型机房里，发生硬盘故障是不可避免的，在硬盘发生故障或者机房供电出现问题时，确保数据安全并能够正常访问是一个数据中心的关键指标之一。针对这个需求，Azure 存储基于数据冗余策略始终保存数据的多个副本，以防范各种计划内或计划外的事件（包括暂时性的硬件故障、网络中断、断电、大范围的自然灾害等）的发生，确保存储服务始终可用。

Azure 提供了本地冗余、区域冗余、异地冗余和读取访问异地冗余 4 种数据冗余选项，在选择冗余选项时，需要考虑如何在较低成本与较高可用性之间做出取舍。具体因素如下。

（1）如何在主要区域中复制数据。

（2）数据是否要复制到地理上与主要区域相距较远的另一个位置，以防范区域性灾难。

（3）是否要求在主要区域出现故障时，应用程序能够对次要区域中的数据副本进行读取访问。

1. 本地冗余存储

本地冗余存储（Locally Redundant Storage，LRS）在单个数据中心内维护多个同步的数据副本。如图 2-4 所示，数据在存储集群中被复制

3 次，该存储集群托管在存储账户所在区域的数据中心内。在进行数据写入时，仅在完成所有 3 个副本的写入后，才会成功返回。这 3 个副本驻留在同一个弹性存储集群中的不同容错域和升级域里。容错域是一组物理单元节点，可将其视为属于同一物理机架的节点；升级域是一组在服务升级过程中同时升级的节点。由于 3 个副本分别保存在不同容错域和升级域中，所以能够确保即使单个机架出现硬件故障，或者在节点升级期间，数据仍然可用。可以看到，即使是 Azure 存储中最基础的本地冗余存储策略，也已经高于传统本地机房的标准。相对于其他方式，本地冗余存储成本最低，但无法应对因为火灾、地震或技术故障导致整个数据中心瘫痪的情况。

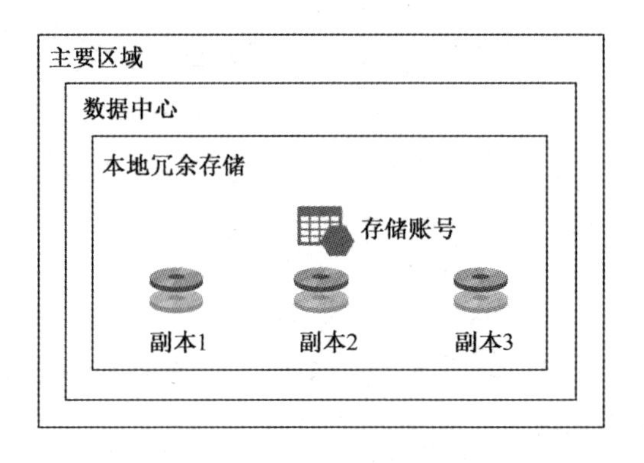

图 2-4　本地冗余存储

2. 区域冗余存储

如图 2-5 所示，区域冗余存储（Zone Redundant Storage，ZRS）在某个区域的 3 个可用区同步复制并存储数据。可用区之间相互独立，各可用区都有自己独立的电源、冷却系统和网络。如果某个可用区发生故障，Azure 会更新 DNS 指向其他可用区，确保用户仍然可以进行读写操作，从而提供比本地冗余存储更高的安全性。对于区域冗余存储中的写入操作，仅在将数据写入 3 个可用性区域中的所有副本后才成功返回。

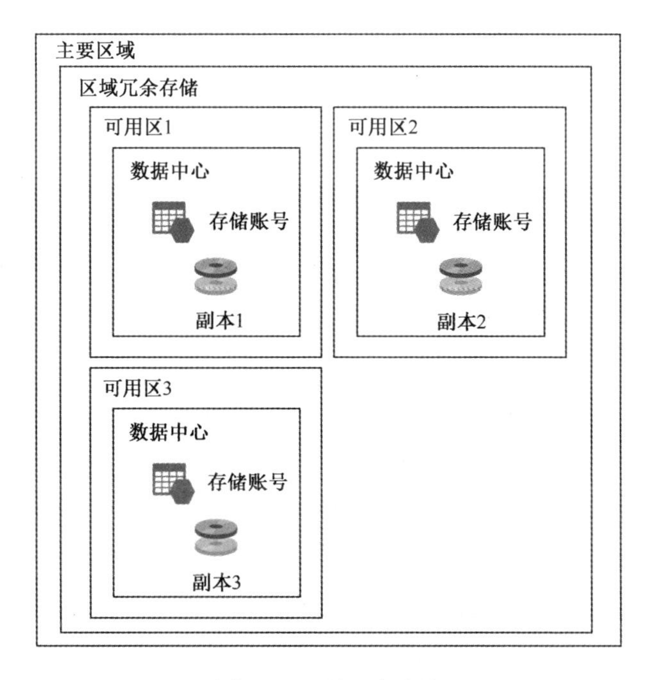

图 2-5　区域冗余存储

3. 异地冗余存储

如图 2-6 所示，异地冗余存储（Geo Redundant Storage，GRS）先在主要区域中将数据同步复制 3 次，再将数据异步复制到距离主要区域数百千米以外的次要区域中。如果启用了异地冗余存储策略，即使遇到由区域完全停电等导致的主要区域不可恢复的灾难，用户的数据也是安全的，适合对数据安全要求较高的场景。

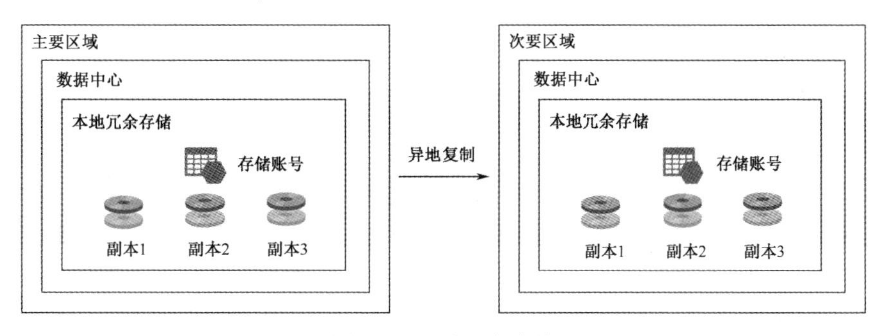

图 2-6　异地冗余存储

4. 读取访问异地冗余存储

与异地冗余存储类似，读取访问异地冗余存储（Read-Access Geo Redundant Storage，RA-GRS）也会分别在主要区域和次要区域内分布复制的 3 份副本。不同之处在于，用户平时可以对次要区域中的数据进行只读访问。这种策略的主要目的是分担主要区域的读取负载，同时最大限度地提高数据的可用性。

2.2.2 分层存储

尽管基于规模效应的云存储已经极具成本优势，但海量数据的存储成本仍然不可忽视，快速增长的数据存储需求必然导致存储成本的持续、快速增加。分层存储是一种将不同数据存储在具有不同性能、成本和容量特性的存储介质上的存储方法，其目标是在确保满足性能要求的前提下降低存储成本和提高存储效率。热数据因为使用频繁，对性能的要求较高，在分层存储中会优先使用高级别的存储空间，而冷数据则被放到大容量的低速硬件中。

在 Azure Blob 中，用户可以选择不同的访问层，以最具成本效益的方式存储数据。

1. 热访问层

热访问层的存储成本最高，但访问成本最低。适用于热访问层的场景包括以下几种。

（1）处于活跃状态或预期会频繁访问的数据。

（2）分阶段进行处理并最终迁移至冷访问层的数据。

2. 冷访问层

与热访问层相比，冷访问层的存储成本较低，访问成本较高。适用于冷访问层的场景包括以下几种。

（1）备份和灾难恢复数据集。

（2）不经常查看但在访问时需要立即可用的较旧的数据内容。

（3）需要经济高效地存储的大型数据集，如长期存储的科学数据等。

3. 存档访问层

存档访问层的存储成本最低，但与热访问层和冷访问层相比，数据检索成本更高。适用于存档访问层的场景包括以下几种。

（1）长期备份、辅助备份和存档数据集。

（2）必须保留的原始数据。

（3）需要长时间存储且几乎不访问的归档数据。

数据从生成到消亡有其自身的生命周期。在早期，数据会被频繁访问，需要存储在访问成本最低的热访问层中。而在访问需求下降后，这些数据应该被调整到存储成本更低的冷访问层或存档访问层中。Azure Blob 数据生命周期管理提供了基于规则的存储策略，可以根据数据的生命周期和自身业务需求设计出最具性价比的存储策略，将数据自动转移到最合适的访问层。

（1）自动将数据转移到较“冷”的存储层（从热访问层到冷访问层、从热访问层到存档访问层，或者从冷访问层到存档访问层），以便针对性能和成本进行优化。

（2）自动删除生命周期已结束的数据。

2.2.3　兼容 HDFS 的 WASB 文件系统

为了让基于 HDFS 构建的大数据平台无缝集成 Azure Blob 存储，

Azure 提供了 WASB（Windows Azure Storage Blob）驱动，该驱动会按 HDFS 接口的要求，将文件系统语义映射到 Azure Blob 对象存储样式接口的语义中，从而使用户能够以兼容 HDFS 的方式访问 Azure Blob 存储。

以下为访问 Azure Blob 的 URI 格式，相关格式说明如表 2-1 所示。

```
wasb[s]://containername@accountname.blob.core.windows.net/path/filename
```

表 2-1 WASB 格式说明

参数	描述
wasb[s]	访问协议，用户可选择使用 wasb 或 wasbs，其中，wasbs 表示启用了 TLS 传输加密
accountname	存储账号名称
containername	容器名称
path	容器内的路径
filename	文件名称

在 Hadoop 集群内访问 Azure Blob 需要在 core-site.xml 内提供相应的访问密钥（其中，加粗的 accountname 和 accesskey 是用户在创建服务后获得的值，使用时请加以替换）。

```
<property>
  <name>fs.azure.account.key.accountname.blob.core.windows.net</name>
  <value>accesskey</value>
</property>
```

为了避免在 core-site.xml 内写入明文密钥，建议创建键值库（Keystore）以对密钥进行保护。

```
% hadoop credential create fs.azure.account.key.accountname.blob.core. windows.net –value password -provider localjceks://file/home/lmccay/wasb.jceks
```

在 core-site.xml 内引用密钥文件。

```
<property>
  <name>hadoop.security.credential.provider.path</name>
```

```
    <value>localjceks://file/home/lmccay/wasb.jceks</value>
    <description>Path to interrogate for protected credentials.</description>
</property>
```

2.3 创建存储账号

2.3.1 订阅

在创建存储账号之前，首先需要了解订阅（Subscription），它是 Azure 中管理计算资源、安全和策略的边界。一个用户可以有多个订阅，然后根据不同的策略选择不同的订阅部署资源。

（1）职能策略：使用管理组层次结构，按职能（如财务或销售组织）订阅。

（2）业务部门策略：使用管理组层次结构，根据损益类别、业务部门、利润中心或类似业务结构对订阅进行分组。

（3）地理策略：对于在全球运营的组织，地理策略使用管理组层次结构，根据地理区域对订阅进行分组。

如图 2-7 所示的订阅策略架构基于职能策略，将不同的应用资源部署到不同的订阅内。

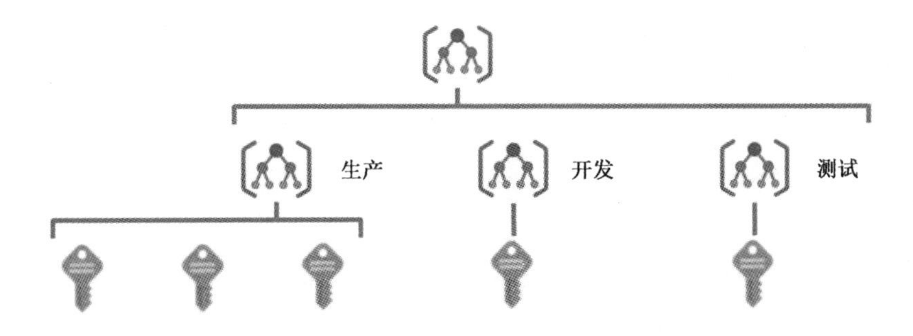

图 2-7 订阅策略架构

可通过以下步骤获得订阅的详细信息。

（1）访问 https://portal.azure.com 并登录 Azure 管理界面，如图 2-8 所示，在左侧边栏单击 All services。

（2）在 All services 页面中，列出了 Azure 上的所有服务，如图 2-9 所示，单击 Subscriptions 即可看到当前用户使用的订阅及其订阅 ID。请读者记录该 ID 以供后续步骤使用。

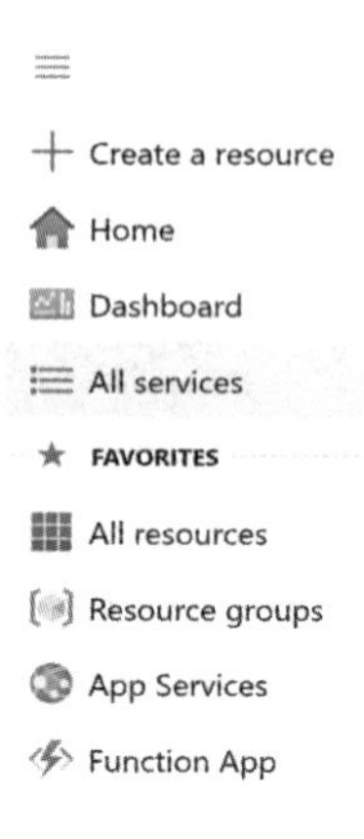

图 2-8 左侧边栏

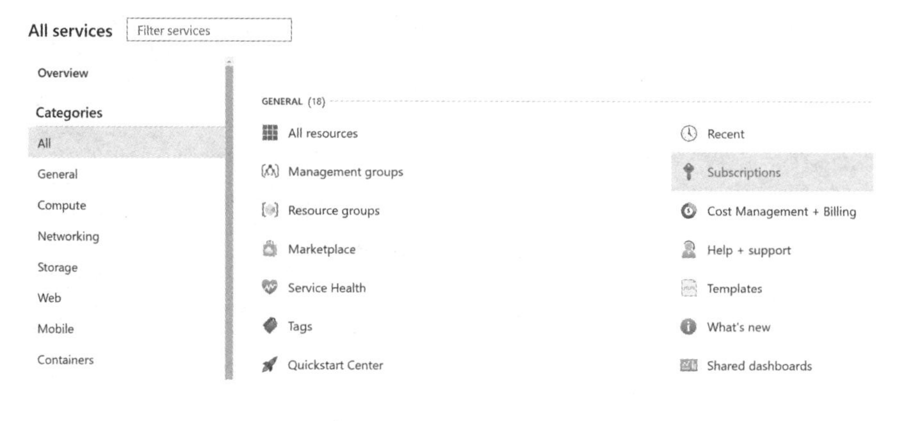

图 2-9 All services 页面

在本书各章节的编排方面，循序渐进地推进完整的数据处理流程，建议读者按照章节顺序阅读演示步骤，避免遗漏。

2.3.2 资源组

资源组（Resource Group）是用于组织 Azure 资源的容器。为了方便管理后续演示所需的资源，我们先创建一个资源组。

（1）登录 Azure 管理界面，在左侧边栏（见图 2-8）单击 Create a resource。

（2）如图 2-10 所示，在服务列表中可以逐个浏览可创建的服务，也可以直接在左上角的搜索框中输入 Resource group。

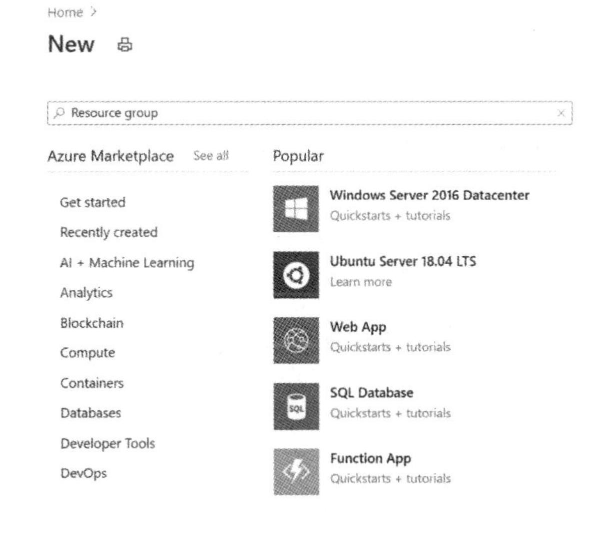

图 2-10　服务列表

（3）如图 2-11 所示，在资源组创建页面单击 Create。

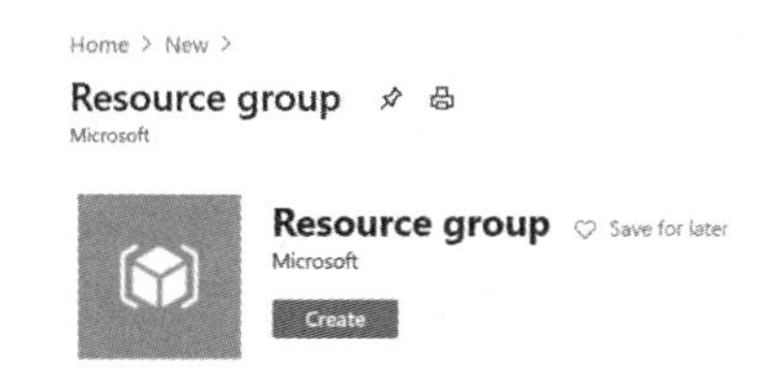

图 2-11　创建资源组

（4）在创建资源组的时候，分别指定订阅（Subscription）、资源组名称（Resource group）和部署区域（Region）。注意，资源组名称不要和已有资源组名称重复，本书演示使用 dataplatform-rg 这个名称。如图 2-12 所示，单击 Review+create 开始创建。

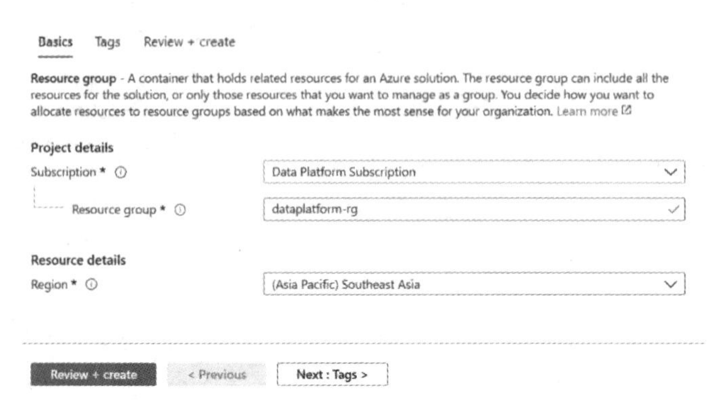

图 2-12　配置资源组信息

除了在Azure管理界面创建资源(组),还可以通过Azure CLI、PowerShell或REST API进行创建。

2.3.3　存储账号

接下来演示如何创建存储账号，并将示例文件上传到 Azure Blob 中。

（1）在 Azure 管理界面的左侧边栏单击 Create a resource，搜索 Storage account 并创建存储账号。

（2）如图 2-13 所示，在 Create storage account 页面输入相关信息，包括资源组名称、存储账号名称、区域、性能等。另外，还可在 Networking 和 Advanced 页面配置网络和高级功能，篇幅所限这里不再赘述。本示例将使用默认值，单击 Review+create 创建存储账号。

- Subscription：选择自己的订阅。
- Resource group：选择已创建的资源组 dataplatform-rg。
- Storage account name：datapracticeblob。

- Location：(Asia Pacific)Southeast Asia。
- Performance：Standard。
- Account kind：Storage V2(general purpose v2)。
- Replication：Locally-redun dant storage(LRS)。

Create storage account

Basics　Networking　Data protection　Advanced　Tags　Review + create

Azure Storage is a Microsoft-managed service providing cloud storage that is highly available, secure, durable, scalable, and redundant. Azure Storage includes Azure Blobs (objects), Azure Data Lake Storage Gen2, Azure Files, Azure Queues, and Azure Tables. The cost of your storage account depends on the usage and the options you choose below.
Learn more about Azure storage accounts

Project details

Select the subscription to manage deployed resources and costs. Use resource groups like folders to organize and manage all your resources.

Subscription *　Data Platform Subscription
Resource group *　dataplatform-rg
Create new

Instance details

The default deployment model is Resource Manager, which supports the latest Azure features. You may choose to deploy using the classic deployment model instead. Choose classic deployment model

Storage account name *　datapracticeblob
Location *　(Asia Pacific) Southeast Asia
Performance　Standard　Premium
Account kind　StorageV2 (general purpose v2)
Replication　Locally-redundant storage (LRS)

Review + create　< Previous　Next : Networking >

图 2-13　创建存储账号

（3）在存储账号创建完成后，如图 2-14 所示，在 Containers 页面内单击+Container 创建容器。容器是对文件的分组，是所有后续上传的文件的根目录，一个存储账号内可以有多个容器。在创建容器的时候，可以选择访问级别，默认为 Private，即不允许匿名访问。

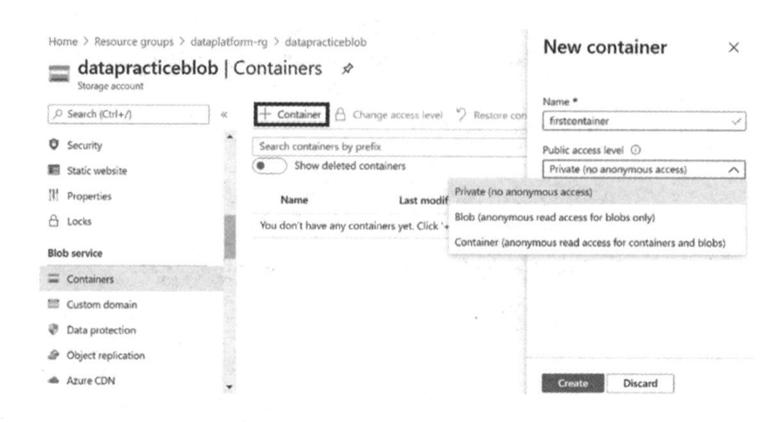

图 2-14 创建容器

（4）进入创建好的容器，如图 2-15 所示，单击 Upload 即可从本地上传文件到 Azure Blob 存储中。另外，用户也可以使用 Storage Explorer 或者 AzCopy 进行上传，前者是一个带有用户界面的桌面程序，后者是一个适合脚本使用的命令行工具。

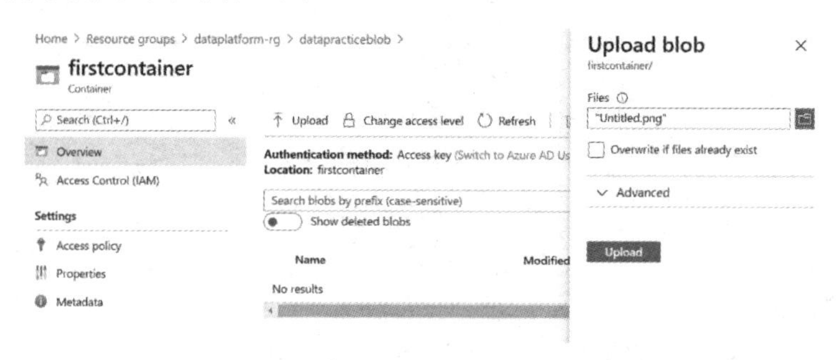

图 2-15 上传文件

（5）每个存储账号有两个 512 位的访问密钥，用于通过密钥授权来对存储的数据进行访问。如图 2-16 所示，导航到 Access keys 页面可以看到访问密钥及其对应的连接字符串。

除了访问密钥，Azure Blob 还支持其他多种访问方式，可进行更细粒度的访问控制，如基于 Azure AD 实现的托管标识授权和共享访问签名授权。

图 2-16　获得访问密钥

2.4　Azure 数据湖存储

在 Azure Blob 的基础上，Azure 进一步推出了具有更高吞吐量的数据湖存储，即 Data Lake Storage Gen1 和 Data Lake Storage Gen2。本书后续章节将以第 2 代数据湖存储服务为基础进行介绍。

2.4.1　分层命名空间

与 Azure Blob 相比，第 2 代数据湖存储除具备相同的数据冗余、访问层级等特性外，其核心优势是支持分层命名空间，对性能、管理和安全性做了进一步优化。目前常见的对象存储服务（包括 Azure Blob）都是扁平的命名空间，命名约定是在对象名称中使用斜杠来模拟分层目录结构，所以查找、移动或重命名文件等操作可能遇到性能瓶颈。数据湖存储通过分层命名空间将文件集合整理成包含目录和嵌套子目录的层次结构。用户可以通过目录和子目录来组织和操作文件，重命名或删除目录等操作在目录上成为原子操作，不需要像 Azure Blob 那样枚举所有对象。另外，数据湖存储能在目录或单个文件上定义 POSIX 权限，进一步提高了安全性。分层命名空间以线性方式扩展，并不会因为数据增多而影响性能，这种特性能够显著提高需要频繁查找和重命名文件的作业的整体性能，对许多大数据分析框架来说尤为重要。例如，Hive、Spark 等工具通常将输出写入临时位置，然后在任务结束时对该位置进行重命名。如果没有分层命名空间，此重命名操作可能比分析过程本身消耗更多的时间。

2.4.2 兼容 HDFS 的 ABFS 文件系统

除了 WASB 文件系统协议，用户还可以使用最新的 ABFS（Azure Blob File System）驱动访问数据湖存储，从而获得更高的性能。以下为访问数据湖存储的 URI 格式，相关格式说明如表 2-2 所示。

```
abfs[s]://containername@accountame.dfs.core.windows.net/path/filename
```

表 2-2 ABFS 格式说明

参数	描述
abfs[s]	访问协议，用户可选择使用 abfs 或 abfss，其中，abfss 表示启用了 TLS 传输加密
accountname	存储账号名称
containername	容器名称，在 ABFS 中也叫文件系统
path	容器内的路径
filename	文件名称

与 wasb 类似，为了让 Hadoop 集群访问数据湖存储，需要在 core-site.xml 里配置访问凭据，具体如下。

使用存储账号的访问密钥：

```
<property>
  <name>fs.azure.account.auth.type.accountname.dfs.core.windows.net</name>
  <value>SharedKey</value>
  <description>
  </description>
</property>
<property>
  <name>fs.azure.account.key.accountname.dfs.core.windows.net</name>
      <value>accesskey</value>
```

```
    <description>
    </description>
</property>
```

使用 OAuth 2.0 Client Credentials 认证：

```
<property>
    <name>fs.azure.account.auth.type</name>
    <value>OAuth</value>
    <description>
    Use OAuth authentication
    </description>
</property>
<property>
    <name>fs.azure.account.oauth.provider.type</name>
    <value>
            org.apache.hadoop.fs.azurebfs.oauth2.ClientCredsTokenProvider
    </value>
    <description>
    Use client credentials
    </description>
</property>
<property>
    <name>fs.azure.account.oauth2.client.endpoint</name>
    <value>endpoint</value>
    <description>
    URL of OAuth endpoint
    </description>
</property>
<property>
    <name>fs.azure.account.oauth2.client.id</name>
    <value>id</value>
    <description>
    Client ID
    </description>
</property>
<property>
```

```
    <name>fs.azure.account.oauth2.client.secret</name>
    <value>secret</value>
    <description>
    Secret
    </description>
</property>
```

使用 OAuth 2.0 用户名密码进行认证：

```
<property>
    <name>fs.azure.account.auth.type</name>
    <value>OAuth</value>
    <description>
    Use OAuth authentication
    </description>
</property>
<property>
    <name>fs.azure.account.oauth.provider.type</name>
    <value>
            org.apache.hadoop.fs.azurebfs.oauth2.UserPasswordTokenProvider
    </value>
    <description>
    Use user and password
    </description>
</property>
<property>
    <name>fs.azure.account.oauth2.client.endpoint</name>
    <value>endpoint</value>
    <description>
    URL of OAuth 2.0 endpoint
    </description>
</property>
<property>
    <name>fs.azure.account.oauth2.user.name</name>
    <value>username</value>
    <description>
    username
```

```
    </description>
  </property>
  <property>
    <name>fs.azure.account.oauth2.user.password</name>
    <value>password</value>
    <description>
    password for account
    </description>
  </property>
```

2.5　创建数据湖存储

与 Azure Blob 一样，数据湖存储也是通过 Azure 存储账号创建的。本节将演示如何创建数据湖存储。

（1）登录 Azure 管理界面，在左侧边栏单击 Create a resource 并选择 Storage account。

（2）如图 2-17 所示，输入资源组名称、账号名称、区域和性能等。

- Subscription：选择自己的订阅。
- Resource group：选择之前已经创建好的 dataplatform-rg。
- Storage account name：datapracticedatalake。
- Location：(Asia Pacific)Southeast Asia。
- Performance：Standard。
- Account kind：StorageV2(general purpose v2)。
- Replication：Locally-redundant storage(LRS)。

Create storage account

Basics Networking Data protection Advanced Tags Review + create

Azure Storage is a Microsoft-managed service providing cloud storage that is highly available, secure, durable, scalable, and redundant. Azure Storage includes Azure Blobs (objects), Azure Data Lake Storage Gen2, Azure Files, Azure Queues, and Azure Tables. The cost of your storage account depends on the usage and the options you choose below.
Learn more about Azure storage accounts

Project details

Select the subscription to manage deployed resources and costs. Use resource groups like folders to organize and manage all your resources.

Subscription * Data Platform Subscription

Resource group * dataplatform-rg
Create new

Instance details

The default deployment model is Resource Manager, which supports the latest Azure features. You may choose to deploy using the classic deployment model instead. Choose classic deployment model

Storage account name * dataparacticedatalake

Location * (Asia Pacific) Southeast Asia

Performance Standard Premium

Account kind StorageV2 (general purpose v2)

Replication Locally-redundant storage (LRS)

Review + create < Previous Next : Networking >

图 2-17 创建数据湖存储账号

（3）单击 Next: Networking 进入 Advanced 页面。和创建 Azure Blob 不同，数据湖存储需要启用分层命名空间（Hierarchical Namespace），如图 2-18 所示。

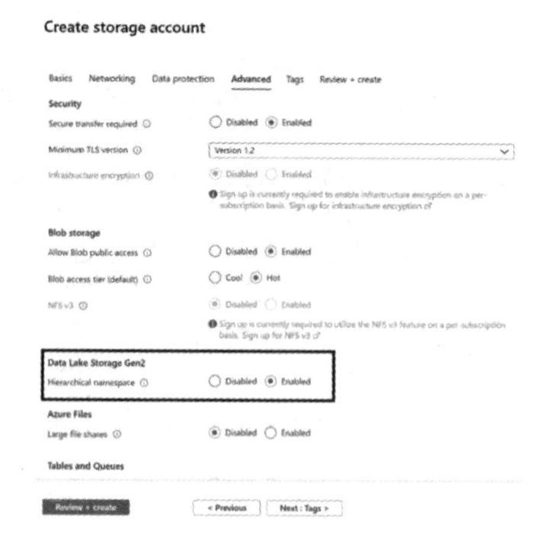

图 2-18 启用分层命名空间

（4）在单击 Review+create 创建完成后，在 Container 页面新建容器 sample，并上传示例代码中的 airlines.csv 和 airports.csv。这两个文件将在后续流程中使用，如图 2-19 所示。

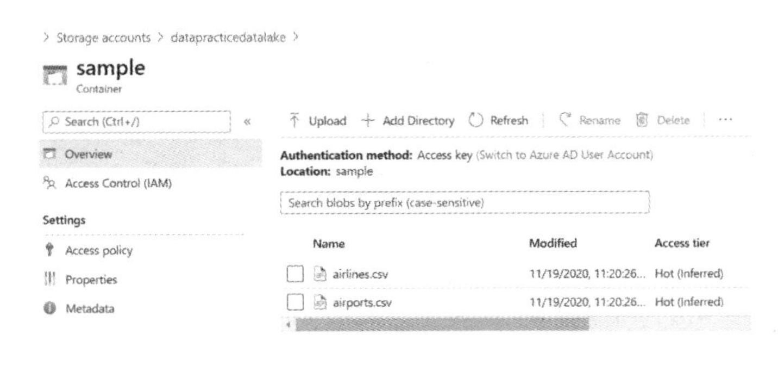

图 2-19　新建容器

2.6　基于 HDFS 访问数据湖存储

本节将使用虚拟机自建 Spark 集群，并演示通过 HDFS 协议访问数据湖存储。创建 Spark 集群的传统方式是依次新建虚拟网络、虚拟机资源，然后下载安装 Spark 的相关依赖项，但这种方式非常烦琐，效率很低。本书将使用 Terraform 来自动构建集群。

Terraform 是 HashiCorp 旗下的 IT 基础架构自动化编排工具，它的宗旨是“Write，Plan，and Create Infrastructure as Code”，即基础设施即代码，能够通过代码创建、更新和控制基础设施。虽然 Azure 支持多种资源操作方式（包括 AzureCLI、PowerShell 和 ARM 模板），但是 Azure CLI 和 PowerShell 命令没有状态，无法追踪资源属性的变化；ARM 模板虽然可以追踪属性变化，但是它使用了大量的 JSON 代码，可读性较差。Terraform 采用 HashiCorp 配置语言（HCL）对资源进行编排，具有如下优点。

（1）基础设施即代码：使用配置型语法描述基础架构，使用代码管理和维护基础设施，如创建、修改或删除存储账号、虚拟机、虚拟网络等。这样可以对所有的资源进行版本控制，实现共享和重用。

（2）执行计划：在实际操作资源前，Terraform 可以通过执行计划显示操作效果。通过检查执行计划，可以有效避免对基础设施的误操作。

（3）资源图表：Terraform 构建了所有资源的图形关系，并且并行化了所有非依赖资源的创建和修改。因此，操作人员可以深入了解其基础架构中的依赖关系。

Terraform 支持大多数云计算平台，本节将使用 Terraform 自动创建 Spark 集群，然后进行配置，使其能够访问数据湖存储。

（1）从 https://docs.microsoft.com/en-us/cli/azure/install-azure-cli 安装 Azure CLI。Azure CLI 是一组可以在 Windows、macOS、Linux 上运行的命令行工具，主要功能是操作和管理 Azure 资源，在安装完成后，即可在命令行终端使用。

（2）执行以下命令登录 Azure。

```
az login
```

（3）将以下命令中的 subscriptionid 替换为 2.3.1 节记录的订阅 ID，执行命令创建服务主体（Service Principal）。服务主体定义了访问 Azure 资源的策略和权限，在此示例中它被赋予订阅的 Contributor 角色。

```
az ad sp create-for-rbac --role="Contributor" --scopes="/subscriptions/subscriptionid" --name "mysp"
```

（4）命令执行完后会返回以下服务主体信息，请记录以备后续使用。该服务主体相当于可以用于访问 Azure 资源的密钥，其中，appId 是名称，password 是密码。

```
{
  "appId": "<service principal id>",
```

```
    "displayName": "<service principal display name>",
    "name": "<service principal name>",
    "password": "<service principal password>",
    "tenant": "<tenant id>"
}
```

（5）从 https://www.terraform.io/downloads.html 下载最新的 Terraform。解压后得到名为 terraform 的可执行文件，执行命令 terraform version，如果可以正常显示版本信息，则说明 Terraform 工作正常。

（6）下载本节 Terraform 示例代码，包括以下文件。

- main.tf：资源定义文件，包含所有要构建的资源。
- variables.tf：变量定义文件，包含所有在资源定义文件内用到的定义，如区域、虚拟机型号、操作系统等。本示例文件除了资源组名称、集群名称、用户名和密码，其他定义均提供了默认值。
- outputs.tf：定义执行后的输出信息。
- scriptSparkProvisioner.sh：用于安装并启动 Spark 的脚本。

（7）main.tf 定义了 Spark 集群需要的虚拟机、虚拟网络和存储等资源，代码如下。

定义网络安全组：

```
resource "azurerm_network_security_group" "master" {
  name                = var.nsg_spark_master_name
  resource_group_name = azurerm_resource_group.rg.name
  location            = azurerm_resource_group.rg.location
  security_rule {
    name                       = "ssh"
    description                = "Allow SSH"
    priority                   = 100
    direction                  = "Inbound"
    access                     = "Allow"
```

```
    protocol                      = "Tcp"
    source_port_range             = "*"
    destination_port_range        = "22"
    source_address_prefix         = "Internet"
    destination_address_prefix    = "*"
  }
  security_rule {
    name                          = "http_webui_spark"
    description                   = "Allow Web UI Access to Spark"
    priority                      = 101
    direction                     = "Inbound"
    access                        = "Allow"
    protocol                      = "Tcp"
    source_port_range             = "*"
    destination_port_range        = "8080"
    source_address_prefix         = "Internet"
    destination_address_prefix = "*"
  }
  security_rule {
    name                          = "http_rest_spark"
    description                   = "Allow REST API Access to Spark"
    priority                      = 102
    direction                     = "Inbound"
    access                        = "Allow"
    protocol                      = "Tcp"
    source_port_range             = "*"
    destination_port_range        = "6066"
    source_address_prefix         = "Internet"
    destination_address_prefix = "*"
  }
}
resource "azurerm_network_security_group" "slave" {
  name                  = var.nsg_spark_slave_name
  resource_group_name = azurerm_resource_group.rg.name
  location              = azurerm_resource_group.rg.location
  security_rule {
    name                          = "ssh"
```

```
        description                  = "Allow SSH"
        priority                     = 100
        direction                    = "Inbound"
        access                       = "Allow"
        protocol                     = "Tcp"
        source_port_range            = "*"
        destination_port_range       = "22"
        source_address_prefix        = "Internet"
        destination_address_prefix   = "*"
    }
}
```

定义虚拟网络及其子网：

```
resource "azurerm_virtual_network" "spark" {
    name                = "vnet-spark"
    resource_group_name = azurerm_resource_group.rg.name
    location            = azurerm_resource_group.rg.location
    address_space       = [var.vnet_spark_prefix]
}

resource "azurerm_subnet" "subnet1" {
    name                      = var.vnet_spark_subnet1_name
    virtual_network_name      = azurerm_virtual_network.spark.name
    resource_group_name       = azurerm_resource_group.rg.name
    address_prefix            = var.vnet_spark_subnet1_prefix
    network_security_group_id = azurerm_network_security_group.master.id
    depends_on                = ["azurerm_virtual_network.spark"]
}

resource "azurerm_subnet" "subnet2" {
    name                 = var.vnet_spark_subnet2_name
    virtual_network_name = azurerm_virtual_network.spark.name
    resource_group_name  = azurerm_resource_group.rg.name
    address_prefix       = var.vnet_spark_subnet2_prefix
}
```

定义公网 IP：

```
resource "azurerm_public_ip" "master" {
  name                         = var.public_ip_master_name
  location                     = azurerm_resource_group.rg.location
  resource_group_name          = azurerm_resource_group.rg.name
  allocation_method = "Static"
}

resource "azurerm_public_ip" "slave" {
  name              = "${var.public_ip_slave_name_prefix}${count.index}"
  location                     = azurerm_resource_group.rg.location
  resource_group_name          = azurerm_resource_group.rg.name
  allocation_method = "Static"
  count                        = var.vm_number_of_slaves
}
```

定义网络接口：

```
resource "azurerm_network_interface" "master" {
  name                         = var.nic_master_name
  location                     = azurerm_resource_group.rg.location
  resource_group_name          = azurerm_resource_group.rg.name
  network_security_group_id = azurerm_network_security_group.master.id
  depends_on                   = ["azurerm_virtual_network.spark",
"azurerm_public_ip.master", "azurerm_network_security_group.master"]

  ip_configuration {
    name                          = "ipconfig1"
    subnet_id                     = azurerm_subnet.subnet1.id
    private_ip_address_allocation = "Static"
    private_ip_address            = var.nic_master_node_ip
    public_ip_address_id          = azurerm_public_ip.master.id
  }
}

resource "azurerm_network_interface" "slave" {
```

```
    name                        = "${var.nic_slave_name_prefix}${count.index}"
    location                    = azurerm_resource_group.rg.location
    resource_group_name         = azurerm_resource_group.rg.name
    network_security_group_id = azurerm_network_security_group.slave.id
    count                       = var.vm_number_of_slaves
    depends_on = ["azurerm_virtual_network.spark", "azurerm_public_ip.slave",
"azurerm_network_security_group.slave"]

    ip_configuration {
      name                          = "ipconfig1"
      subnet_id                     = azurerm_subnet.subnet2.id
      private_ip_address_allocation = "Static"
      private_ip_address= "${var.nic_slave_node_ip_prefix}${5+count.index}"
      public_ip_address_id= "${element(azurerm_public_ip.slave.*.id, count.index)}"
    }
  }
```

定义可用性集：

```
  resource "azurerm_availability_set" "slave" {
    name                         = var.availability_slave_name
    location                     = azurerm_resource_group.rg.location
    resource_group_name          = azurerm_resource_group.rg.name
    platform_update_domain_count  = 5
    platform_fault_domain_count   = 2
  }
```

定义存储账号：

```
  resource "azurerm_storage_account" "master" {
    name                     = "master${var.unique_prefix}"
    resource_group_name      = azurerm_resource_group.rg.name
    location                 = azurerm_resource_group.rg.location
    account_tier             = var.storage_master_account_tier
    account_replication_type = var.storage_master_replication_type
  }

  resource "azurerm_storage_container" "master" {
```

```
  name                    = var.vm_master_storage_account_container_name
  resource_group_name     = azurerm_resource_group.rg.name
  storage_account_name    = azurerm_storage_account.master.name
  container_access_type = "private"
  depends_on              = ["azurerm_storage_account.master"]
}

resource "azurerm_storage_account" "slave" {
  name                       = "slave${var.unique_prefix}${count.index}"
  resource_group_name        = azurerm_resource_group.rg.name
  location                   = azurerm_resource_group.rg.location
  count                      = var.vm_number_of_slaves
  account_tier               = var.storage_slave_account_tier
  account_replication_type = var.storage_slave_replication_type
}

resource "azurerm_storage_container" "slave" {
  name = "${var.vm_slave_storage_account_container_name}${count.index}"
  resource_group_name     = azurerm_resource_group.rg.name
  storage_account_name    = element(azurerm_storage_account.slave.*.name,
count.index)
  container_access_type = "private"
  count                   = var.vm_number_of_slaves
  depends_on              = ["azurerm_storage_account.slave"]
}
```

定义用于安装 Spark 主节点的虚拟机：

```
resource "azurerm_virtual_machine" "master" {
  name                     = var.vm_master_name
  resource_group_name      = azurerm_resource_group.rg.name
  location                 = azurerm_resource_group.rg.location
  vm_size                  = var.vm_master_vm_size
  network_interface_ids = [azurerm_network_interface.master.id]
  depends_on                      =    ["azurerm_storage_account.master",
"azurerm_network_interface.master", "azurerm_storage_container.master"]
```

```
    storage_image_reference {
      publisher = var.os_image_publisher
      offer     = var.os_image_offer
      sku       = var.os_version
      version   = "latest"
    }

    storage_os_disk {
      name              =  var.vm_master_os_disk_name
      vhd_uri           =  "http://${azurerm_storage_account.master.name}.
blob.core.windows.net/${azurerm_storage_container.master.name}/${var.vm_master_os_
disk_name}.vhd"
      create_option     = "FromImage"
      caching           = "ReadWrite"
    }

    os_profile {
      computer_name  = var.vm_master_name
      admin_username = var.vm_admin_username
      admin_password = var.vm_admin_password
    }

    os_profile_linux_config {
      disable_password_authentication = false
    }

    connection {
      type     = "ssh"
      host     = azurerm_public_ip.master.ip_address
      user     = var.vm_admin_username
      password = var.vm_admin_password
    }

    provisioner "file" {
      source      = "scriptSparkProvisioner.sh"
      destination = "/tmp/scriptSparkProvisioner.sh"
    }
```

```
            provisioner "remote-exec" {
              inline = [
                "echo ${var.vm_admin_password} | sudo -S sh /tmp/scriptSpark
Provisioner.sh -runas=master -master=${var.nic_master_node_ip}"
              ]
            }
          }
```

定义用于安装 Spark 工作节点的虚拟机，默认为两台：

```
          resource "azurerm_virtual_machine" "slave" {
            name                          = "${var.vm_slave_name_prefix}${count.index}"
            resource_group_name     = azurerm_resource_group.rg.name
            location                      = azurerm_resource_group.rg.location
            vm_size                        = var.vm_slave_vm_size
            network_interface_ids = ["${element(azurerm_network_interface.slave.*.id,
count.index)}"]
            count                          = var.vm_number_of_slaves
            availability_set_id      = azurerm_availability_set.slave.id
            depends_on                          =     ["azurerm_storage_account.slave",
"azurerm_network_interface.slave", "azurerm_storage_container.slave"]

            storage_image_reference {
              publisher = var.os_image_publisher
              offer        = var.os_image_offer
              sku            = var.os_version
              version     = "latest"
            }

            storage_os_disk {
              name           = "${var.vm_slave_os_disk_name_prefix}${count.index}"
              vhd_uri         = "http://${element(azurerm_storage_account.slave.*.name,
count.index)}.blob.core.windows.net/${element(azurerm_storage_container.slave.*.name,
count.index)}/${var.vm_slave_os_disk_name_prefix}.vhd"
              create_option = "FromImage"
              caching            = "ReadWrite"
```

```
    }

    os_profile {
      computer_name   = "${var.vm_slave_name_prefix}${count.index}"
      admin_username = var.vm_admin_username
      admin_password = var.vm_admin_password
    }

    os_profile_linux_config {
      disable_password_authentication = false
    }

    connection {
      type        = "ssh"
      host        = element(azurerm_public_ip.slave.*.ip_address, count.index)
      user        = var.vm_admin_username
      password = var.vm_admin_password
    }

      provisioner "file" {
      source          = "scriptSparkProvisioner.sh"
      destination = "/tmp/scriptSparkProvisioner.sh"
    }

    provisioner "remote-exec" {
      inline = [
        "echo ${var.vm_admin_password} | sudo -S sh /tmp/scriptSparkPro
visioner.sh -runas=slave -master=${var.nic_master_node_ip}"
      ]
    }
  }
```

（8）打开 main.tf，替换以下内容后保存，这样 Terraform 将获得在 Azure 部署资源的权限。

```
  provider "azurerm" {
      version = "1.37.0"
```

```
        subscription_id = "<subscription id>"
        client_id          = "<servcie principal id>"
        client_secret      = "<service principal password>"
        tenant_id          = "<tenant id>"

}
```

（9）执行命令 terraform init，该命令会把 main.tf 文件中指定的驱动程序（包括 Azure Provider）安装到.terraform 目录中。

```
$terraform init

Initializing the backend...

Initializing provider plugins...
- Checking for available provider plugins...
- Downloading plugin for provider "azurerm" (hashicorp/azurerm) 1.37.0...

Terraform has been successfully initialized!
```

（10）执行命令 terraform plan -out myplan，检查资源定义文件并生成执行计划，如果发现语法有误则报错提醒。

（11）执行命令 terraform apply myplan，自动在 Azure 上创建虚拟机并把 Spark 安装到/usr/spark 目录下。部署完成后返回如下信息，其中，master_ip_address 是主节点 IP，master_web_ui_public_ip 是访问 Spark UI 的地址。

```
master_ip_address = 13.76.129.8
master_ssh_command = ssh username@13.76.129.8
master_web_ui_public_ip = 13.76.129.8:8080
resource_group = dataplatformspark-rg
```

如图 2-20 所示，在浏览器内访问 Spark UI。由于 variables.tf 内工作节点数的默认值为 2，所以在 Spark UI 内可以看到两个工作节点。在实际操作中，读者可以在 variables.tf 里自行修改工作节点的个数。

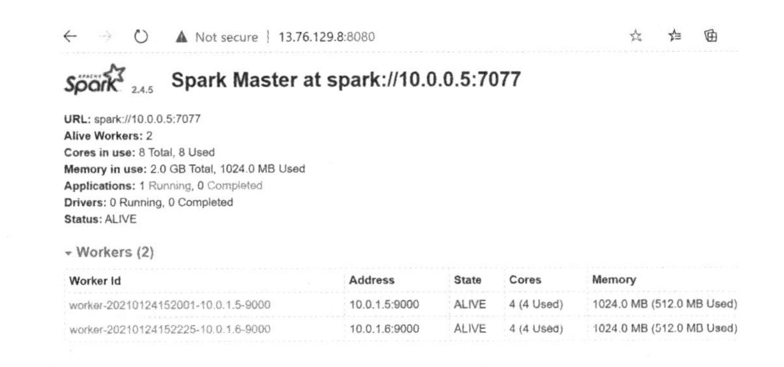

图 2-20　Spark UI

（12）执行命令 ssh username@ip 登录 Spark 主节点，在/usr/hadoop/hadoop-2.9.2/etc/hadoop/core-site.xml 内添加以下字段，并修改 container、storageaccount 和 accountkey。其中，fs.azure.account.key.storageaccount.blob.core.windows.net 用于声明对应存储的访问密钥，fs.defaultFS 则将其设置为默认的文件系统。

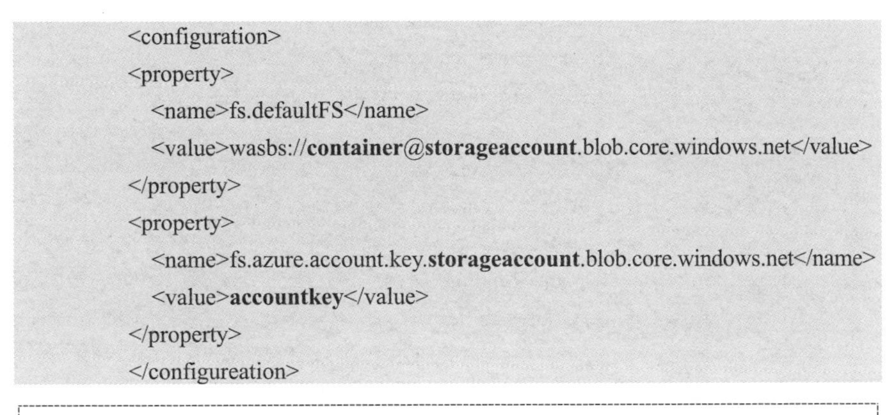

```
<configuration>
<property>
  <name>fs.defaultFS</name>
  <value>wasbs://container@storageaccount.blob.core.windows.net</value>
</property>
<property>
  <name>fs.azure.account.key.storageaccount.blob.core.windows.net</name>
  <value>accountkey</value>
</property>
</configureation>
```

scriptSparkProvisioner.sh 会下载 azure-storage-2.2.0.jar 和 hadoop-azure-2.7.3.jar 文件系统驱动，以支持访问数据湖存储。Spark 的具体安装步骤请参考 scriptSparkProvisioner.sh。

（13）在 Spark 集群安装完成后，即可在 Spark Shell 内访问数据湖。以下内容分别展示了使用完整路径和相对路径访问数据湖存储的情况。

```
scala>spark.read.csv("wasbs://sample@datapracticedatalake.blob.core.windows.
net/airlines.csv")
res4: org.apache.spark.sql.DataFrame = [_c0: string, _c1: string]

scala> val df = spark.read.csv("/airlines.csv")
df: org.apache.spark.sql.DataFrame = [_c0: string, _c1: string]

scala> df.show()
+---------+--------------------+
|      _c0|                 _c1|
+---------+--------------------+
|IATA_CODE|             AIRLINE|
|       UA|United Air Lines ...|
|       AA|American Airlines...|
|       US|US Airways Inc.|
|       F9|Frontier Airlines...|
|       B6|JetBlue Airways|
|       OO|Skywest Airlines ...|
|       AS|Alaska Airlines Inc.|
|       NK|Spirit Air Lines|
|       WN|Southwest Airline...|
|       DL|Delta Air Lines Inc.|
|       EV|Atlantic Southeas...|
|       HA|Hawaiian Airlines...|
|       MQ|American Eagle Ai...|
|       VX|Virgin America|
+---------+--------------------+
```

2.7 在 HDInsight 中访问数据湖存储

在 2.6 节，我们演示了如何使用 Terraform 搭建 Spark 集群并通过配置使其访问数据湖存储，可以看到，即便使用了自动化构建脚本，其步骤仍然比较复杂。如果是生产环境，还需要在当前基础上添加多主和故障转移的能力。那有没有什么更简单的方式来搭建并运维大数据集群呢？答案是使用 HDInsight。HDInsight 是 Azure 上的云原生大数据平台，花费几分钟即可创建一个“开箱即用”的企业级开源分析服务，大大降低了运维大数据平台的门槛和成本。

Azure HDInsight 基于 Cloudera 的 HDP（Hortonworks Data Platform）构建，HDP 支持 Hadoop、Spark、Kafka、Storm、HBase 等集群类型，默认附带 Apache Ambari、Avro、Hive、Apache Mahout、Apache Hadoop YARN、Apache Phoenix、Apache Pig、Apache Sqoop、Apache Tez、Apache Oozie 和 Apache Zookeeper 等组件。HDP 可实现敏捷的应用部署、机器学习和深度学习工作负载、实时数据仓库及安全和治理，是现代数据架构的关键组成部分。

Azure HDInsight 在 HDP 的基础上，有了更多的特性，具体如下。

（1）低成本、可缩放：HDInsight 支持横向缩放工作负荷，用户可以按需创建集群，从而降低成本。

（2）安全合规：HDInsight 允许通过 Azure 虚拟网络、各类加密协议及 Azure Active Directory 来保护企业数据资产，满足行业和政府标准。

（3）监控：HDInsight 集成了 Azure Monitor 日志，可以通过统一界面来监控集群状态。

接下来演示如何创建 HDInsight 集群并访问数据湖存储。

（1）登录 Azure 管理界面，在左侧边栏单击 Create a resource 并选择 HDInsight。如图 2-21 所示，在创建页面中输入相关信息，包括资源组名称、集群名称、区域、集群类型、集群管理员名称和密码等。在本示例中，集群类型选择 Spark，读者也可以自行创建其他类型的集群。

- Subscription：选择自己的订阅。

- Resource group：dataplatform-rg。
- Cluster name：hdispark。
- Region：Southeast Asia。
- Cluster type：Spark，也可以选择其他类型（Hadoop、Kafka 和 HBase 等）。
- Version：Spark 2.3 (HDI 3.6)。

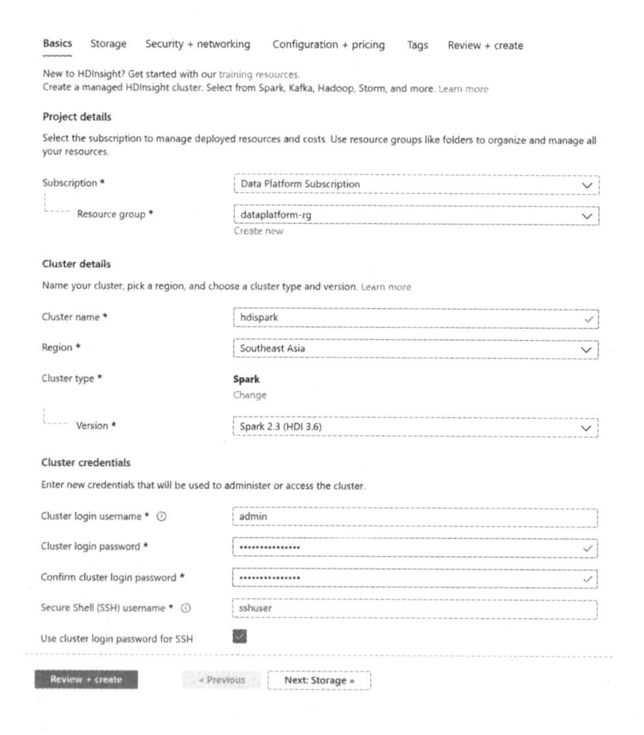

图 2-21 创建 HDInsight 集群

在创建 HDInsight 集群的时候，需要分别声明集群管理员和 SSH 用户，默认用户名分别为 admin 和 sshuser。

（2）单击 Next: Storage 进入 Storage 配置页面。如图 2-22 所示，为集群选择存储账号，该账号将用于保存集群相关设置、日志和示例代码等。其他页面使用默认选项，单击 Review+create 开始创建集群。

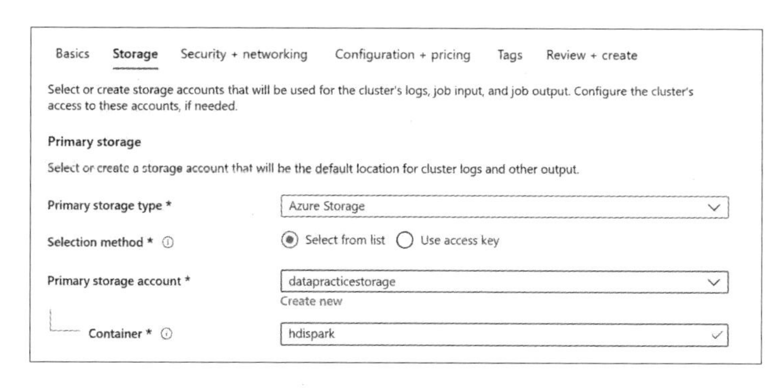

图 2-22　选择存储账号

（3）在集群部署完成后，将导航到 HDInsight cluster 界面，如图 2-23 所示，单击 Ambari home 进入 Ambari 管理界面。

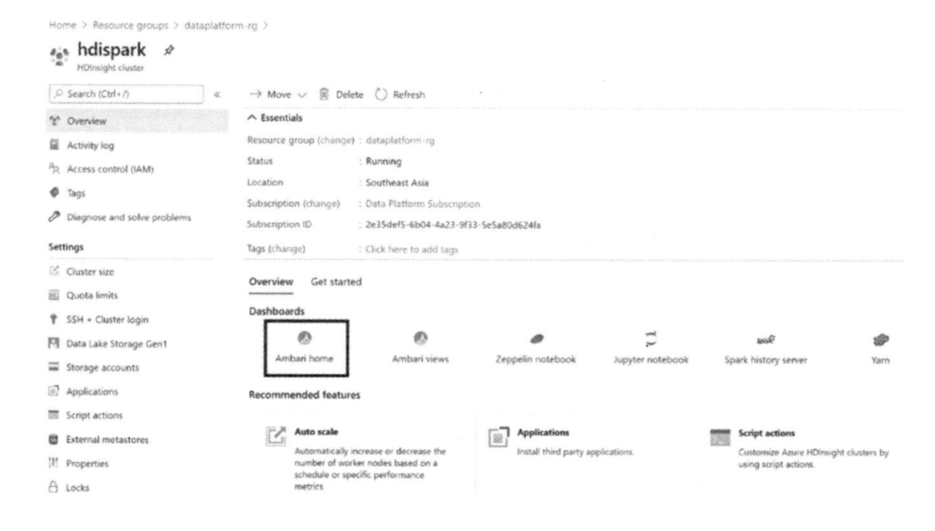

图 2-23　HDInsight cluster 界面

（4）图 2-24 所示为 Ambari 管理界面，Ambari 是基于 Web 的工具，支持对 Hadoop 组件进行管理和监控。

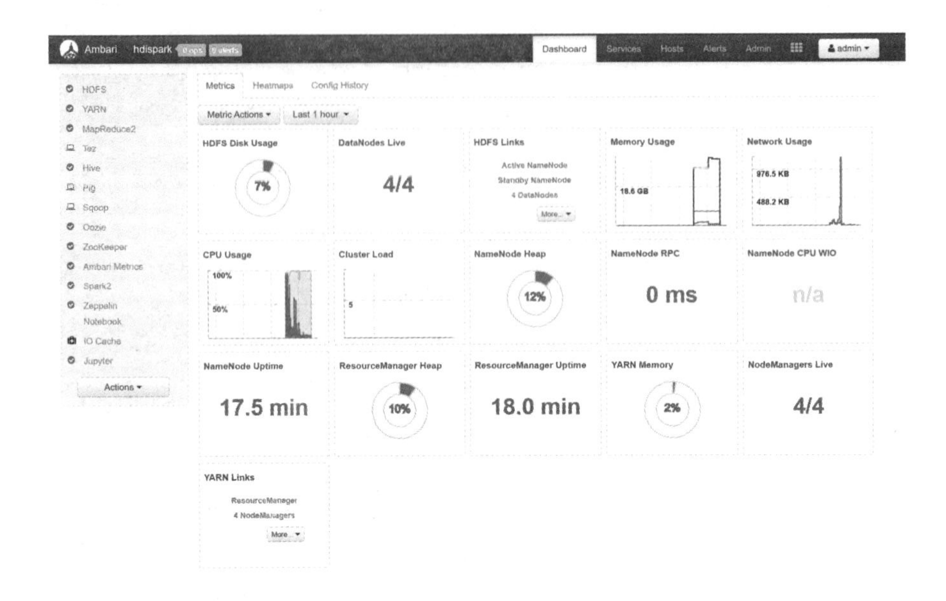

图 2-24 Ambari 管理界面

（5）如图 2-25 所示，导航至 HDFS > Configs > Advanced 进入高级配置界面，配置数据湖存储访问密钥。

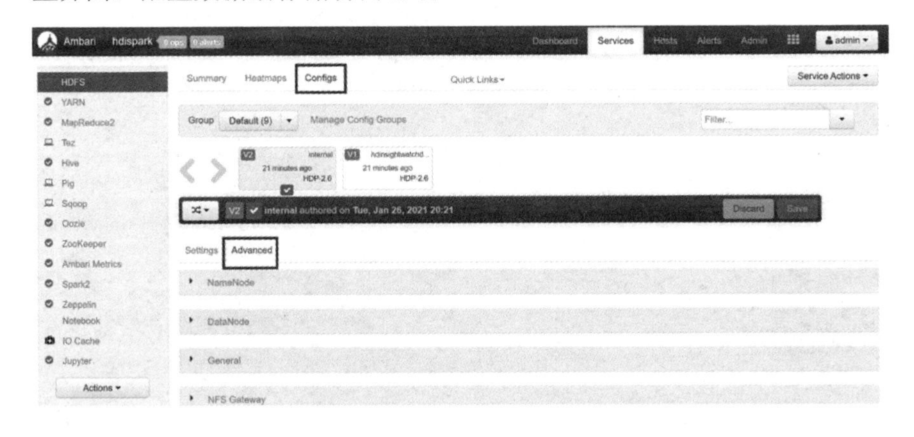

图 2-25 HDFS 高级配置

（6）数据湖存储支持通过 wasb 或 abfs 进行访问，使用如下代码配置存储的访问密钥。

wasb 访问：

```
fs.azure.account.key.storageaccount.blob.core.windows.net=accountkey
```

abfs 访问：

```
fs.azure.account.key.storageaccount.dfs.core.windows.net=accountkey
```

展开 Custom core-site 并单击 Add Property，为 core-site.xml 添加数据湖存储账号信息，如图 2-26 所示，保存修改并重启集群。

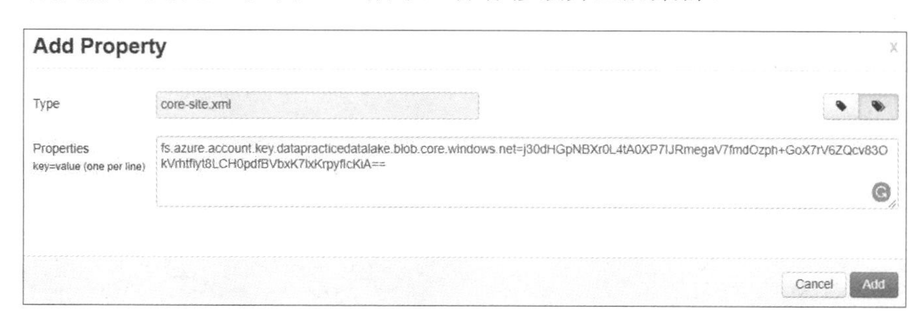

图 2-26　添加访问凭据

（7）运行命令 ssh sshusername@<clustername>-ssh.azurehdinsight.net 远程登录 Spark 主节点，注意将 clustername 替换为真正的集群名称，如图 2-27 所示，即可通过 HDFS 命令访问数据湖存储。

```
sshuser@hn0-hdispa:~$ hdfs dfs -ls /
Found 18 items
-rwxrwxrwx   1                          0 2020-05-17 08:34 /HDInsight_TestAccessiblityBlobName
drwxr-xr-x   - root   supergroup        0 2020-05-17 08:40 /HdiNotebooks
drwxr-xr-x   - root   supergroup        0 2020-05-17 08:45 /HdiSamples
drwxr-xr-x   - hdfs   supergroup        0 2020-05-17 08:34 /ams
drwxr-xr-x   - hdfs   supergroup        0 2020-05-17 08:34 /amshbase
drwxrwxrwx   - yarn   hadoop            0 2020-05-17 08:34 /app-logs
drwxr-xr-x   - hdfs   supergroup        0 2020-05-17 08:34 /apps
drwxr-xr-x   - yarn   hadoop            0 2020-05-17 08:34 /atshistory
drwxr-xr-x   - root   supergroup        0 2020-05-17 08:45 /custom-scriptaction-logs
drwxr-xr-x   - root   supergroup        0 2020-05-17 08:45 /example
drwxr-xr-x   - hbase  supergroup        0 2020-05-17 08:34 /hbase
drwxr-xr-x   - hdfs   supergroup        0 2020-05-17 08:34 /hdp
drwxr-xr-x   - hdfs   supergroup        0 2020-05-17 08:34 /hive
drwxr-xr-x   - mapred supergroup        0 2020-05-17 08:34 /mapred
drwxrwxrwx   - mapred hadoop            0 2020-05-17 08:34 /mr-history
drwxrwxrwx   - hdfs   supergroup        0 2020-05-17 08:34 /tmp
drwxr-xr-x   - hdfs   supergroup        0 2020-05-17 08:34 /user
drwxr-xr-x   - hdfs   supergroup        0 2020-05-17 08:39 /yarn
sshuser@hn0-hdispa:~$ hdfs dfs -ls wasbs://sample@datapracticedatalake.blob.core.windows.net/
Found 1 items
-rwxrwxrwx   1        359 2020-05-17 11:59 wasbs://sample@datapracticedatalake.blob.core.windows.net/airlines.csv
sshuser@hn0-hdispa:~$ hdfs dfs -ls abfss://sample@datapracticedatalake.dfs.core.windows.net/
Found 1 items
-rw-r-----   1 sshuser sshuser        359 2020-05-17 11:59 abfss://sample@datapracticedatalake.dfs.core.windows.net/airlines.csv
```

图 2-27　访问数据湖存储

- hdfs dfs - ls/：访问当前集群配置的默认存储目录，里面保存着HDInsight 相关日志及示例代码等。
- hdfs dfs - ls wasbs://**containername@storageaccount**.blob.core.windows.net/：通过 WASBS 协议访问数据湖存储中的容器。
- hdfs dfs - ls abfss://**containername@storageaccount**.dfs.core.windows.net/：通过 ABFSS 协议访问数据湖存储中的容器。

2.8 本章小结

选择合适的存储系统是成功构建大数据平台的基础。本章介绍了数据存储发展过程中集中文件系统、网络文件系统、分布式文件系统和云原生存储各自的特点及使用场景。然后进一步以 Azure 中的 Blob 存储和数据湖存储为例，展示了云原生存储相比于传统存储方案的优势，指明其在现代大数据平台中的关键作用，演示了如何在各类大数据平台中对云存储进行访问。

第3章

数据引入

在云计算、大数据和人工智能蓬勃发展的今天，企业为了决策，需要访问各数据源并进行数据分析，但是这些原始的（各类关系型、非关系型）数据并不具备适当的上下文或含义，无法为分析师、数据科学家或业务决策者提供有意义的“见解”。对现有数据的不完整描述会导致误导性的分析结论和错误的决策。为了将多种来源的数据联系起来，打破数据孤岛，数据需要集中合并。换言之，在分析数据之前，必须引入数据。

3.1 什么是数据引入

数据引入是指将数据从不同来源传输到一个存储介质上，在这个存储介质上，企业可以访问、使用和分析这些数据。传输的目的地通常是数据仓库、数据集市、数据湖、数据库或文档存储。数据/数据源则多种多样，包括 SaaS 数据、应用数据、数据库、电子表格，甚至从互联网上下载的信息，如图 3-1 所示。数据引入的目的是在引入后对其价值进行挖掘、再造，促进业务发展。

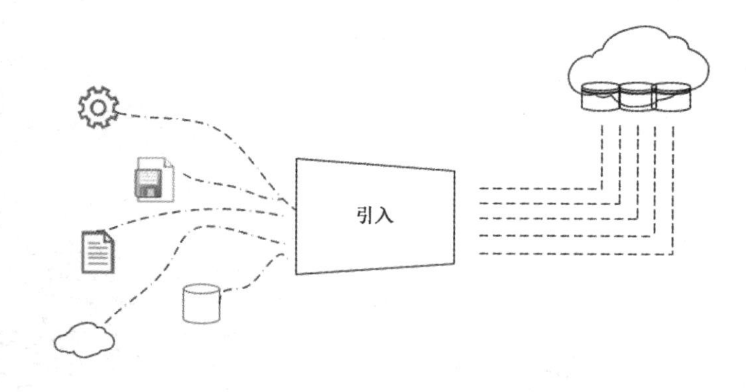

图 3-1 数据引入

数据引入可以实时进行，例如，从物联网传感器读取医疗数据或在处理金融交易数据的系统中，时间至关重要，通常首选实时数据引入，也称为流数据处理，如图 3-2 所示。在实时引入数据时，每个数据项在被数据源创建并被数据引入系统识别后，就会被导入、操作和加载。这种数据引入方式的成本较高，因为它需要事件驱动的体系结构，不断地监控数据源并接收新的信息。

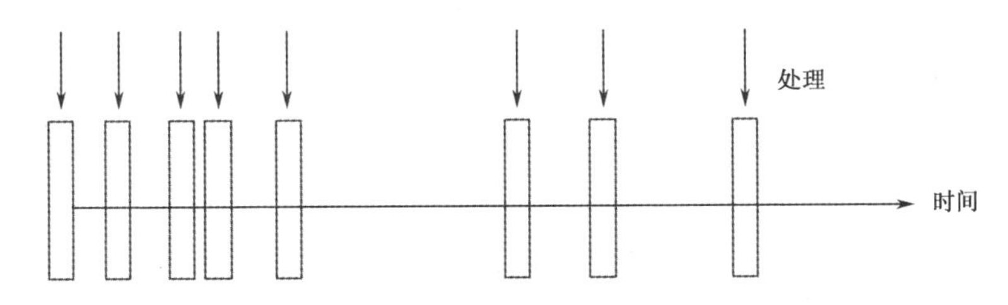

图 3-2　流数据处理

数据引入也可以定期分批进行，即将新到达的数据作为一组数据的一部分稍后处理。因为分批引入比流数据处理更经济且更容易实现。当数据的时效性不重要时，通常使用批处理数据引入。事实上，绝大多数数据处理技术都是为批处理而设计的。如图 3-3 所示，当数据被引入时，引入系统将对数据项进行分组并按一定逻辑规则排序，每个组会在未来某个时间点进行批处理。何时处理每个组的数据可以按一定条件触发，如当数据大小超过 1MB 时处理；或者按时间表进行处理，如每隔 10 分钟处理一次。

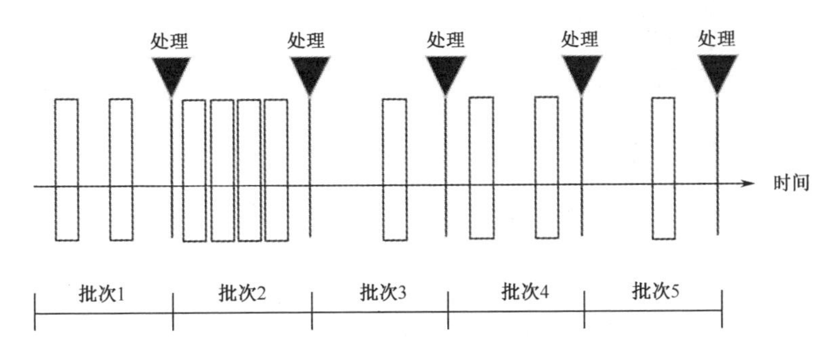

图 3-3　批处理

3.2　数据引入面临的挑战

数据在数据处理过程中通过数据管道移动，通常涉及 4 个阶段，即引入（Ingestion）、存储（Store）、准备（Prepare）和训练（Train）、建模

（Model）和服务（Serve）。因为下游分析系统要依赖数据引入提供一致和可访问的数据，所以数据引入虽然只是数据处理架构的一部分，但它是整个系统的基础，同时也是整个架构中最初始和最困难的部分。数据引入通常面临以下挑战。

1. 流程

随着大数据生态系统越来越多样化，数据量也呈爆炸式增长。信息可能来自众多不同的数据源（从传统的事务性数据库到 SaaS 平台，再到移动和物联网设备等）。这些数据源不断发展，同时新的数据源不断涌现，这使我们难以定义一个全方位、面向未来的数据引入流程。

企业需要以合理的速度引入数据，并有效地处理数据，以保持竞争优势。当数据从不同的数据源进入系统时，这些数据可能具有不同的格式、不同的语义和附加的元数据，只有将其转化为一种通用的格式，才能被分析系统理解。

2. 时间

数据的转换是一个烦琐的过程，它需要大量的计算资源和时间。在数据管道中，流动的数据必须经历多个阶段，进行分期处理，然后向前移动。同时，在每个阶段，数据都必须经过验证，以满足组织的安全标准。在传统的数据清洗过程中，需要花费数周甚至数月的时间才能获得有用的信息。

3. 成本

数据引入昂贵且耗时。数据引入通常需要专门的团队来完成。外部数据源的语义有时会发生变化，这意味着需要随时改变后端数据处理代码。另外，总有一些需求是市场上现有的工具和框架无法满足的，只能从头编写一个定制的解决方案。

4. 安全性

数据保护是至关重要的考虑因素。数据在移动时往往要经过不同的暂存区，存在信息安全隐患。开发团队必须投入额外的资源，以确保系统在任何时候都能达到安全标准。

5. 合规性

法律和合规要求增加了大数据处理架构建设的复杂性和费用。例如，涉及欧盟公民个人数据的组织需要遵守《通用数据保护条例》（GDPR），美国的医疗保健数据受《健康保险携带和责任法案》（HIPAA）的保护，在中国的公司机构需要遵循《信息安全技术　个人信息安全规范》等标准。

3.3　数据引入工具

为了高效地加载和处理各种来源的数据，需要利用不同类型的工具。但选择合适的工具并不是一件容易的事。我们可以从以下几点考虑如何选择数据引入工具。

（1）具有快速、易于理解和管理的数据管道，能根据需求进行定制，可以很方便地将数据从多种格式转化为通用格式。

（2）具有先进的安全功能，能利用各种数据加密机制和安全协议，并且该工具应该符合相关数据安全标准。

（3）多平台支持和集成。能够从云端或本地的多个数据源中提取各种类型的数据，可以定期访问不同类型数据库和操作系统的数据，且不会影响这些系统的性能。

（4）可视化操作。工具不应该完全依赖代码开发，应该让一个没有编码经验的人也能够管理。例如，基于浏览器的操作界面，业务人员可以通过简单的拖曳对复杂的数据进行可视化操作，而不是基于控制台的交互，需要向系统输入特定的命令。

（5）持续监控。工具应该具有持续监控和管理数据管道性能及应用程序的功能。

（6）可扩展性。工具可以进行扩展，以适应不同的数据规模，满足组织的处理需求。

以下是常见的数据引入工具。

1. Apache NiFi

Apache NiFi 是一个易用、功能强大且可靠的数据处理和分发系统，支持强大且可扩展的基于有向图的数据路由、转换和系统逻辑。Apache NiFi 的一些高级功能如下。

（1）基于 Web 的用户界面，设计、控制、反馈和监控之间的无缝体验，数据内容加密，传输采用 SSL、SSH、HTTPS 等方式，具有可插拔的基于角色的认证授权。

（2）可深度配置，包括数据丢失容错和保证交付、低延迟与高吞吐量、动态优先级。

2. Apache Gobblin

Apache Gobblin 是 LinkedIn 开源的通用数据引入框架，主要用于从各种数据源（如数据库、应用编程接口、文件服务器）提取、转换和加载数据到 Hadoop。Apache Gobblin 处理数据引入所需的常规任务，包括作业、任务调度、任务分区、错误处理、状态管理、数据质量检查、数据发布等。它在同一个执行框架中引入来自不同数据源的数据，并统一管理元数据，同时结合了自动伸缩、容错、数据质量保证、可扩展及处理数据模型演化的能力等，是一个易用、高效的数据引入框架。

3. Amazon Kinesis

Amazon Kinesis 是一项基于云计算的管理服务，用于对大型分布式数据流进行实时数据处理。它可从不同数据源（如网站点击流、金融交易、社交媒体源、IT 日志和位置跟踪事件等）连续采集和存储 TB 级的数据，为 Web 应用程序、移动设备、可穿戴设备、工业传感器等持续收集、存储和处理数据。

4. Apache Sqoop

Apache Sqoop 是一个为在 Apache Hadoop 和传统结构化数据存储（如关系型数据库）之间高效传输批量数据而设计的工具。作为连接关系型数据库和 Hadoop 的桥梁，Apache Sqoop 支持以全量和增量更新的方式将数据导入 Hadoop 的 Hive 和 HBase，以便进行后续分析，并且可以高效、可控地利用资源，通过调整任务数来控制任务的并发度。

5. Azure Data Factory

Azure Data Factory 即 Azure 数据工厂（简称“数据工厂”），是 Azure 云原生数据集成服务。它可以创建和调度数据驱动的工作流，从不同的数据存储中引入数据。利用数据工厂可以构建复杂的 ETL 流程，并通过数据流驱动 Azure HDInsight、Azure Databricks 等其他服务可视化地转换数据。此外，数据工厂还可以将转换的数据发布到数据仓库中，供商业智能（BI）应用程序使用，从而实现更好的业务决策。

对于批处理的数据引入，作为云原生服务，数据工厂不需要复杂的配置，支持多种数据源的引入。本章接下来将主要介绍如何利用数据工厂进行数据引入。

3.4　数据工厂

3.4.1　什么是数据工厂

数据工厂用于创建数据驱动型工作流，协调数据移动并大规模地转换数据。它支持两大类任务，如图 3-4 所示。

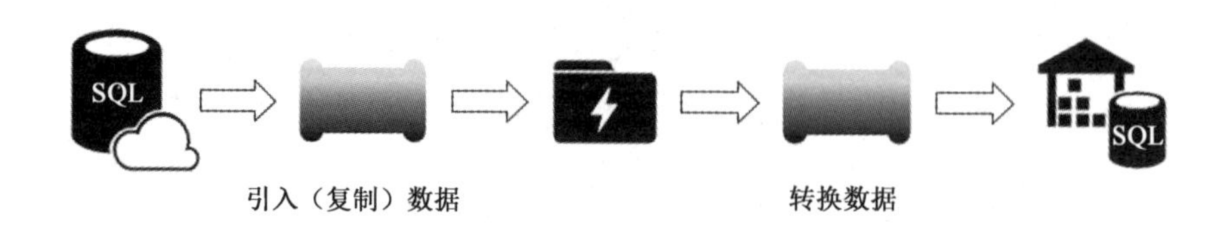

图 3-4　数据工厂的任务类型

1. 引入数据

引入数据是数据工厂的核心任务，数据工厂支持 90 多个数据源，包括软件即服务（SaaS）应用程序（如 Dynamics 365 和 Salesforce）、数据库（如 SQL Server 和 Oracle）及云数据存储（如 Azure 数据湖存储和 Amazon S3）等。在复制过程中，数据工厂支持转换文件格式、压缩和解压缩文件，以及隐式和显式映射列。

2. 转换数据

数据工厂可以利用原生的数据流或驱动外部 Azure HDInsight、Azure Databricks 等服务进行数据转换。数据工厂作为一个完整的 ETL 和数据集成服务，允许用户在统一用户界面中同时复制和转换数据。

3.4.2　创建数据工厂

接下来我们将创建一个数据工厂，并熟悉它的用户界面。作为一个 Azure 云服务，创建数据工厂的步骤和创建其他 Azure 云资源的步骤类似。

（1）登录 Azure 管理界面，在左侧边栏单击 Create a resource。在“Search the Marketplace”搜索框里，输入 Data Factory，然后按回车键。在搜索结果中找到并单击 Data Factory，如图 3-5 所示。

（2）在 Data Factory 界面上单击 Create 开始创建数据工厂。

图 3-5　Azure Marketplace 中的数据工厂

（3）如图 3-6 所示，在 New data factory 界面，输入相关信息，包括数据工厂名称、版本及资源组名称、区域等。

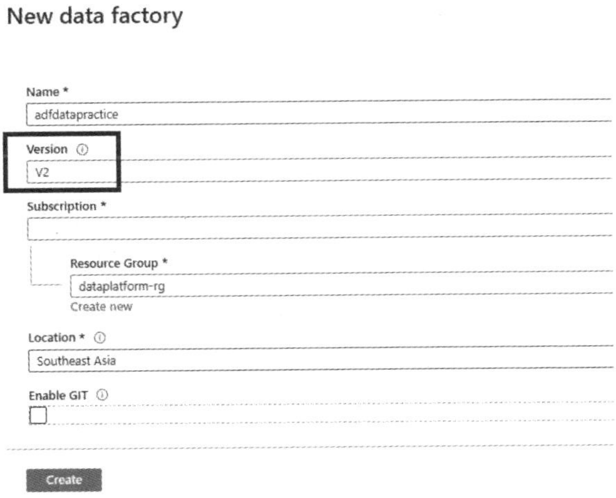

New data factory

Name *
adfdatapractice
Version
V2
Subscription *
Resource Group *
dataplatform-rg
Create new
Location *
Southeast Asia
Enable GIT
Create

图 3-6　New data factory 界面

- Name：数据工厂名称，本书示例使用 adfdatapractice。
- Version：V2。
- Subscription：选择自己的订阅。
- Resource group：dataplatform-rg。
- Location：Southeast Asia。

- Enable GIT：此处禁用。数据工厂支持使用 Azure DevOps 和 GitHub 实现数据管道的版本管理。受篇幅所限，对此不做深入介绍。

（4）单击 Create 创建，并等待部署完成。

（5）如图 3-7 所示，在刚创建的数据工厂资源页面，单击 Author & Monitor 打开数据工厂。

图 3-7　数据工厂资源页面

也可以访问 https://adf.azure.com 直接打开数据工厂。

用户通过数据工厂应用的左侧面板中的 4 个选项卡创建和管理数据工厂的相关资源。

1. 概览页面

概览（Overview）是数据工厂的主页，可以在这里执行常见任务，如创建管道（Creat pipeline）、创建数据流（Creat data flow）或复制数据（Copy data），还可以查看数据工厂的相关视频资料及阅读教程等，如图 3-8 所示。

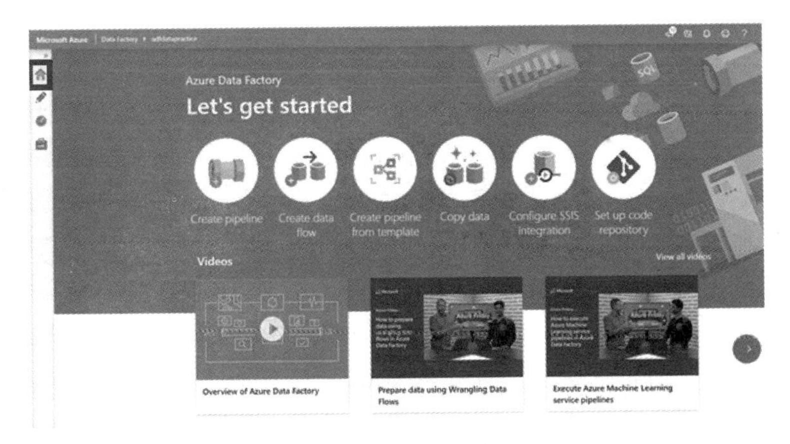

图 3-8　概览页面

2. 创作中心

创作（Author）中心是用户的主要开发环境。左侧列表是数据工厂的主要资源，包括管道（Pipelines）、数据集（Datasets）和数据流（Data flows）。通过上方搜索框，可以查找该数据工厂所有的资源，如图 3-9 所示。

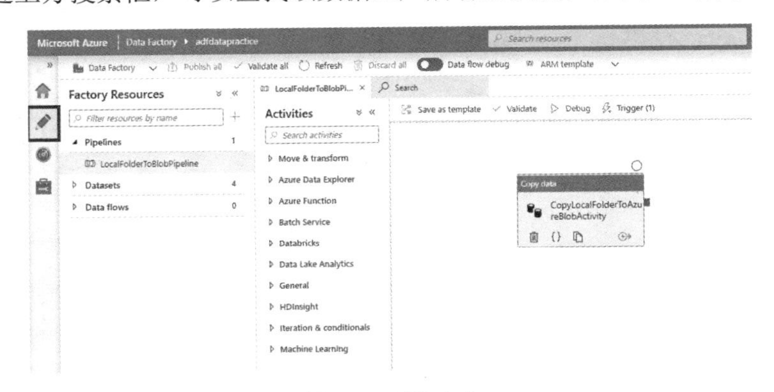

图 3-9　创作中心

3. 监控中心

监控（Monitor）中心提供了可视化仪表板，监控该数据工厂内所有管道（Pipeline）和触发器（Trigger）的运行情况，并设置警报，如图 3-10 所示。

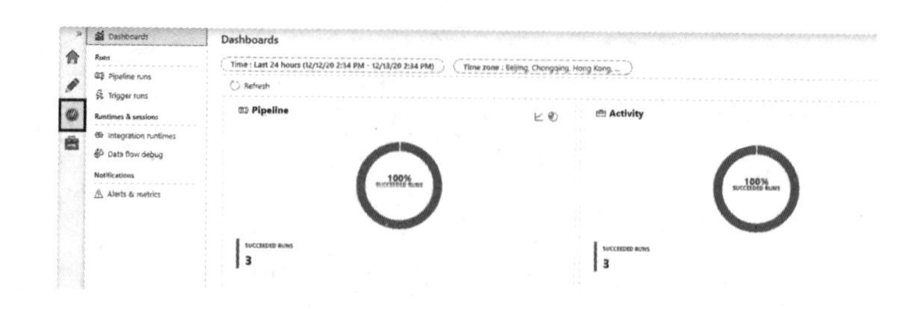

图 3-10　监控中心

4. 管理中心

管理（Manage）中心是用户对数据工厂进行全局资源管理的地方，用于查看和编辑链接服务（Linked services）、集成运行时（Integration runtimes）、触发器（Triggers）、源代码控制（Source control）和全局参数（Global parameters）等资源，如图 3-11 所示。

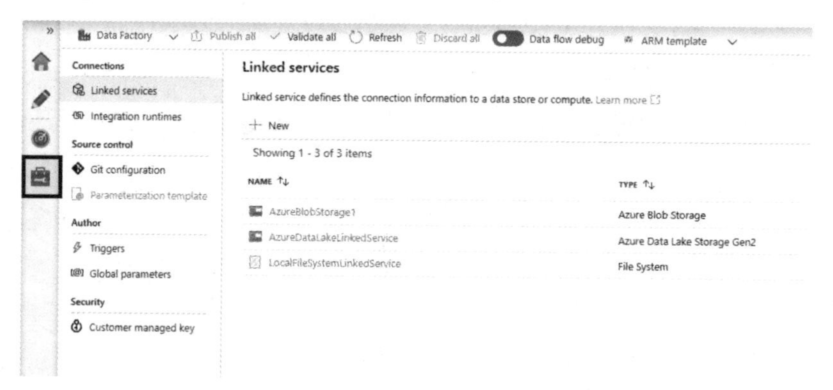

图 3-11　管理中心

3.4.3　数据工厂的主要组件

如图 3-12 所示，数据工厂的主要组件包括管道、活动、数据集、链接服务、集成运行时和触发器。用户在数据工厂内创建管道执行一个或多个活动，通过集成运行时指定执行活动的计算资源，利用链接服务将管道连接至各类数据源，使用数据集定义数据输入和输出格式，触发器则基于时间规则或事件自动执行管道。

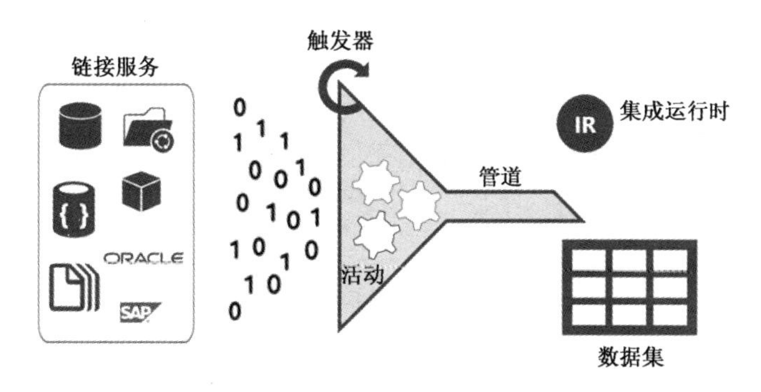

图 3-12　数据工厂的主要组件

1. 管道

管道是数据工厂中执行某项任务的活动的集合，这也是用户定义工作流程的地方。例如，先将数据从内部数据中心复制到数据湖存储中，然后再从数据湖存储转换到 Azure Synapse Analytics 中。管道允许从前续管道中接收参数，也可以传递参数给后续管道，实现管道之间的互连性。

用户可以通过添加活动来设计和构建管道。打开管道编辑界面，如图 3-13 所示。界面左侧是所有可以添加到管道中的活动列表，右侧是设计管道的画布和属性面板。展开设计画布左侧的活动列表，即可将相应的活动拖到画布上。

图 3-13　管道编辑界面

管道里的活动默认并行执行。如果要使这些活动按顺序执行，可以将这些活动串联起来，单击并按住第一个活动右侧的小方块，然后将箭头拖到第二个活动上，如图 3-14 所示。

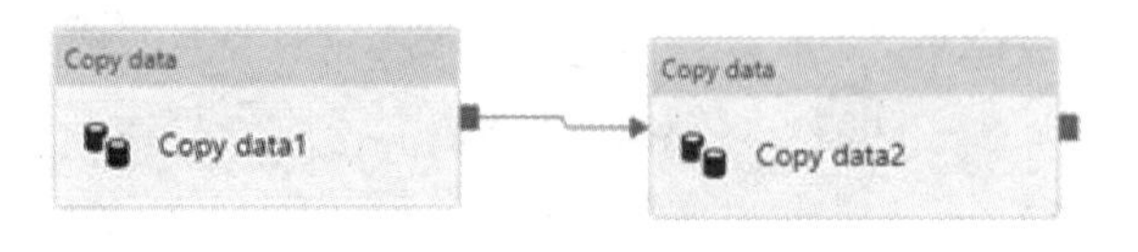

图 3-14　串联活动

除了在画布上拖曳，还可以单击画布右上角的代码图标进入代码编辑模式，直接通过编写 JSON 代码在数据工厂中创建资源。图标如下：

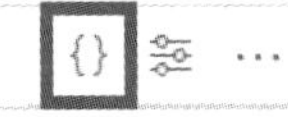

2. 活动

活动是管道中的步骤，定义了对数据执行的操作。每个活动只执行一个任务，如复制活动会将数据从一个数据源复制到另一个数据存储中，用户可以设计管道内的流程，串联或并行执行活动，以及复制或转换数据，或者使用数据工厂外部的服务执行外部任务。

数据工厂的活动分为以下 3 类，这些活动被组织成工作流程。

（1）复制活动：在本地与云数据存储之间复制数据，它支持 90 多种数据源。

（2）数据转换活动：负责将原始数据转换和处理为期望的模型。它包括数据工厂内部数据流，以及调用外部转换活动，如 HDInsight、Azure Function、SQL 存储过程、Azure Databricks 等。

（3）控制活动：实现常见的编程概念，如 foreach、until、if 等循环和条件逻辑。

如图 3-15 所示，在选择一个活动并将其拖到管道的设计画布上后，将高亮显示该活动并显示其属性面板。

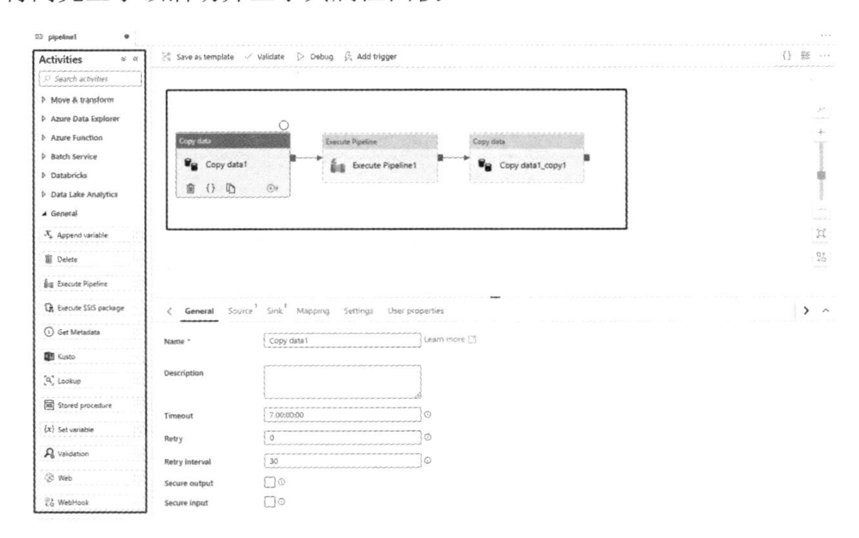

图 3-15　活动列表和管道设计画布

3. 数据集

复制或转换数据需要指定输入和输出数据的格式和位置。数据集就是数据视图，代表一个数据库表、文件或文件夹。图 3-16 所示为数据集设计界面。

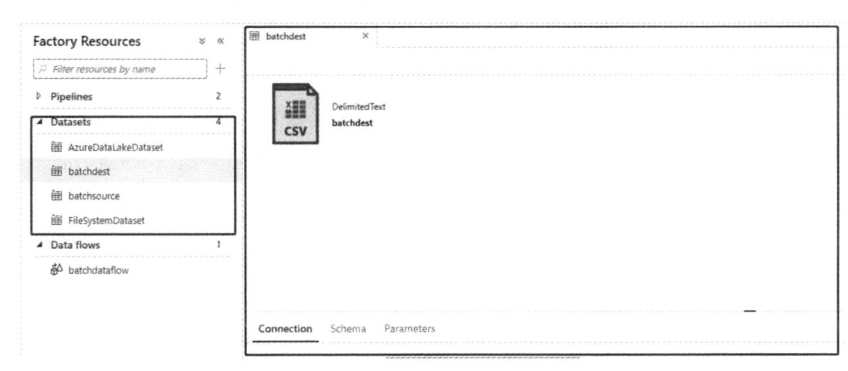

图 3-16　数据集设计界面

4. 链接服务

链接服务定义了数据源的连接信息及认证方式，可以在管理中心创建链接服务，如图 3-17 所示。

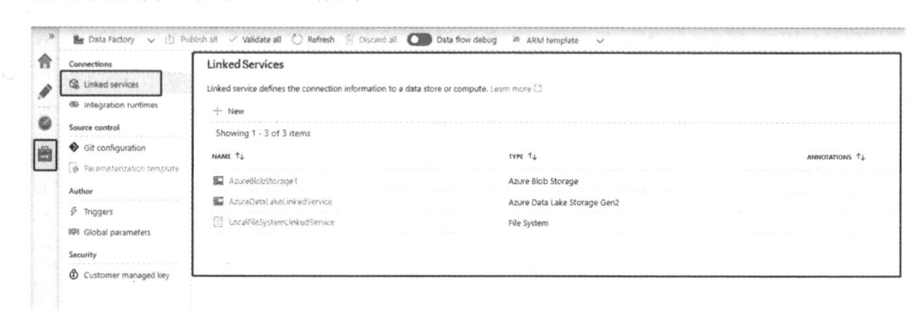

图 3-17 链接服务管理界面

5. 集成运行时

集成运行时定义要运行活动的计算基础架构，规定硬件规格、物理位置等条件。

数据工厂支持 3 种集成运行时。

1）Azure 集成运行时

Azure 集成运行时（Azure Integration Runtime）使用托管的基础设施和硬件，用户无须安装、维护和扩展硬件。Azure 集成运行时只能访问公共网络中的数据存储和服务。

数据工厂有一个默认的名为 AutoResolveIntegrationRuntime 的 Azure 集成运行时。AutoResolve 指的是这个集成运行时的区域被设置为自动解析，数据工厂会根据源数据存储的区域、目标数据存储的区域或活动类型决定运行时的区域。

如果要确保数据不离开特定区域，则可以在该区域创建自定义 Azure 集成运行时。

使用 Azure 集成运行时的场景包括以下几种。

（1）在云存储之间复制数据。

（2）使用数据流在云存储之间转换数据。

（3）使用云存储和服务执行活动。

2）Self-hosted 集成运行时

Self-hosted 集成运行时（Self-hosted Integration Runtime）使用用户自己管理的基础设施和硬件，可以访问公共网络和私有网络中的资源，用户负责所有的安装、维护、补丁和扩展工作。

Self-hosted 集成运行时的工作方式与网关类似，用户将集成运行时安装在使用企业内部网络的机器上，然后它需要与 Azure 上数据工厂的一些服务端点进行通信。企业防火墙通常允许 Self-hosted 集成运行时所使用的出站端口。

使用 Self-hosted 集成运行时的场景包括以下几种。

（1）在云和企业内部存储之间复制数据。

（2）在企业内部存储间复制数据。

（3）使用内部存储和服务执行活动。

3）Azure-SSIS 集成运行时

Azure-SSIS 集成运行时（Azure-SSIS Integration Runtime）是全托管的 SQL Server 集成服务（SSIS）引擎集群。与 Azure 集成运行时类似，用户无须安装、维护和扩展硬件。Azure-SSIS 集成运行时用于在数据工厂中执行 SSIS 包，可以访问公共网络和私有网络中的资源。

如图 3-18 所示，用户可以在管理中心创建集成运行时。

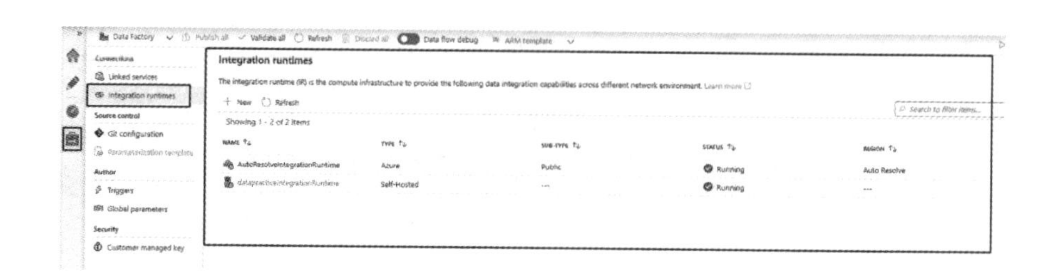

图 3-18　集成运行时管理界面

6. 触发器

触发器用于指定何时启动管道执行。数据工厂支持 3 种触发器。

（1）计划触发器（Schedule Trigger）：按时钟计划执行管道的触发器。

（2）翻转窗口触发器（Tumbling Window Trigger）：可以定期运行，同时还能保留状态的触发器。

（3）基于事件的触发器（Event-based Trigger）：响应某个事件的触发器。

1）计划触发器

计划触发器可以按照设定的计划执行一个或多个管道。用户控制运行触发器的时间，并定义触发器活动的开始和结束时间。

计划触发器和管道是多对多的关系。也就是说，一个计划触发器能执行多个管道，一个管道也可以被多个计划触发器执行。

触发器设置的时间是 UTC 时间。

2）翻转窗口触发器

翻转窗口触发器从指定的时间开始，在一个周期性的时间间隔内触发。翻转窗口是一系列固定大小、非重叠、连续的时间间隔。

用户只需要指定触发器的开始时间、结束时间、时间窗口的间隔及时间窗口的使用方式。数据工厂会自动计算每个时间窗口要使用的准确时间并执行。该功能同样适用于指定过去的开始时间，因此翻转窗口触发器可以用于回填或加载历史数据。

使用翻转窗口触发器的一个常见场景是定期将数据从数据库复制到数据湖存储中。例如，我们可以设置时间间隔为 1 小时或 24 小时，翻转窗口触发器将每个时间窗口的开始和结束时间传递到数据库查询中，然后数据库查询返回该开始和结束时间之间的所有数据。

触发器中的时间窗口和管道中的使用方式紧密结合，所以翻转窗口触发器和管道是一对一的关系。

3）基于事件的触发器

基于事件的触发器（事件触发器）可以在某事件发生时执行一个或多个管道，如在新建或删除 Blob 事件发生的时候执行某个管道。事件触发器和管道是多对多的关系。也就是说，一个事件触发器可以执行多个管道，一个管道也可以被多个事件触发器执行。

如图 3-19 所示，用户可以在管理中心创建触发器。

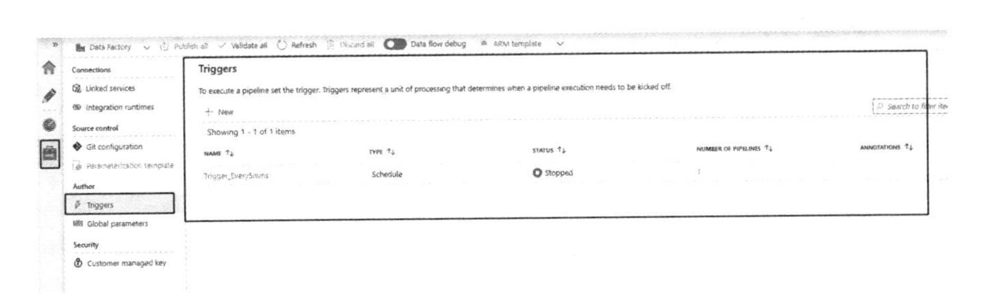

图 3-19 触发器管理界面

3.5 引入数据

3.5.1 数据复制

接下来，我们将演示使用数据工厂把本书附带的原始数据从本地目录复制到数据湖存储中。本示例需要使用 Copy Data 活动。

Copy Data 活动是数据工厂中的核心活动，支持将数据复制到 90 多个 SaaS 应用程序、内部数据存储和云数据存储中，也可以从这些数据源中复制数据。另外，Copy Data 活动并不局限于按原样复制文件，还支持序列化、压缩等功能，Copy Data 活动的复制过程如图 3-20 所示。

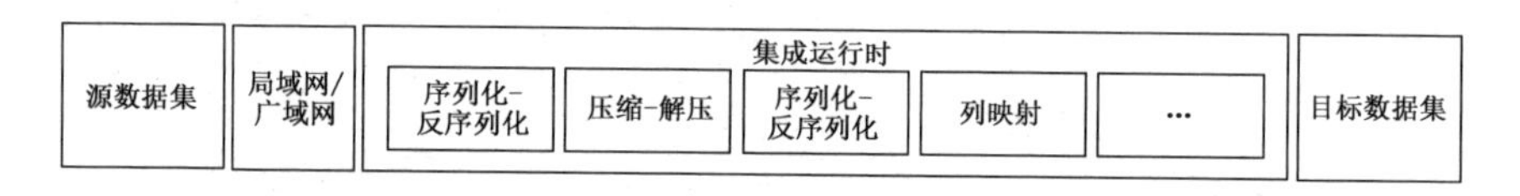

图 3-20　Copy Data 活动的复制过程

在 Copy Data 活动的复制过程中，序列化（Serialization）和反序列化（Deserialization）可以解释为在复制过程中转换文件格式。例如，将 CSV 源数据复制到 SQL 数据库中，需要将源数据作为字节流在网络上传输（序列化），然后将该字节流转换为 SQL 格式数据，再加载到数据库中（反序列化）。压缩（Compression）和解压（Decompression）指在复制过程中对文件进行压缩和解压缩。列映射（Column Mapping）指用户根据需求，自主定义源数据集与目标数据集之间列和字段的映射关系。通过列映射，可以只复制部分源数据到目标数据集中，或者用不同的名称将源数据映射到目标数据集中，以重塑表格和层次数据。

Copy Data 活动有 6 类属性可配置，如图 3-21 所示。

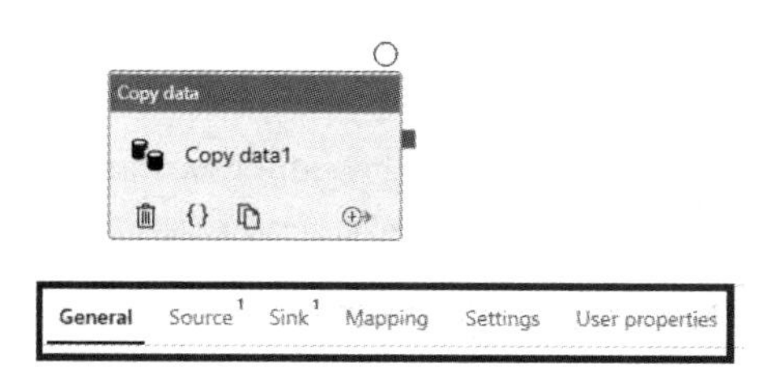

图 3-21　Copy Data 活动的属性

1. General

如图 3-22 所示，在此处可以修改活动的名称（Name）、描述（Description）和活动策略，包括超时（Timeout）、重试（Retry）、重试间隔（Retry interval），以及是否记录输入和输出细节（Secure input 和 Secure output）等。

将鼠标在信息图标上悬停可以了解更多细节。

General　Source 1　Sink 1　Mapping　Settings　User properties

Name *　Copy from local folder to ADLS　Learn more

Description

Timeout　7.00:00:00

Retry　0

Retry interval　30

Secure output

Secure input

图 3-22　General 属性页

2. Source 和 Sink

Source 和 Sink 是指定源数据集和目标数据集的地方。其取决于实际的数据集和数据存储的类型，不同的数据类型会展现不同的属性。

目前数据工厂支持 90 多种数据源，当读者使用一个新的数据集或数据存储时，建议先参考 https://docs.microsoft.com/en-us/azure/data-factory/connector-overview 里的文档，并阅读相应数据集或数据存储的细节内容，然后按照自己所需的方式进行配置。

3. Mapping

用户可以隐式或显式地将列从 Source 映射至 Sink。隐式映射是默认选项，Copy Data 活动以区分大小写的方式通过列名将源数据映射到目标数据集中。如果目标数据不存在，源字段名将作为目标字段名被保留下来，所有源数据都将被复制到目标数据存储中。

在显式映射下，由用户决定如何将列从 Source 映射至 Sink。如果源数据是无标题行的文本文件（不包含列名），就必须定义显示映射。

4. Settings

用户可以在 Settings 页面调整数据集成单元（Data integration unit）、复制并行度（Degree of copy parallelism）、容错（Fault tolerance）和启用暂存（Enable staging）设置，如图 3-23 所示。

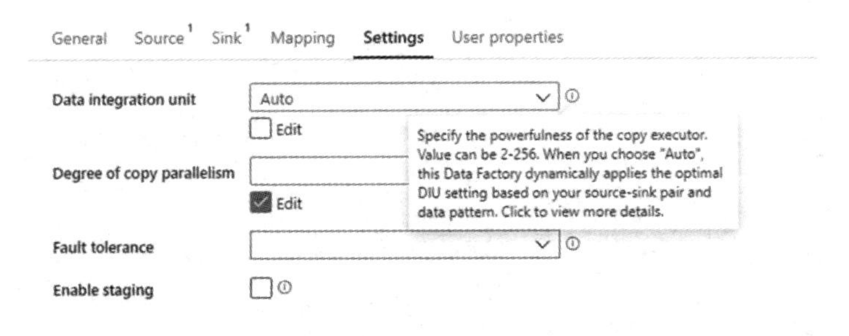

图 3-23　Settings 属性页

1）数据集成单元

数据集成单元（DIU）代表了 CPU、内存和网络资源分配的组合。用户可以指定活动使用的 DIU 数量，指定的 DIU 越多，分配在活动上的资源越多，执行的性能越高。默认选项 Auto 的 DIU 数量是 2～256 的某个值，数据工厂会根据 Source 和 Sink 的配置动态地应用最佳 DIU 设置。对于较大的数据集，Auto 设置可能是最理想的。对于较小的数据集，建议从 2 个 DIU 开始，在必要的时候增加。

2）复制并行度

复制并行度指定并行地从 Source 读取数据或将数据写入 Sink 的最大连接数。建议将复制并行度设为 Auto，让数据工厂决定如何分块和复制数据。如果需要改变这个值，通常从 1 开始，然后通过测试验证选择合适的复制并行度。

3）容错

Copy Data 活动提供了容错能力，以防止数据移动过程因故障而中断。例如，用户要将数百万行数据从源数据库复制到目标数据库中，在目标数据库中已经创建了一个主键，但源数据库没有定义任何主键。当恰好有重复的行从源数据库复制到目标数据库时，这个复制会因为在目标数据库上碰到 PK 违规而失败。此时该活动会提供两种处理此类错误的方法。

（1）默认一旦遇到任何故障，中止复制。

（2）通过启用容错功能跳过不兼容的数据，继续复制其余数据。此外，用户可以启用会话日志来记录跳过的数据。

4）启用暂存

在启用暂存功能后，Copy Data 活动不会直接把数据从源存储复制到目标存储中，而是会将数据暂时存储在 Blob 中，然后再复制到最终目标存储中。暂存功能适用于如下场景。

（1）通过 PolyBase 将数据从各类存储加载到 Azure Synapse Analytics 中。

（2）通过较慢的网络连接执行混合数据移动，如将数据从本地数据存储复制到云数据存储中。为了提高性能，可以启用暂存功能来压缩本地数据，缩短将数据移动到云中暂存存储的时间，然后在暂存存储中解压缩数据，再加载到云数据存储中。

（3）满足企业 IT 策略需求。例如，在将数据从本地数据存储复制到 SQL 数据库中时，需要为 Windows 防火墙和企业防火墙打开 1433 端口上的出站 TCP 通信，而企业 IT 策略通常会阻止在防火墙中打开除 80 和 443 外的出站端口。在这种情况下，启用暂存功能可以在 443 端口上通过 HTTPS 将数据复制到 Blob 中，然后再把数据从 Blob 加载到 SQL 数据库中。

5. User properties

通过添加用户属性，用户可以自定义监控视图里活动运行的额外信息。对于 Copy Data 活动，数据工厂可以自动生成用户属性。用户可以轻松地在监控视图中直接看到源文件和目标文件及表等，无须打开管道本身。

3.5.2 管道设计

（1）从本书源代码中获得原始数据文件，解压后将 3 个 CSV 文件保存在本地（C:\rawdata），如图 3-24 所示。其中 FlightDelaysWithAirportCodes.csv 包含航班信息，是本书后续数据处理的源数据。

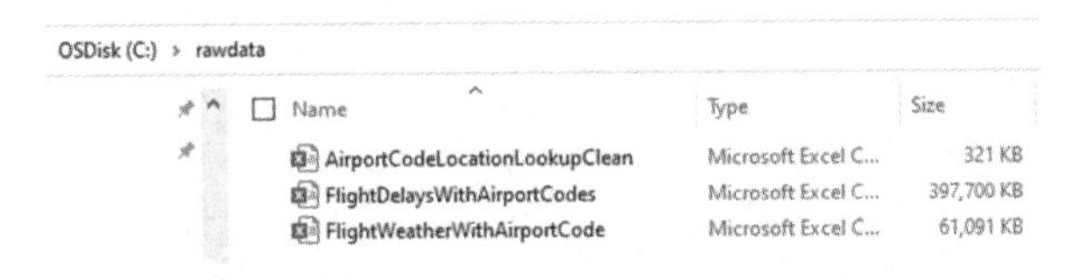

图 3-24 本地演示文件

（2）在创作中心单击 Factory Resources 下面的+按钮，然后再单击 Pipeline 创建管道，如图 3-25 所示。

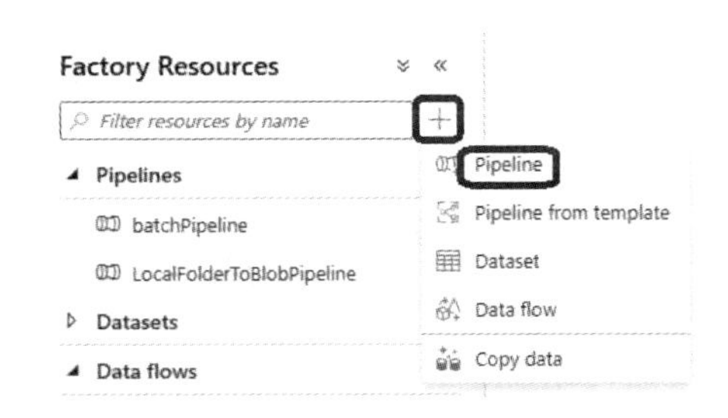

图 3-25　Factory Resources 新建管道

（3）在管道设计画布的右侧会出现管道的属性页，输入下列内容。

- Name：UploadLocalFilePipeline。
- Concurrency：1。

在数据工厂中，用户能在同一时间并行执行同一管道以提高性能。但有时候用户不希望同时截断（Truncate）和加载表，或者想限制单个管道连接到数据源或目标存储的次数，那么可以改变并发设置（Concurrency）来控制。默认的并发管道运行次数是无限，本示例中将其更改为 1。

（4）接下来创建 2 个链接服务，分别代表目标数据湖存储和本地源目录。切换到管理中心，在 Linked services 下单击+New，如图 3-26 所示。

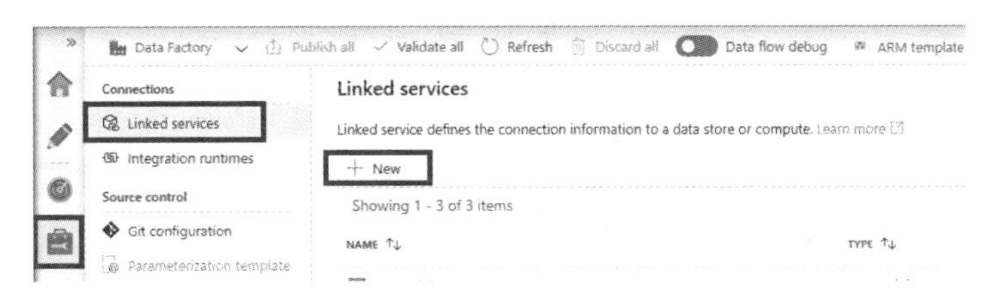

图 3-26　新建链接服务

（5）在 New linked service 页面，Data store 选项卡显示了所有可以由数据工厂读取或写入数据的服务，而 Compute 选项卡则是所有可以由数据工厂调用的外部服务。这些数据链接服务被划分为多个子类别，如图 3-27 所示。找到并选择 Azure Data Lake Storage Gen2，单击 Continue。

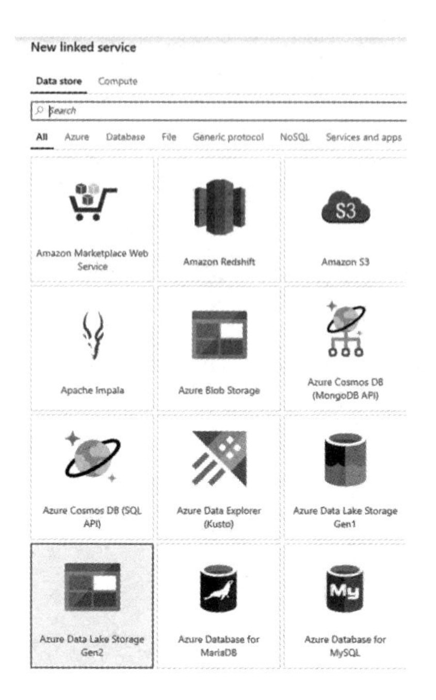

图 3-27 New linked service（Azure Data Lake Storage Gen2）页面

（6）如图 3-28 所示，在链接服务的属性页内输入以下内容：

- Name：ADLS_datapractice_linkedservice。
- Description：可添加描述。
- Connect via integration runtime：AutoResolveIntegrationRuntime。
- Authentication method：Account key。
- Account selection method：选择 Enter manually。
- URL：https://**<data lake storage account>**.dfs.core.windows.net。
- Storage account key：此处填入数据湖存储账号的 Access Key。

（7）选择 Test connection 下的 To Linked service，确定连接成功后单击 Create 创建链接服务。

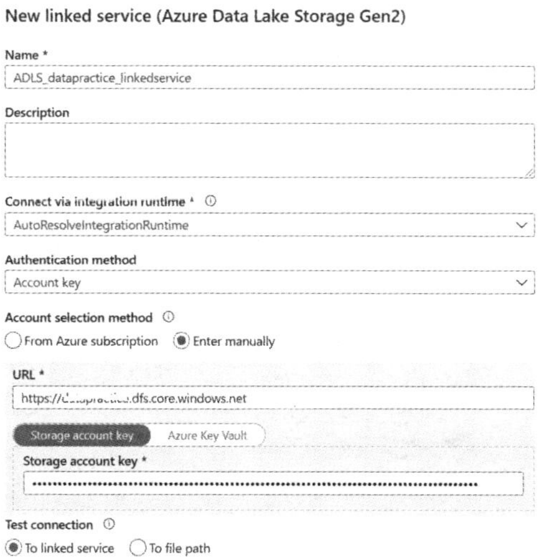

图 3-28　链接服务（Azure Data Lake Storage Gen2）属性页

（8）接下来，创建另一个链接服务以连接本地文件系统，选择 File System，单击 Continue，如图 3-29 所示。

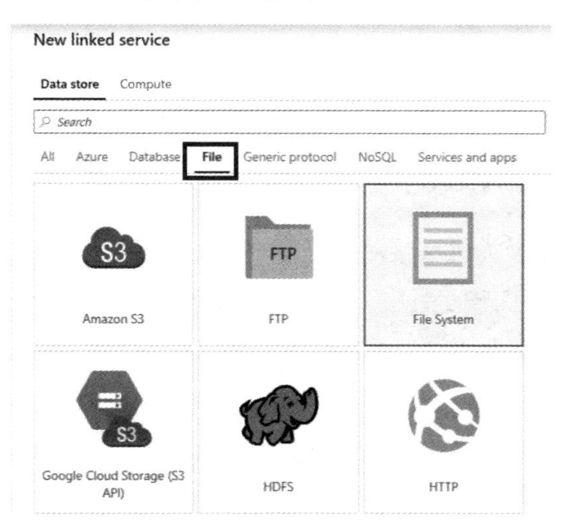

图 3-29　New linked service（File System）页面

（9）如图 3-30 所示，可以看到 File System 的属性页和数据湖存储不同，输入以下内容：

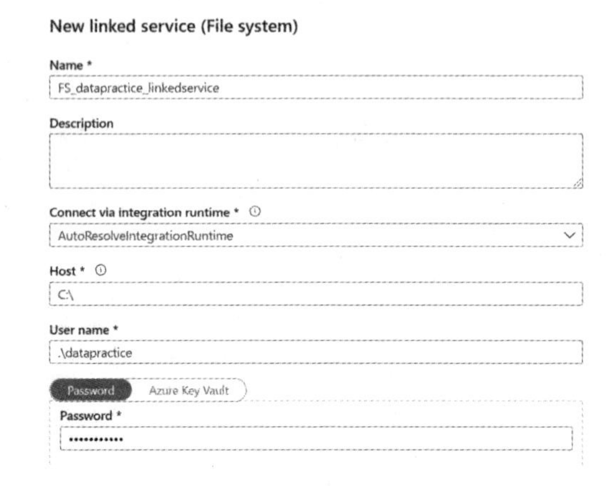

图 3-30　链接服务（File System）属性页

- Name：FS_datapractice_linkedservice。
- Description：描述。
- Host：C:\。
- User name：一个可以读取 C 盘的本地或域用户名。
- Password：用户密码。

（10）因为该链接服务需要访问本地文件，所以这次需要创建一个 Self-hosted 集成运行时。单击 Connect via integration runtime 下拉框，选择+New，如图 3-31 所示。

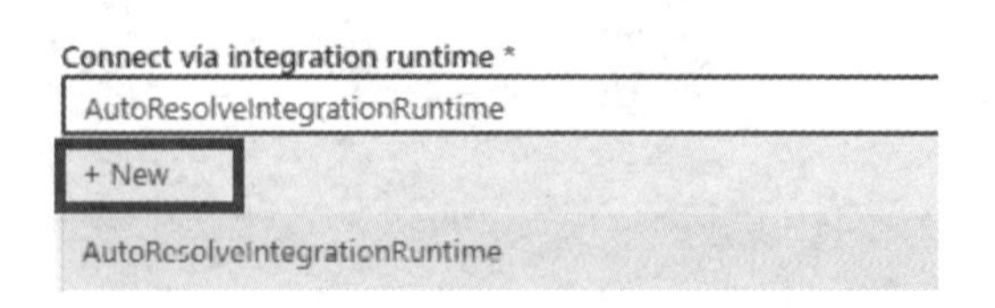

图 3-31　新建集成运行时

（11）如图 3-32 所示，在 Integration runtime setup 页面选择 Self-Hosted，单击 Continue。

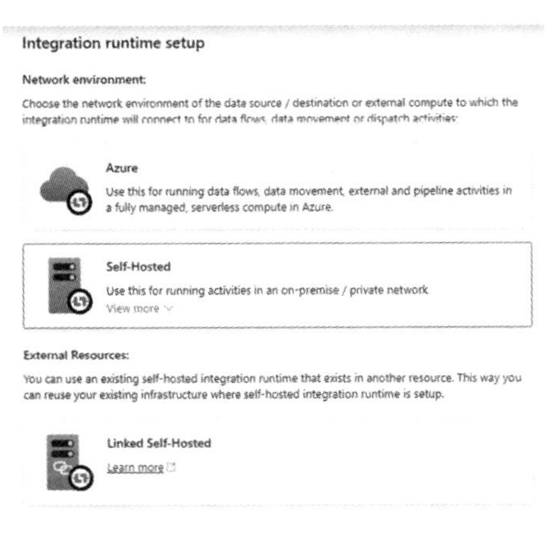

图 3-32　Integration runtime setup 选项

（12）输入以下内容并单击 Create。在该集成运行时创建好后，其设置页面提供了在本地计算机上安装集成运行时软件包的相关信息，如图 3-33 所示。Self-hosted 集成运行时依赖这个软件使用本地计算资源，根据用户指令在本地服务器中执行活动。

- Name：datapracticeIR。

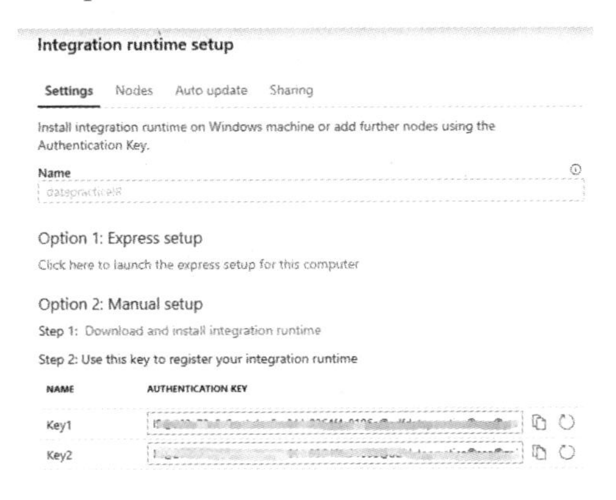

图 3-33　Self-hosted 集成运行时安装信息

（13）按照提示在本地计算机上安装软件并注册 datapracticeIR 集成

运行时，具体下载和安装步骤可参考 https://docs.microsoft.com/en-us/azure/data-factory/create-self-hosted-integration-runtime，如图 3-34 所示。

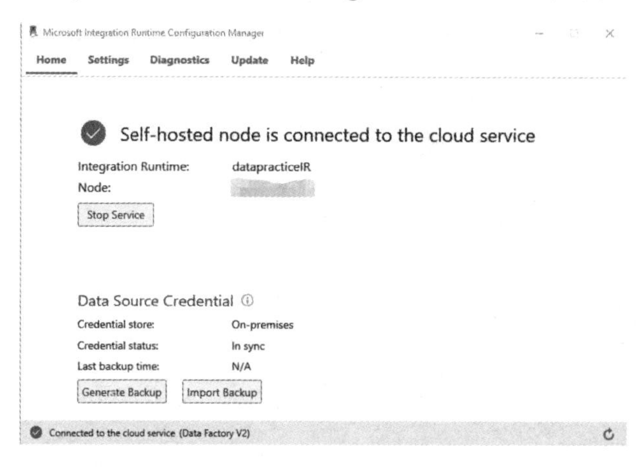

图 3-34 在本地计算机上安装 Self-hosted 集成运行时软件

（14）在链接服务的 File System 属性页，单击 Test connection，确定连接成功后单击 Create。至此 2 个链接服务创建完成，它们分别连接目标数据湖存储和本地文件数据源。

（15）接下来，配置 Copy Data 活动。在创作中心，展开左侧的 Move & transform 活动组，将 Copy Data 拖到设计画布上。将活动名称改为 Copy from local folder to ADLS，如图 3-35 所示。

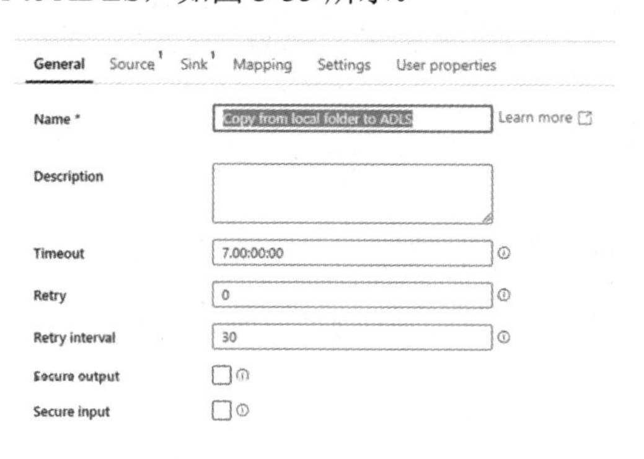

图 3-35 Copy Data 活动 General 属性页

（16）切换到 Source 属性页，单击+New 创建源数据集，并定义源数据的格式和位置，如图 3-36 所示。

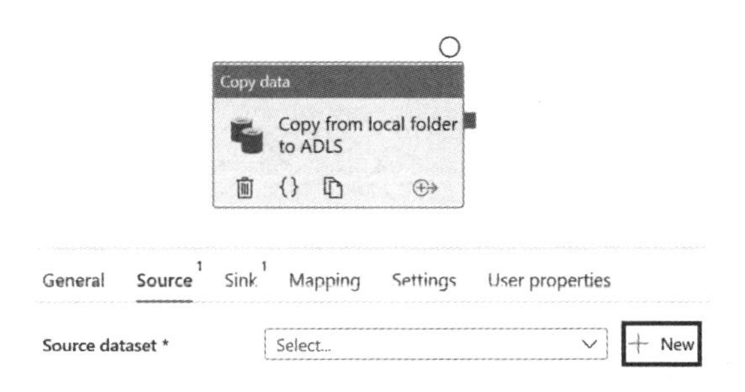

图 3-36　创建源数据集

（17）在 New dataset 页面选择 File System，单击 Continue。

（18）在 Select format 页面选择 Binary，单击 Continue，如图 3-37 所示。

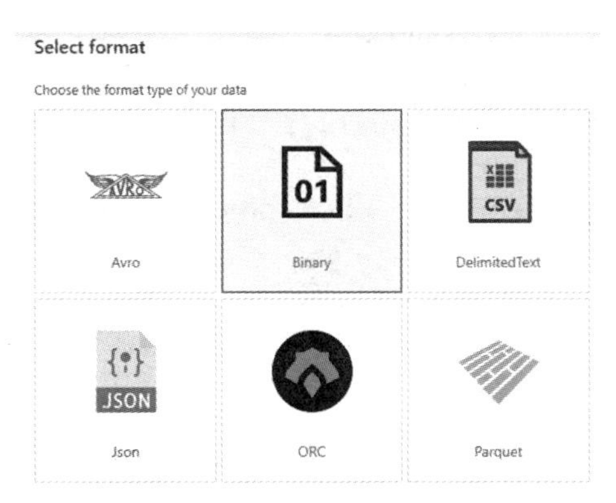

图 3-37　数据集 Select format 页面

（19）如图 3-38 所示，在 Set properties 页面填入以下内容，然后单击 OK。

- Name：FS_datapractice_csv。
- Linked service：选择创建好的 FS_datapractice_linkedservice。

- File path：指定 C:\rawdata 下的文件，如 C:/rawdata/AirportCodeLocationLookupClean.csv。

图 3-38　数据集 Set properties（File System）页面

（20）切换到 Sink 属性页，单击+New 创建目标数据集。

（21）浏览器的右侧弹出 New dataset 页面，选择 Azure Data Lake Storage Gen2，单击 Continue。

（22）在 Select format 页面选择 Binary 作为数据格式，单击 Continue。

（23）如图 3-39 所示，在 Set properties 页面填写以下内容并单击 OK。

- Name：ADLS_datapractice_csv。
- Linked service：选择已创建的 ADLS_datapractice_linkedservice。
- File path：flightdata/raw。

Set properties

Name

ADLS_datapractice_csv

Linked service *

ADLS_datapractice_linkedservice

File path

flightdata / raw / File

图 3-39　数据集 Set properties（Azure Data Lake Storage Gen2）页面

（24）在工具栏中单击 Validate，验证管道是否配置正确，如图 3-40 所示。然后单击顶部工具栏的 Publish all 将所创建的组件发布并保存。如果构建复杂的管道，我们建议每隔一段时间就对它们进行验证以确保已完成工作得到及时保存。

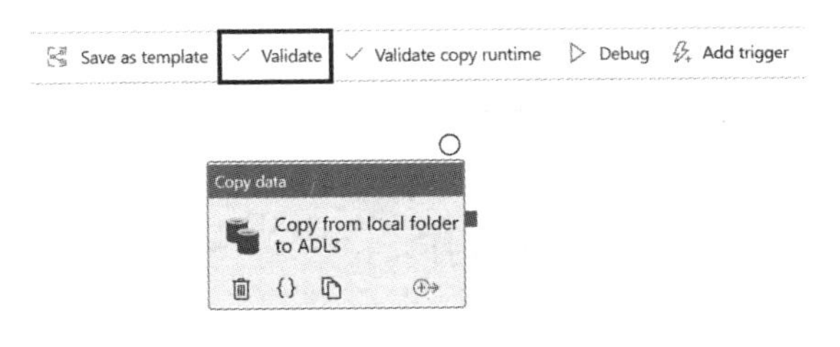

图 3-40　验证管道

（25）单击 Add trigger，选择 Trigger now，如图 3-41 所示。Trigger now 是一个触发动作，用于手动触发管道。单击 OK 执行刚创建的管道。

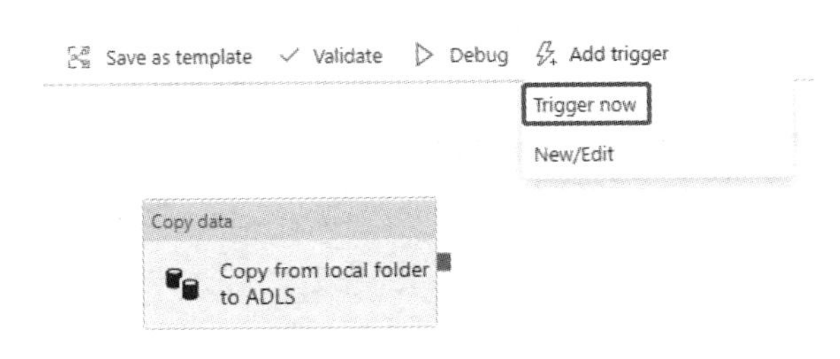

图 3-41　Trigger now 菜单栏

（26）打开 Azure Storage Explorer，如图 3-42 所示，可以看到文件已经被成功复制。

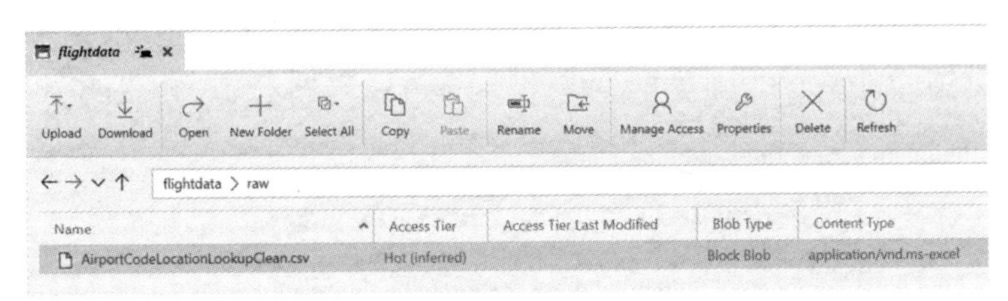

图 3-42　Azure Storage Explorer

3.5.3 参数化

以上示例创建的源数据集 FS_datapractice_csv 里指定了一个要复制的文件，但在生产环境中会有更多文件，如果为每个文件创建单独的数据集和管道，那么整个方案会变得相当复杂和难以管理。为了实现管道的重用，用户可以将文件名参数化，把不同的文件名作为参数传入管道，从而大大节省未来的开发和维护时间。

参数是单向传递的。用户可以手动或通过触发器传递参数，也可以在执行管道活动时传递参数。参数在被传递至管道后，可以在活动中使用，活动也能将参数再传递到数据集和链接服务中，如图 3-43 所示。

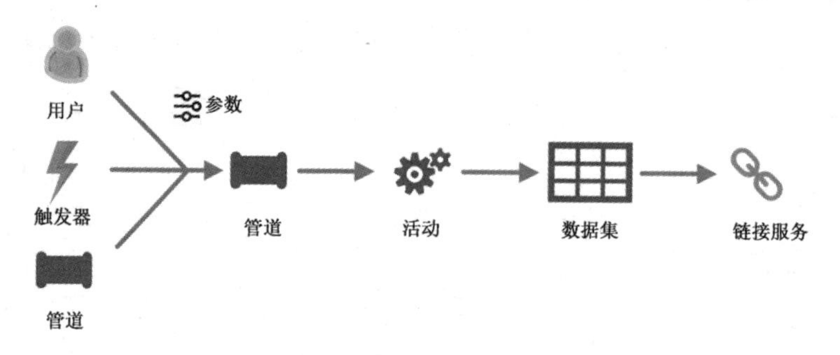

图 3-43　数据工厂的参数传递

接下来，使用数据工厂的参数功能更新前面完成的示例。

（1）打开数据集 FS_datapractice_csv，在 Parameters 属性页单击+New，新增一个名为 FileName 的数据集参数，类型为 String，如图 3-44 所示。

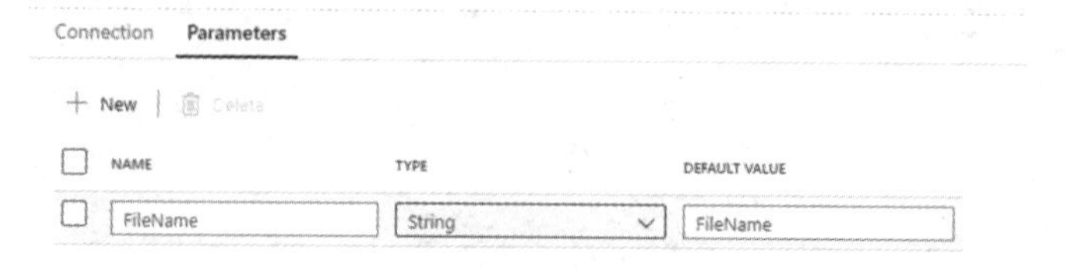

图 3-44　新增数据集参数

（2）切换到数据集的 Connection 属性页，将原静态文件名 AirportCodeLocationLookupClean.csv 替换为动态表达式@dataset().FileName，表示将使用当前数据集的参数 FileName 作为源文件名，如图 3-45 所示。在管道运行过程中，系统会计算表达式，根据传入的不同参数值来决定需要复制的文件，从而得到一个参数化的数据集。

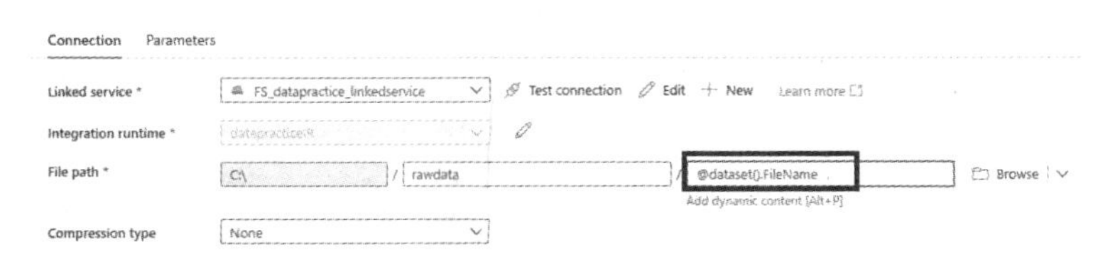

图 3-45　数据集 Connection 属性页

单击 Add dynamic content[Alt+P]会弹出表达式生成器，帮助创建动态表达式。

（3）定义一个管道参数，通过它把不同的参数传入管道。打开已创建的管道 UploadLocalFilePipeline，单击设计画布的空白处，在画布底部的 Parameters 页面单击+New，添加一个名为 FileName 的管道参数，类型为 String，如图 3-46 所示。这样即得到了一个参数化的管道。

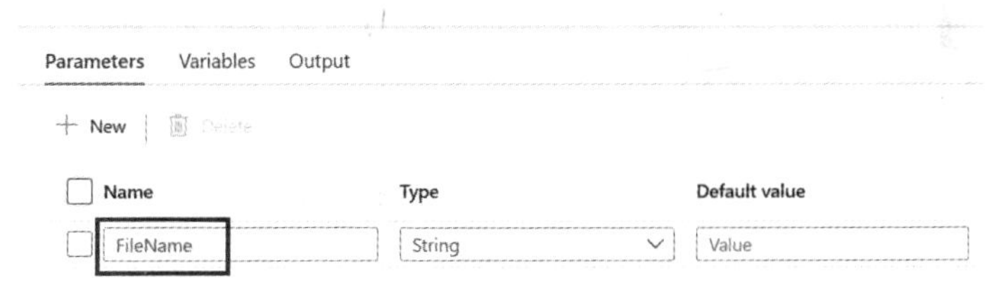

图 3-46　新增管道参数

（4）单击 Copy from local folder to ADLS 活动，切换到 Source 属性页。因为源数据集已经被参数化了，Source dataset 下会出现源数据集的参数 FileName。将表达式赋予为@pipeline().parameters.FileName，表示将当前的管道参数传递给数据集参数，如图 3-47 所示。

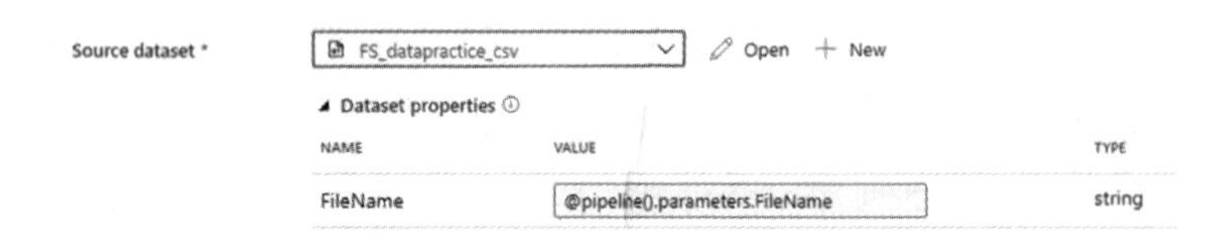

图 3-47　在活动中将管道参数传给数据集参数

（5）单击工具栏中的 Publish all 发布刚完成的修改。

（6）单击 Trigger now。因为管道已经参数化，所以弹出的 Pipeline run 页面要求输入文件名，此处输入 FlightDelaysWithAirportCodes.csv，如图 3-48 所示，单击 OK。

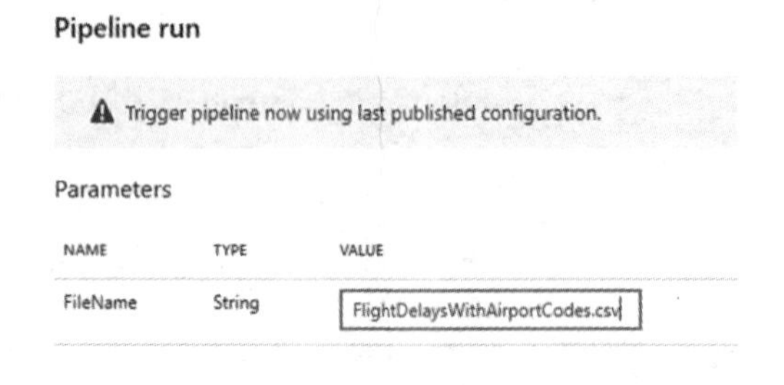

图 3-48　通过 Trigger 传递参数给管道

（7）重复上一步骤，将 C:/rawdata/FlightWeatherWithAirportCode.csv 文件也复制到数据湖存储中。

在本演示中，通过参数将一个目录下的文件依次复制到数据湖存储中。在实际生产环境中，用户还可以通过将 Lookup、Foreach 等活动与参数化管道配合来进行批量复制。

3.5.4　监控

（1）切换到数据工厂的监控中心。监控中心包括五个子页面，如图 3-49 所示。本节介绍用户比较关心的管道监控情况。单击 Pipeline runs。

图 3-49　监控中心的子页面

（2）Pipeline runs 显示过去一段时间内运行过的管道信息，如图 3-50 所示。用户可以通过状态条件、时间条件筛选出符合条件的管道执行事件。对于每个执行事件，可以查看它的资源消耗、传入的参数，如果执行失败，还能得到具体的错误信息。

图 3-50　管道的执行情况

（3）单击某个管道事件，可以查看该管道各活动的执行情况，如图 3-51 所示。

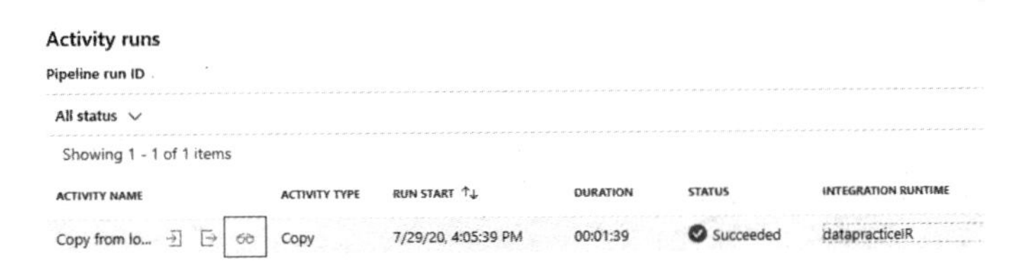

图 3-51　活动的执行情况

（4）单击活动旁边的眼镜符号，可以查看对应活动执行的详细信息，如图 3-52 所示。

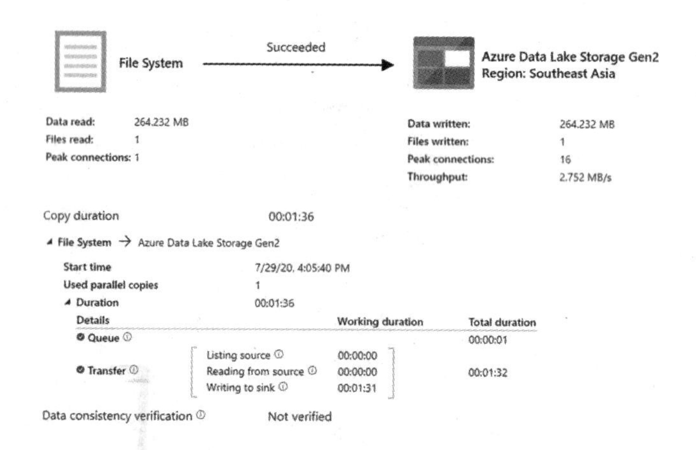

图 3-52 活动执行的详细信息

3.6 本章小结

数据引入是企业完善数据战略的第一步，在引入数据时，必须面对流程、成本、安全性和合规性的挑战，所以选择合适的数据引入工具是关键。本章介绍了数据引入的相关知识，并以数据工厂为例，展示了如何使用云原生服务创建数据驱动型工作流以对不同数据源进行访问，并将数据从本地移动/复制到数据湖存储中。

第 4 章

批量数据处理

高质量的数据可以为业务分析提供动力，进而提高业务敏捷性和流程效率，让数据更好地驱动决策。但一个企业在运营过程中可能产生多种数据，这些数据可能来源于不同业务系统的数据库、CRM、ERP 和服务日志。原始数据难免有错误或缺失，如果不加处理地直接使用，不仅无法从中获得有价值的“见解”，还可能导致错误决策和利润损失。所以，在分析数据之前进行数据处理至关重要。

4.1 数据处理概述

数据处理是对大量原始数据进行加工整理，从中抽取有价值的信息的过程，即将数据转换成信息的过程。数据处理包括一系列对数据执行的操作。

（1）数据清洗。数据清洗通过删除过时、不准确或不完整的信息，达到提高数据质量的目的。它依赖对数据集的分析，包括将空值替换为特定的值或者直接过滤掉，或对不符合业务需求的数据进行删除。

（2）数据过滤。数据过滤通过消除重复的、不相关的或敏感的数据，将原始数据转换成业务需要的形式。在实际操作过程中，数据过滤主要用于从数据集中选择特定的行、列或字段及过滤用户姓名、电话号码等隐私数据。

（3）数据连接。连接是 SQL 语言的一种操作，通过匹配列来连接两个或多个数据库表，在多个表之间建立关系，将数据合并在一起。

（4）数据拆分。数据拆分是指将数据集按照某种规则拆分到不同的集合中，一般分为行拆分和列拆分。行拆分将数据集的行按一定规则拆分到不同的集合中，常用于生成机器学习中的训练集和测试集，前者用于训练模型，后者用于测试模型效果；列拆分则对某个复杂的列进行拆分，如把用户姓名列拆分为姓和名两个新列。

（5）数据汇总。数据汇总是指通过计算总量、平均值等创建不同的业务指标，如将所有销售人员的销售收入进行汇总，然后创建销售指标，揭示不同时间段的总销售额。

由于企业收集的数据呈爆炸性增长，而且种类繁杂，数据处理已成为计算密集型操作，面临成本过高、性能无法满足业务需求等问题。

4.2 数据处理引擎

数据处理可以分为批量数据处理和实时数据处理。批量数据处理主要操作静态数据集，并在处理完成后返回结果。它适合需要访问全部记录才能进行处理的计算工作，如在计算总数和平均数时，必须将数据集作为一个整体加以处理。无论是直接在存储设备中处理数据集，还是先将数据集载入内存再进行处理，批量数据处理系统都需要充分考虑数据量，提供充足的处理资源。由于批量数据处理在应对海量数据方面的表现极为出色，因此常被用于对历史数据的分析。实时数据处理不针对整个数据集执行操作，而是随时对进入系统的数据进行处理，所以实时数据处理系统能够处理几乎无限量的数据，但同一时间只处理一条或若干条。实时数据处理适合对实时性要求较高的系统，如分析服务器或应用程序的错误日志，并对数据的变化做出响应。本章主要介绍如何进行批量数据处理，第 5 章将介绍实时数据处理。

优秀的计算引擎是数据处理的关键，在开源大数据领域，MapReduce 和 Spark 是批量数据处理中使用最广泛的两个计算引擎。

4.2.1 MapReduce

1965 年，Intel 创始人之一 Gordon Moore 经过长期观察，提出了摩尔定律，即每隔 18～24 个月，CPU 的主频就会增加一倍，性能也会提升一倍。在摩尔定律下，软件无须升级，通过更新 CPU 即可获得性能提升。

然而，由于晶体管电路已经逐渐接近其物理上的性能极限，摩尔定律在2005年左右开始失效，Intel和AMD等芯片厂商开始从多核这个角度挖掘CPU的性能潜力。多核的到来，促使软件编程方式发生重大变革，基于多线程并发编程及大规模计算机集群的分布式并行编程是随后十多年里软件性能提升的主要途径。基于集群的分布式并行编程让软件与数据同时运行在一个网络内的多台计算机上，可以通过增加计算机数量来提高算力，这种方式也意味着良好的容错能力，一部分计算节点失效，不会影响计算的正常进行及结果的正确性。MapReduce 正是这样一种分布式计算引擎（框架），在Doug Cutting基于论文*MapReduce: Simplified Data Processing on Large Clusters*实现了MapReduce并将其贡献给Apache基金会后，MapReduce在全球得到了广泛的推广和应用。

MapReduce 的理念是把存储在分布式文件系统中的大规模数据集切分成独立的小数据集进行并行运算，它的核心是Map函数和Reduce函数，由开发者负责具体实现。MapReduce 框架会把数据集切片并输入到Map任务中，Map任务对数据集的独立元素进行指定操作，生成键值对形式的中间结果并保存到硬盘中。随后Reduce任务从硬盘读取中间结果，对其中相同“键”的所有“值”进行规约，得到最终结果并输出至硬盘。如图4-1所示，在MapReduce框架下，开发者只需关注如何实现Map函数和Reduce函数，而不必处理并行编程中的其他复杂问题，如分布式存储、调度、负载均衡和网络通信等，这些问题都由MapReduce框架负责处理。

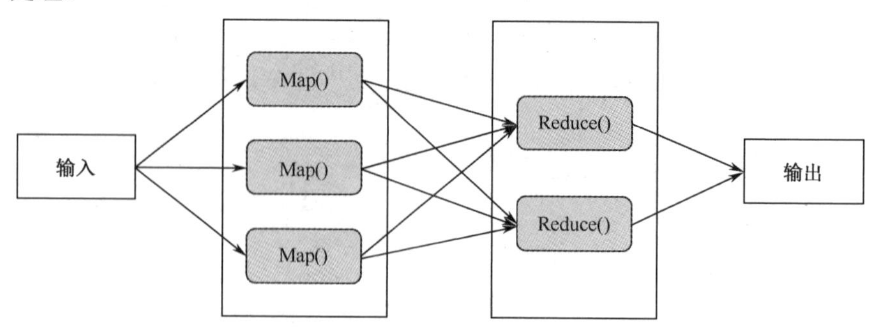

图4-1 MapReduce流程

MapReduce 给大数据行业带来了革命性影响，被认为是迄今为止影响最为深远的大数据处理技术。马里兰大学教授 Jimmy Lin 在他所著的 *Data-Intensive Text Processing with MapReduce* 一书中提到："MapReduce 改变了我们组织大规模计算的方式，它代表了第一个有别于冯•诺依曼结构的计算模型，是在集群规模而非单个机器上组织大规模计算的新的抽象模型的第一个重大突破，是最为成功的基于大规模计算资源的计算模型。"

但与此同时，MapReduce 本身具有较高的学习门槛，对于海量数据处理，仍然存在局限性。

（1）表达能力有限。计算必须转化成 Map 和 Reduce 两个操作，在构造复杂的处理过程时，往往需要协调多个 Map 任务和 Reduce 任务。但这并不适合所有场景，难以满足所有数据处理需求。

（2）维护成本高。每步 Map 和 Reduce 都有可能出现异常，所以在进行实际处理时还需要协调系统，如通过状态机协调多个 MapReduce。这大大增加了系统的复杂度和维护成本。

（3）性能较低。每次计算都需要分解成一系列按顺序执行的 MapReduce 任务，而每个任务都需要从磁盘中读取数据，并且在计算完成后将中间结果写回到磁盘中，较大的 I/O 开销导致 MapReduce 的性能较低。

4.2.2　Spark

Spark 由美国加州大学伯克利分校的 AMP 实验室于 2009 年开发，是基于内存的大数据并行计算框架，可用于构建大型、低延迟的数据分析应用程序。作为计算引擎，Spark 本身并没有提供分布式文件系统，所以 Spark 的分析大多依赖 Hadoop 里的 HDFS。在计算方面，作为大数据计算平台的"后起之秀"，Spark 相比于 MapReduce 速度更快、功能更丰富。

在2014年基准排序测试中，Spark使用206个节点，在23分钟内完成了100TB数据的排序，而MapReduce需要2100个节点，花费72分钟才能完成相同量级数据的排序。也就是说，Spark仅用了约十分之一的计算资源，就获得了大约3倍于MapReduce的性能。

Spark的设计思想是以统一的编程模型来满足大多数计算需求，同时为了减少网络及磁盘I/O开销，提供了分布式内存抽象。这个内存抽象就是RDD（Resilient Distributed Dataset，弹性分布式数据集），其设计理念来源于AMP实验室发表的论文*Resilient Distributed Datasets: A Fault-Tolerant Abstraction for In-Memory Cluster Computing*。RDD是一种只读数据集合，可以从外部数据转换而来，只读表示在对一个RDD进行操作后，会产生一个新的RDD。如表4-1所示，RDD支持两种操作，分别是Transformation（转换）和Action（动作）。RDD采用惰性调用的设计方式，对RDD进行Transformation会产生新的RDD以供下一个操作使用，但不会提交Spark执行计算，RDD里保存的也并不是真实的数据，而是记录该RDD经过了哪些Transformation的元数据信息。只有在进行Action操作的时候，Spark才会真正启动计算过程，它针对每个Action基于RDD记录的元数据信息生成DAG（Directed Acyclic Graph，有向无环图），最后生成Job提交至集群。由于只有最后的Action才会触发真正的计算，所以Spark不需要将中间结果写入磁盘，能够避免大量的磁盘I/O开销。

表4-1　RDD操作类型

操作类型	函数	区别
Transformation	map、filter、groupBy、join、union、reduce、sort、partitionBy	返回RDD，不提交Spark执行计算
Action	count、collect、take、save、show	返回DAG图，提交Spark执行计算并返回结果

如图4-2所示，Spark集群主要包括主节点和工作节点。其中，主节点常驻Master守护进程，负责将串行任务变成可并行执行的任务，同时负责管理全部工作节点。而工作节点常驻Worker守护进程，负责执行具

体的计算任务。为了增加主节点的可用性，有时还会引入 Zookeeper，负责主节点的健康检查，当主节点出现故障时，则切换到备用主节点。对应每个驱动程序，每个工作节点上都有一个相应的执行器进程，负责运行任务，并将数据存储到内存或者磁盘上。

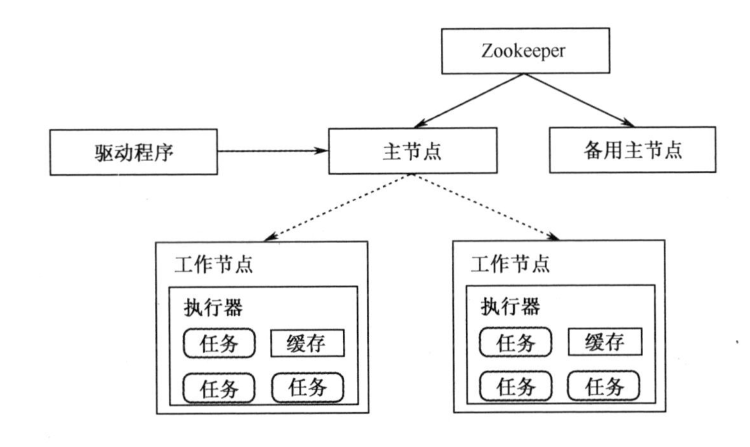

图 4-2　Spark 集群架构

如图 4-3 所示，Spark 是一个通用的全栈计算引擎，包含 Spark Core、Spark SQL、Spark Streaming、MLlib 和 GraphX 等多个组件。

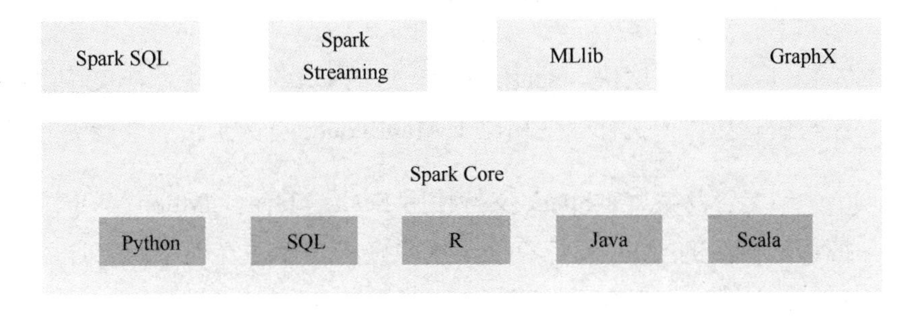

图 4-3　Spark 组件

（1）Spark Core。Spark Core 包含 Spark 的基本功能，包括内存计算、任务调度、模式部署、故障恢复、存储管理等。Spark Core 建立在统一的抽象 RDD 之上，使其能够以一致的编程方式应对不同的大数据处理场景。

（2）Spark SQL。由于 Spark 中原生的 RDD 是面向对象编程的，直接存储的是 Java 对象，对结构化数据没有做特殊优化，所以无法用传统的 SQL 语句对 RDD 进行操作。在这种情况下，Spark SQL 应运而生。它是一个分布式 SQL 查询引擎，基于 RDD 封装了自己的抽象，主要用于结构化数据的处理。

（3）Spark Streaming。Spark Streaming 是支持高吞吐量、可容错处理的实时流数据处理引擎，其核心思路是把实时计算分解成一系列短小的批处理作业，把每段数据都转换成 RDD 进行操作。Spark Streaming 支持多种数据输入源，如 Kafka、Flume 和 TCP 套接字等。

（4）MLlib。MLlib 是 Spark 的机器学习库，由一些通用的学习算法和工具组成，包括分类、回归、聚类、协同过滤和降维等。

（5）GraphX。GraphX 是 Spark 中用于图计算的 API，也可认为其是 Pregel 在 Spark 上的重写及优化。GraphX 性能优秀，具有丰富的功能和运算符，能在海量数据上运行复杂的图算法，在图中进行聚类、分类、遍历、搜索和寻路。

综合而言，Spark 具有如下特点。

（1）运行速度快。Spark 使用先进的 DAG 执行引擎，支持循环数据流与内存计算，执行速度相比于 MapReduce 有数十倍的性能提升。

（2）容易使用。Spark 支持使用 Scala、Java、Python 和 R 语言进行编程，简洁的 API 设计有助于用户轻松构建并行程序，并且可以通过 Spark Shell 进行交互式编程。

（3）具有通用性。Spark 提供了完整而强大的技术栈，包括 SQL 查询、流式计算、机器学习和图算法组件，这些组件可以无缝整合在同一个应用中以应对各类复杂的需求。

（4）运行模式多样。Spark 可运行在独立的集群上，也可以运行于

Hadoop 中，支持 HDFS、Cassandra、Hbase 和 Hive 等多种数据源。

与 MapReduce 相比，Spark 的计算模式不局限于 Map 操作和 Reduce 操作，提供了多种数据集操作类型，编程模型更灵活。它提供了内存计算，中间结果直接保存在内存中，带来了更高的迭代运算效率。其基于 DAG 的任务调度执行机制，优于 MapReduce 的迭代执行机制。因此，MapReduce 在数据处理领域正在逐步被 Spark 取代。

4.3 Databricks

Databricks 是一个基于 Spark 的商业平台，由 Apache Spark 的创建者于 2013 年创立。它将数据工程、科学计算和分析汇集在一个开放、统一的平台中，使数据团队能够更高效地进行合作和创新。目前全球已经有超过五千家企业（包括壳牌石油、惠普等）基于 Databricks 进行大规模的数据工程和全生命周期的机器学习和业务分析。

与 Spark 相比，Databricks 在某些方面更具优势。

（1）高性能。Databricks 在 Apache Spark 的基础上进行了性能优化，通过缓存、索引和高级查询优化，使性能有了极大的提升。Juliusz Sompolski 和 Reynold Xin 于 2017 发表的文章 *Benchmarking Big Data SQL Platforms in the Cloud* 提到，基准测试数据显示，这些优化使 Databricks 比 Spark 和 Presto 分别快了 5 倍和 8 倍。

（2）整合的工作空间。Databricks 优先考虑数据科学的互动与合作，支持 SQL、Python、R 和 Scala 的交互式笔记本及其权限管理。

（3）Delta Lake。Delta Lake 是建立在 Parquet 文件之上的存储层。通过使用特殊的索引，Databricks 使 Delta Lake 具有更高的性能及与传统关系型数据库相同的事务管理特性。

（4）简单易用。Databricks 用自动化集成服务封装了 Spark，使数据团队更容易建立和管理数据处理流程，同时给 IT 团队提供了资源权限管理方法。Databricks 支持通过自动扩展计算和存储来管理基础设施，集群可以智能地启动和终止，大大降低了在基础设施方面的支出。

2017 年，在与 Databricks 团队进行了一年多的深度合作后，微软将 Databricks 作为 Azure 平台的组成部分，以第一方服务的形式正式推出云原生的 Azure Databricks。如图 4-4 所示，Azure Databricks 与 Azure 多项云原生数据分析服务集成，从一键启动到日志管理，大大减少了服务运维需求，从而让数据科学家可以专注于业务，而无须关心 Spark 底层的基础设施。Azure Databricks 还通过与 Azure Active Directory 的集成，提供企业级安全性，基于角色的访问可实现对笔记本、集群、作业和数据的细粒度用户权限控制，从而保护用户的数据和业务。

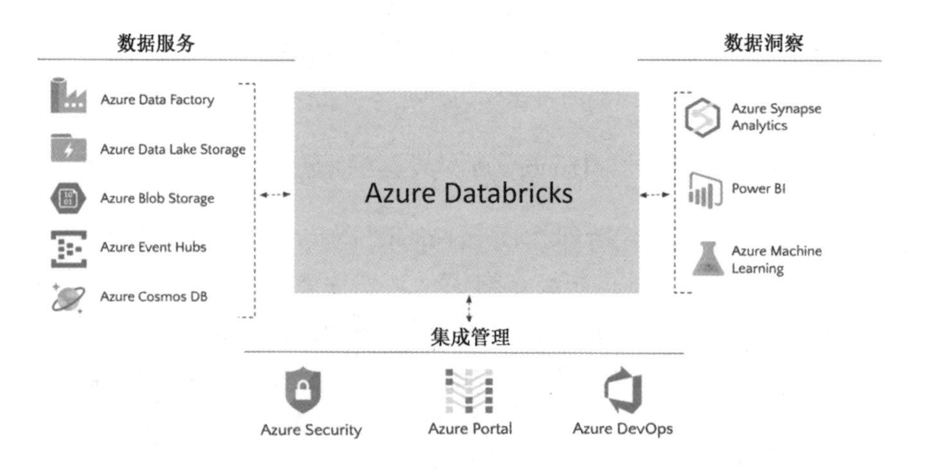

图 4-4　Azure Databricks 与云原生服务的集成

接下来，我们演示如何创建 Azure Databricks 服务。

（1）在 Azure 管理界面的左侧边栏单击 Create a resource，搜索 Azure Databricks 并创建 Azure Databricks 服务。

（2）如图 4-5 所示，在 Databricks 创建页面输入相关信息，包括资源组、工作区名称和区域等，然后单击 Review+create。

- Subscription：选择自己的订阅。
- Resource group：dataplatform-rg。
- Workspace name：dbdatapractice。
- Region：Southeast Asia。

Create an Azure Databricks workspace ...

Basics　Networking　Advanced　Tags　Review + create

Project Details

Select the subscription to manage deployed resources and costs. Use resource groups like folders to organize and manage all your resources.

Subscription *　Data Platform Subscription

Resource group *　dataplatform-rg

Create new

Instance Details

Workspace name *　dbdatapractice

Region *　Southeast Asia

Pricing Tier *　Standard (Apache Spark, Secure with Azure AD)

Review + create　< Previous　Next : Networking >

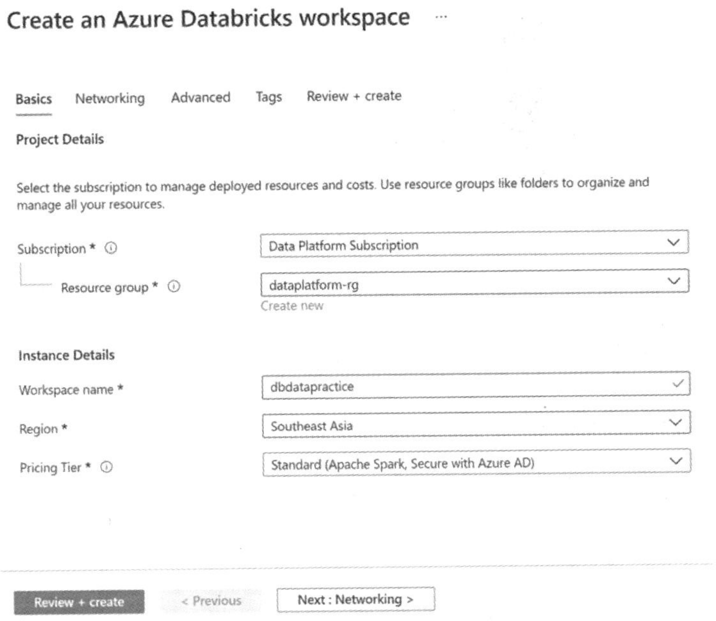

图 4-5　创建 Azure Databricks

（3）在服务创建完成后，启动 Azure Databricks 工作区。工作区是用于访问所有 Databricks 资源的环境，它将笔记本、库、集群和任务等组织到一个完整的工作环境中，并提供对数据对象和计算资源的访问权限设置。

（4）如图 4-6 所示，单击 New Cluster 创建集群。集群是 Spark 计算资源，可以运行相关工作负荷，如数据处理、流分析和机器学习等。Azure

Databricks 集群分为交互式集群和自动化集群。交互式集群主要用于在交互式笔记本内以协作方式分析数据，自动化集群则用于运行自动化作业，本示例将创建交互式集群。

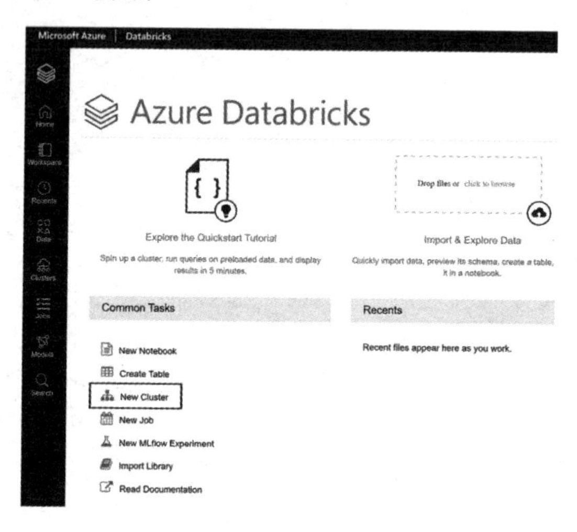

图 4-6 创建集群

（5）如图 4-7 所示，在创建集群后对其进行配置。

- Cluster Name：democluster。
- Cluster Mode：Standard。
- Pool：None。
- Databricks Runtime Version：Runtime:6.4 (Scala 2.11, Spark 2.4.5)。
- Worker Type：Standard_DS3_v2。

Databricks 集群由一个驱动（Driver）节点和多个工作（Worker）节点组成。驱动节点负责运行 Spark 主节点并维护附加到集群中的笔记本的状态信息。当 Databricks 分发工作负荷时，所有的计算任务运行在工作节点上，也就是说，工作节点的数量直接影响数据处理速度。本示例将集群最小工作节点数设为 1，最大工作节点数设为 2，并启用了 Enable autoscaling，表明集群会根据负载大小自动在最小和最大工作节点数之间缩放；如果在 120 分钟内没有活跃的负载，所有运行的节点会自动关机。通过设置自动缩放和关机，可以轻松地提高集群计算资源的利用率，非常适合计算负载随时间变化的场景。Databricks Runtime（Databricks 运行时）定义了集群的核心组件，本示例选择“Runtime:6.4 (Scala 2.11,Spark 2.4.5)”，表示该运行时支持的版本是“Spark 2.4.5,Scala 2.11”。除了基本的 Databricks 运行时，用户还可以选择机器学习运行时，支持多个常用机器学习库（包括 TensorFlow、Keras、PyTorch 和 XGBoost 等）；也可以选择基因组学运行时，其针对基因组和生物医学数据处理进行了优化。如果所有可供选择的运行时都不能满足需求，可以通过初始化脚本在工作区安装需要的软件，或者使用容器镜像自定义运行环境。

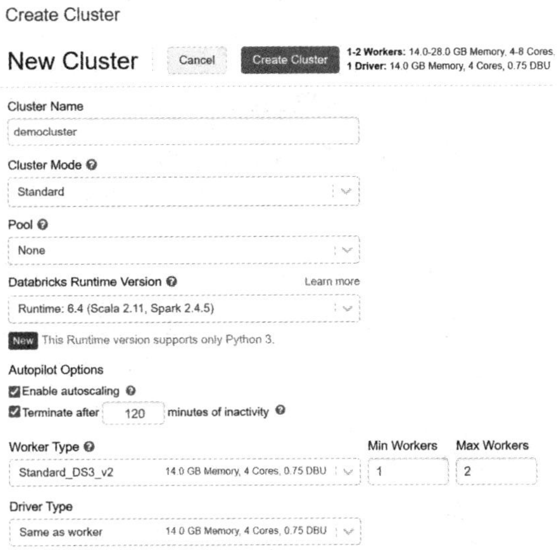

图 4-7　配置集群

4.4　使用 Databricks 处理批量数据

本节将在刚创建的 Azure Databricks 工作区中使用 PySpark 对第 3 章

导入到数据湖存储中的航班信息进行处理，并将处理后的结果保存回数据湖存储内。Spark 框架主要由 Scala 语言实现，然而在数据科学领域中，Python 占据着最核心的地位。为此，Spark 推出了 PySpark，作为 Spark 框架上的 Python 接口，方便广大数据科学家使用。PySpark 中处理数据的关键数据类型是 DataFrame，与 RDD 相比，DataFrame 可以理解为分布在集群上的具有元信息的表格，即 DataFrame 所表示的数据集的每列都带有名称和类型。DataFrame 能够让 Spark 获得数据结构信息，从而对 DataFrame 代表的数据源及作用于 DataFrame 之上的变换进行有针对性的优化，最终达到提升效率的目的。

PySpark 内容非常丰富，如果读者需要更详细的 API 说明，请参考 https://spark.apache.org/docs/latest/api/python/index.html。

在数据科学场景中，Notebook 是使用非常广泛的工具。作为基于 Web 的协作平台，数据科学家可以在 Notebook 中创建和共享程序文档，进行实时数据分析、数据清洗、统计建模和机器学习等。Databricks 原生集成了 Notebook，下面将演示如何在 Notebook 中批量处理数据。

（1）如图 4-8 所示，在 Azure Databricks 工作区中单击 New Notebook。

图 4-8 创建 Notebook

（2）如图 4-9 所示，在创建 Notebook 对话框内填入名称、默认编程语言和集群后，单击 Create。

- Name：batchnotebook。
- Default Language：Python。
- Cluster：democluster，选择已创建好的集群运行该 Notebook。

图 4-9　设置 Notebook

（3）图 4-10 是刚创建好的 Notebook，可以在中间的单元格内输入代码，或者单击下方的⊕按钮添加新单元格。

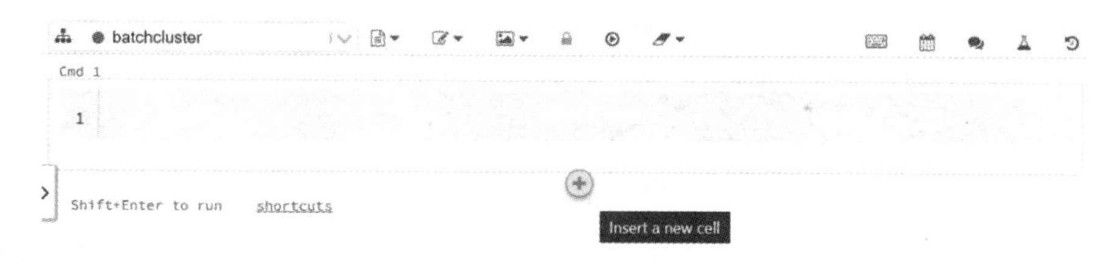

图 4-10　Notebook 界面

（4）在第一个单元格内输入以下代码，设置访问数据湖存储的凭据。使用第 2 章创建的数据湖存储的名称和它的访问密钥替换 storagename 和 accesskey，然后按 Shift+Enter 组合键运行。

```
spark.conf.set("fs.azure.account.key.storagename.dfs.core.windows.net","accesskey")
```

在输入完代码后，即可按 Shift+Enter 组合键运行当前单元格，或者在完成所有代码后统一运行所有代码。

（5）新建单元格，输入以下代码，导入 PySpark 依赖项。

```
from pyspark.sql.functions import col
from pyspark.sql.types import *
from pyspark.sql import functions as F
```

（6）新建单元格，输入以下代码，以 csv 的格式读取 FlightDelaysWithAirportCodes.csv 中的数据。其中，将 infer_schema 和 first_row_is_header 设为 true，表明在加载的时候通过第一行记录推断字段名称和类型。

```
file_location = "abfss://flightdata@storagename.dfs.core.windows.net/
raw/FlightDelaysWithAirportCodes.csv"
file_type = "com.databricks.spark.csv"
infer_schema = "true"
first_row_is_header = "true"
delimiter = ","

dfFlights = spark.read.format(file_type) \
  .option("inferSchema", infer_schema) \
  .option("header", first_row_is_header) \
  .load(file_location)
```

（7）新建单元格，输入以下代码，进行数据转换，包括对列进行重命名和删除等。

```
dfFlights = dfFlights.na.drop() \
    .withColumn("DepartureHour", (col("CRSDepTime") / 100).cast(IntegerType())) \
    .withColumn("ArrivalHour", (col("CRSArrTime") / 100).cast(IntegerType())) \
    .withColumnRenamed("Carrier", "Airline") \
    .withColumnRenamed("CRSDepTime", "DepartureTime") \
    .withColumnRenamed("DepDelay", "DepartureDelay") \
    .withColumnRenamed("CRSArrTime", "ArrivalTime") \
    .withColumnRenamed("ArrDelay", "ArrivalDelay") \
```

```
            .withColumnRenamed("OriginAirportCode", "OriginAirport") \
            .withColumnRenamed("DestAirportCode", "DestinationAirport") \
            .drop("Year", "OriginAirportName", "DestAirportName", "OriginLatitude",
"OriginLongitude", "DestLatitude", "DestLongitude")

        display(dfFlights)
```

（8）新建单元格，输入以下代码，将数据保存到数据湖存储中的 batchprocessed 文件夹下。

```
        dfFlights.write.format("com.databricks.spark.csv") \
            .option("header", "true") \
            .save("abfss://flightdata@storagename.dfs.core.windows.net/batchprocessed")
```

（9）新建单元格，输入以下代码，从 FlightWeatherWithAirportCode.csv 中读取数据。

```
        file_location = "abfss://flightdata@storagename.dfs.core.windows.net/
raw/FlightWeatherWithAirportCode.csv"
        file_type = "com.databricks.spark.csv"
        first_row_is_header = "true"
        delimiter = ","

        dfWeather = spark.read.format(file_type) \
          .option("header", first_row_is_header) \
          .load(file_location)
```

（10）新建单元格，输入以下代码，对天气数据中的空值或不符合要求的数值进行修正。

```
        dfWeather = dfWeather.select(col("AirportCode"),\
            col("Month").cast(IntegerType()),\
            col("Day").cast(IntegerType()),\
            col("Time").cast(IntegerType()),\
            col("WindSpeed"),\
            col("SeaLevelPressure"),\
            col("HourlyPrecip"))
```

```
dfWeather = dfWeather.withColumn('Hour', F.floor(dfWeather['Time']/100))

dfWeather = dfWeather.fillna('0.0', subset=['HourlyPrecip', 'WindSpeed'])

dfWeather = dfWeather.replace('M', '0.005', 'WindSpeed')

dfWeather = dfWeather.replace('M', '29.92', 'SeaLevelPressure')

dfWeather = dfWeather.replace('T', '0.005', 'HourlyPrecip')

dfWeather = dfWeather.select('AirportCode', 'Month', 'Day', 'Hour',\
    col("WindSpeed").cast(FloatType()),\
    col("SeaLevelPressure").cast(FloatType()),\
    col("HourlyPrecip").cast(FloatType()))

display(dfWeather)

dfFlights.createOrReplaceTempView("Flights")
dfWeather.createOrReplaceTempView("Weather")

dfFlightsWithWeather = spark.sql("SELECT d.OriginAirport, \
                    d.Month, d.DayofMonth, d.DepartureHour, d.DayOfWeek, \
                    d.Airline, d.DestinationAirport, d.DepDel15, w.WindSpeed, \
                    w.SeaLevelPressure, w.HourlyPrecip \
                    FROM Flights d \
                    INNER JOIN Weather w ON \
                    d.OriginAirport = w.AirportCode AND \
                    d.Month = w.Month AND \
                    d.DayofMonth = w.Day AND \
                    d.DepartureHour = w.Hour")
```

（11）新建单元格，输入以下代码，将聚合后的数据保存到machinelearning文件夹中，供学习第8章时使用。

```
dfFlightsWithWeather.write.format("com.databricks.spark.csv") \
    .option("header", "true") \
    .save("abfss://flightdata@storagename.dfs.core.windows.net/machinelearning")
```

（12）返回数据湖存储，在 flightdata/batchprocessed 下可以看到处理后的数据，如图 4-11 所示。

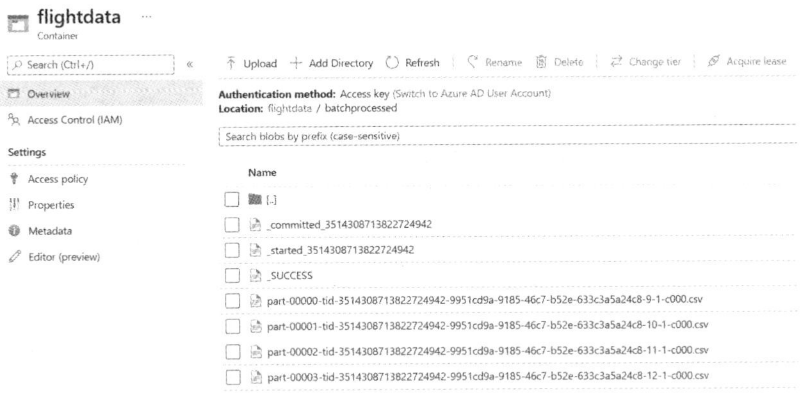

图 4-11　处理后的数据

4.5　Databricks 的特性

Databricks 在 Spark 之上提供了依赖库管理、Databricks 文件系统（DBFS）、密钥管理和 Delta Lake 等高级特性，本节将逐一进行介绍。

4.5.1　依赖库管理

Databricks 根据在创建集群时选择的不同运行时，为集群默认安装了相应的代码库，方便数据科学家在 Notebook 中引用库里的函数。数据科学家在进行数据分析的时候，往往还需要添加第三方或自己的代码和 Jar 包，即依赖库。为此，Databricks 提供了三种依赖库，分别是工作区库、集群库和 Notebook 库。在安装完成后，可在 Notebook 中调用依赖库中的函数。

（1）工作区库：可以理解为工作区的全局依赖库，一般用于保存常用的基础服务库。

（2）集群库：使用范围为集群内，可供在集群上运行的所有 Notebook 使用，一般在创建集群或修改集群配置的时候进行设置。Databricks 支持直接从公共的 PyPI 或 Maven 仓库安装集群库，也可以从工作区库导入。

（3）Notebook 库：使用范围为 Notebook 的运行会话内。Notebook 库不会影响在同一集群上运行的其他 Notebook，适合特定 Notebook 需要自定义软件环境的场景。

通过 Databricks 运行时的发行说明，可以查看 Databricks 在运行时已经安装的依赖库。

接下来，我们将演示如何添加工作区库和集群库。

（1）下载 https://search.maven.org/remotecontent?filepath=com/microsoft/azure/azure-cosmosdb-spark_2.4.0_2.11/2.1.2/azure-cosmosdb-spark_2.4.0_2.11-2.1.2-uber.jar 到本地，该 Jar 包将在第 5 章用于 Spark 调用 CosmoDb 的演示。

（2）如图 4-12 所示，在 Azure Databricks 工作区单击 Import Library，准备导入工作区库。

图 4-12 导入工作区库

（3）如图 4-13 所示，将已下载的 Jar 包上传到 Databricks 中。

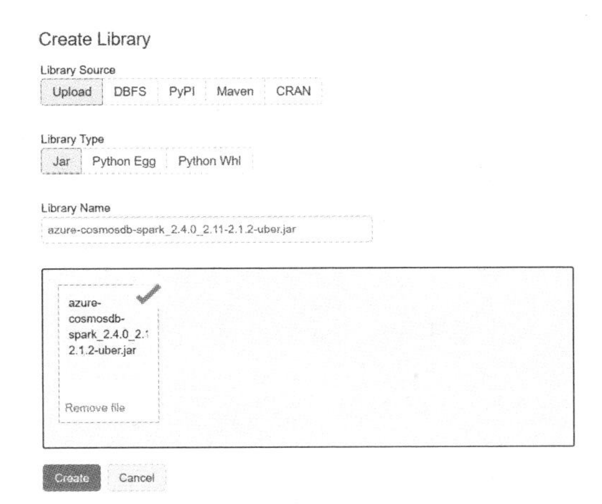

图 4-13　上传库文件

（4）如图 4-14 所示，打开已创建的集群，选择从 Workspace 将工作区库文件导入集群。选择已上传的工作区库文件，单击 Install 即完成导入。

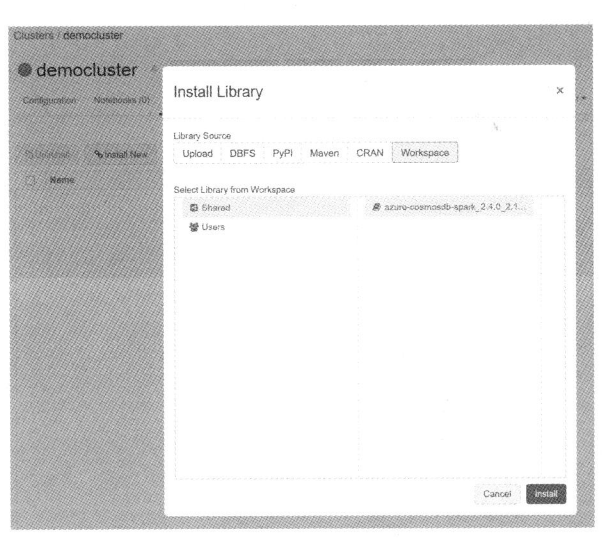

图 4-14　导入集群库

4.5.2 Databricks 文件系统（DBFS）

Databricks 文件系统（Databricks File System，DBFS）是一种安装在 Databricks 工作环境中的分布式文件系统，是对象存储之上的抽象。DBFS 具有以下优点。

（1）允许挂载存储对象，可以像访问本地磁盘一样访问远端对象存储。

（2）允许使用目录和文件语义（而不是存储 URL）与对象存储交互。

（3）将文件持久化到对象存储中，防止在集群终止后丢失数据。

DBFS 默认的存储位置称为 DBFS 根，以下 DBFS 根中存储了不同类型的数据。

（1）/FileStore：导入的数据文件及上传的依赖库。

（2）/databricks-datasets：示例公共数据集，用于学习 Spark 或者测试算法。

（3）/databricks-results：完整的结果生成文件。

（4）/tmp：临时数据。

（5）/mnt：挂载到 DBFS 中的文件。

DBFS 支持对 AWS 的 S3 和 Azure 数据湖存储的挂载。对数据湖存储进行挂载需要用到第 2 章创建过的服务主体：

```
{
  "appId": "<service principal id>",
  "displayName": "<service principal display name>",
  "name": "<service principal name>",
  "password": "<service principal password>",
  "tenant": "<tenant id>"
}
```

接下来，我们将演示如何在 DBFS 中挂载 Azure 数据湖存储。

（1）执行如下 Azure CLI 命令，为凭据添加访问数据湖存储的权限。

```
az role assignment create --assignee appId --role "Storage Blob Data Contributor" --scope"/subscriptions/subscriptionId/resourceGroups/resourcegroupName/providers/Microsoft .Storage/storageAccounts/storageAccountName"
```

第 2 章中在创建服务主体时赋予 Contributor 角色只代表服务主体拥有配置数据湖的权限，并没有访问数据湖内数据的权限；为了访问数据，还需要为其添加 Storage Blob Data Contributor 角色。

（2）创建一个新的 Python Notebook，在单元格内输入以下代码并替换 appId、password 和 tenantId。

```
configs = {"fs.azure.account.auth.type": "OAuth",
           "fs.azure.account.oauth.provider.type":"org.apache.hadoop.fs.azurebfs.oauth2.ClientCredsTokenProvider",
           "fs.azure.account.oauth2.client.id": appId),
           "fs.azure.account.oauth2.client.secret": password),
           "fs.azure.account.oauth2.client.endpoint": "https://login.microsoftonline.com/tenantId/oauth2/token"}
```

（3）新建单元格，输入以下代码，将数据湖存储挂载到 DBFS 内。注意，建议在挂载前检查是否已经存在相同的挂载点。

```
if not any(mount.mountPoint == '/mnt/flightdata' for mount in dbutils.fs.mounts()):
  dbutils.fs.mount(
    source = "abfss://flightdata@storageAccountName.dfs.core.windows.net/",
    mount_point = "/mnt/flightdata",
    extra_configs = configs)
```

dbutils.fs 是 Databricks 用于访问 DBFS 的命令，它提供了常见的文件操作能力。

- cp：文件复制。

- ls：列出文件夹内容。
- mkdirs：创建文件夹。
- mv：移动文件或文件夹。
- put：写入文件。
- rm：删除文件或文件夹。
- mount：目录挂载。
- mounts：显示挂载信息。
- refreshMounts：强制集群刷新挂载。
- unmount：取消挂载。

（4）新建单元格，输入 dbutils.fs.ls('/mnt/flightdata')并执行，即可显示/mnt/flightdata 下的所有文件。

4.5.3 密钥管理

在 4.5.2 节 DBFS 挂载数据湖存储的演示中，我们明文填入了服务主体的 appId 和 password，在生产环境中，建议使用 Databricks 提供的密钥管理功能以保护密钥。Key Vault 是 Azure 中用于安全存储和访问密钥/证书等关键信息的服务，它通过使用行业标准算法和硬件安全模块控制密钥的分发，开发人员无须在应用程序中明文保存安全信息，大大降低了密钥被意外泄露的风险。Databricks 与 Key Vault 进行了深度集成，可以安全地访问保存在 Key Vault 中的密钥键值对，接下来，我们将演示密钥的管理与获取步骤。

（1）创建 Key Vault 服务。在 Azure 管理界面的左侧边栏单击 Create a resource，通过搜索找到 Key Vault，单击以进行创建。

（2）在 Key Vault 创建页面输入订阅、资源组、Key Vault 名称和区域等配置信息后，单击 Review+create 创建 Key Vault 服务，如图 4-15 所示。

- Subscription：选择自己的订阅。
- Resource group：dataplatform-rg。
- Kcy vault name：akvdatapractice。
- Region：Southeast Asia。

（3）导航至 Key Vault 的 Properties 页面，记录下 Resource ID 和 Vault URI，供后续步骤使用。

（4）导航至 Key Vault 的 Secrets 页面，为 appId 添加 Secret。如图 4-16 所示，设置 Name 为 secretappId，Value 为 appId 的值，单击 Create。后续 Databricks 将通过 secretappId 引用服务主体的名称。

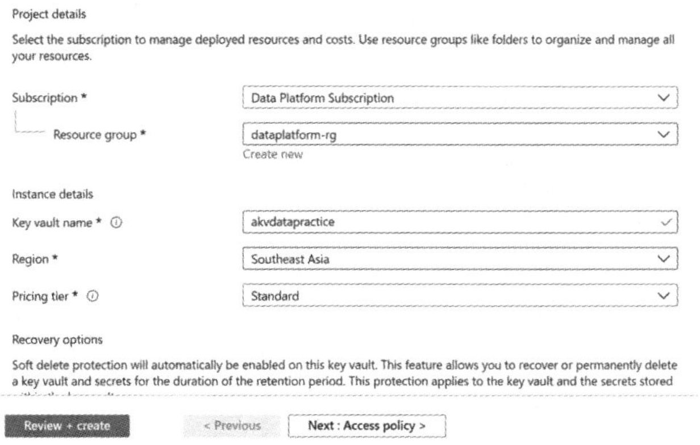

图 4-15　创建 Key Vault 服务

（5）导航至 Key Vault 的 Secrets 页面，为 Password 添加 Secret。设置 Name 为 secretPassword，Value 为 Password 的值，单击 Create。后续 Databricks 将通过 secretPassword 引用服务主体的密码。

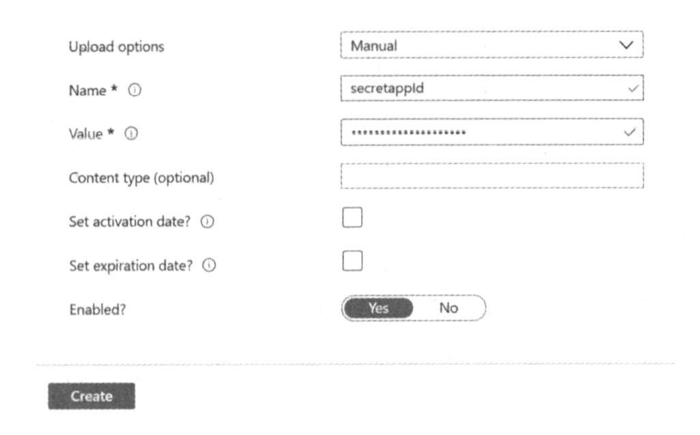

图 4-16　在 Key Vault 中添加 Secret

（6）返回 Azure Databricks 工作区，在其地址栏后加上“#/secrets/createScope”，回车后进入 Create Secret Scope 页面。Secret Scope 是存储在 Key Vault 中的 Secret 集合，如图 4-17 所示，填写 Key Vault 相关访问信息，创建 Secret Scope。

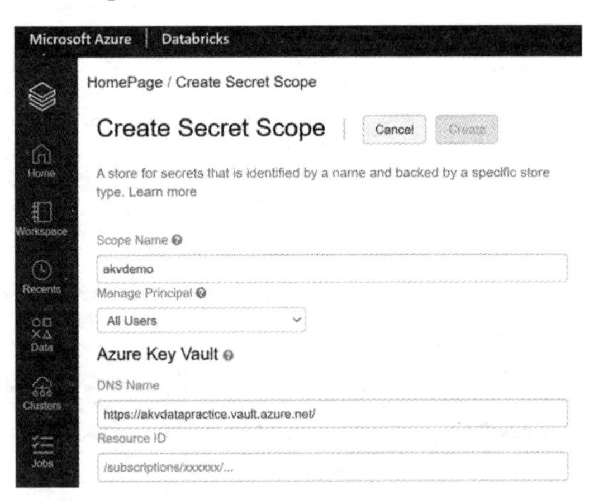

图 4-17　创建 Secret Scope

- Scope Name：akvdemo。
- Manage Principal：All Users。

- DNS Name：Key Vault 实例的 Vault URI。
- Resource ID：Key Vault 的 Resource ID。

如果在创建 Databricks 的时候选择的是标准计划，要确保将 Manage Principal 设置为 All Users，因为与访问控制相关的功能仅在高级计划中有效。

（7）如以下代码所示，将明文 appId 和 password 替换为 dbutils.secrets.get 函数，通过 Secret Scope 和 Secret 的名称即可获得访问数据湖存储的凭据。

```
configs = {"fs.azure.account.auth.type": "OAuth",
           "fs.azure.account.oauth.provider.type": "org.apache.hadoop.fs.azurebfs.oauth2.ClientCredsTokenProvider",
           "fs.azure.account.oauth2.client.id": dbutils.secrets.get(scope = "akvdemo", key = "secretappId"),
           "fs.azure.account.oauth2.client.secret": dbutils.secrets.get(scope = "akvdemo", key = "secretPassword"),
           "fs.azure.account.oauth2.client.endpoint": "https://login.microsoftonline.com/tenantId/oauth2/token"}
```

4.5.4 Delta Lake

Spark 改变了大数据处理的格局，让数据科学家可以更高效地处理和分析数据，但在存储层仍然有未解决的难题。

（1）不可靠。在向数据湖写入数据时，可能遇到各种异常，造成数据缺失或错误。为了避免写入不可靠的数据，需要建立复杂的异常处理方案以确保读写过程中数据的一致性。

（2）性能差。随着数据量的增加，数据湖中文件和目录的数量也会增加。大数据作业和查询引擎要花费大量的时间处理元数据，导致性能下降。

（3）更新效率低。有时需要读取整个分区或表，修改数据后再将其写回。则可能需要先将数据写入 HBase，然后再将 HBase 导出成 Parquet 文件或 Hive 表以供下游使用。如此复杂的架构不仅大大增加了计算资源的消耗，也会提高企业的运维成本。

为此，Databricks 团队开发了 Delta Lake，帮助 Databricks 用户大规模构建可靠的数据湖，它具有以下特点。

（1）事务支持。Delta Lake 在并发写入之间提供了 ACID 事务保证，即原子性、一致性、隔离性和持久性。Delta Lake 将每个写入操作都设计为一个事务，在事务日志中记录写入的顺序。事务日志跟踪文件级别的写入并使用乐观并发控制，如果发生写入冲突，Delta Lake 将抛出一个并发修改异常，供用户处理并重试作业。Delta Lake 还提供了强大的可序列化隔离级别，允许持续写入目录或表，而用户可以继续从同一目录或表中读取数据。

（2）Schema 管理。Delta Lake 会自动验证被写入的 DataFrame 与表是否兼容。在表中存在但在 DataFrame 中不存在的列会被设置为 NULL。如果 DataFrame 中存在表中没有的列，则会抛出异常。

（3）开放的格式。Delta Lake 中的所有数据都以 Apache Parquet 格式存储，能够充分利用 Parquet 原生的高效压缩和编码方案。实际上，Delta Lake 是基于 Parquet 的存储、Delta 事务日志和 Delta 索引的组合。这意味着使用 Delta Lake 中的数据和使用普通的 Parquet 文件没有任何差异，只需在已有的 Spark 项目里引入 Delta 依赖库，如图 4-18 所示，把格式声明从 parquet 改为 delta 即可在现有的数据管道中使用 Delta Lake，无须修改其他任何业务逻辑。

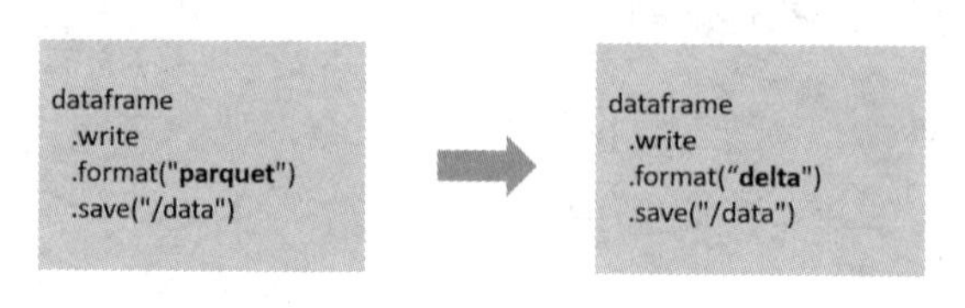

图 4-18 从 Parquet 到 Delta 的代码迁移

（4）可扩展的元数据。Delta Lake 将表或目录的元数据信息存储在事务日志中，而不是元存储（Metastore）中。这使得 Delta Lake 在读取数据的同时能够高效地列出目录中的文件。

（5）数据版本。Delta Lake 支持管理数据版本。当文件被修改时，Delta Lake 会创建版本较新的文件，并保留旧版本。如果用户想要读取表或目录的旧版本，可以向读取函数提供一个时间戳或版本号，Delta Lake 就会根据事务日志中的信息构建截至该时间戳或对应版本的完整快照。这使得用户可以重现实验和报告，甚至还可以将表恢复成某个旧版本。

（6）性能。Delta Lake 在性能方面做了多种优化，包括在表上创建和维护索引，优化底层 Parquet 文件读取性能，自动缓存高访问量的数据以改善查询时间等。这些优化使 Delta Lake 比 Parquet 的查询快了 10～100 倍。

2019 年，Databricks 团队将 Delta Lake 项目开源在 https://github.com/delta-io/delta，基于 Apache License 2.0 许可使用。

关于 Delta Lake 的编程实践，可参考如下代码。

```
        #设置访问存储的密码
        configs = {"fs.azure.account.auth.type": "OAuth",
                   "fs.azure.account.oauth.provider.type":
"org.apache.hadoop.fs.azurebfs.oauth2.ClientCredsTokenProvider",
                   "fs.azure.account.oauth2.client.id":   dbutils.secrets.get(scope   =
"akvdemo", key = "secretappId"),
                   "fs.azure.account.oauth2.client.secret":   dbutils.secrets.get(scope
= "akvdemo", key = "secretPassword"),
                   "fs.azure.account.oauth2.client.endpoint":
"https://login.microsoftonline.com/tenantId/oauth2/token"}

        #挂载存储
        if not any(mount.mountPoint = = '/mnt/flightdata' for mount in dbutils.fs.mounts()):
          dbutils.fs.mount(
```

```
        source = "abfss://flightdata@storageaccount.dfs.core.windows.net/",
        mount_point = "/mnt/flightdata",
        extra_configs = configs)
    dbutils.fs.ls('/mnt/flightdata/batchprocessed')

#从/mnt/flightdata/batchprocessed 读取处理过的飞行数据
file_location = "/mnt/flightdata/batchprocessed/*.csv"
file_type = "com.databricks.spark.csv"

infer_schema = "true"
first_row_is_header = "true"
delimiter = ","

df = spark.read.format(file_type) \
  .option("inferSchema", infer_schema) \
  .option("header", first_row_is_header) \
  .load(file_location)

print(df.count())

#把前 6 个月的数据以 delta 格式写入/mnt/flightdata/delta
from pyspark.sql.functions import col
dataPath = "/mnt/flightdata/delta"
dffirsthalf = df.filter(col('MONTH') <= 6)
dffirsthalf.write.mode("overwrite").format("delta").partitionBy("Airline").save
(dataPath)

spark.sql("""
  DROP TABLE IF EXISTS flights_table
""")
spark.sql("""
  CREATE TABLE flights_table
  USING DELTA
  LOCATION '{}'
""".format(dataPath))

%sql
```

```
SELECT count(*) FROM flights_table

#把后 6 个月的数据写入/mnt/flightdata/delta
dfsecondhalf = df.filter(col('MONTH') >= 7)
dfsecondhalf.write.mode("append").format("delta").partitionBy("Airline").save
(dataPath)

%sql
SELECT count(*) FROM flights_table
```

Delta Lake 中的分区如图 4-19 所示，其中的内容是在执行完成后按 Airline 分区存储的航班数据。

```
1  dbutils.fs.ls('/mnt/flightdata/delta')

Out[23]: [FileInfo(path='dbfs:/mnt/flightdata/delta/Airline=9E/', name='Airline=9E/', size=0),
 FileInfo(path='dbfs:/mnt/flightdata/delta/Airline=AA/', name='Airline=AA/', size=0),
 FileInfo(path='dbfs:/mnt/flightdata/delta/Airline=AS/', name='Airline=AS/', size=0),
 FileInfo(path='dbfs:/mnt/flightdata/delta/Airline=B6/', name='Airline=B6/', size=0),
 FileInfo(path='dbfs:/mnt/flightdata/delta/Airline=DL/', name='Airline=DL/', size=0),
 FileInfo(path='dbfs:/mnt/flightdata/delta/Airline=EV/', name='Airline=EV/', size=0),
 FileInfo(path='dbfs:/mnt/flightdata/delta/Airline=F9/', name='Airline=F9/', size=0),
 FileInfo(path='dbfs:/mnt/flightdata/delta/Airline=FL/', name='Airline=FL/', size=0),
 FileInfo(path='dbfs:/mnt/flightdata/delta/Airline=HA/', name='Airline=HA/', size=0),
 FileInfo(path='dbfs:/mnt/flightdata/delta/Airline=MQ/', name='Airline=MQ/', size=0),
 FileInfo(path='dbfs:/mnt/flightdata/delta/Airline=OO/', name='Airline=OO/', size=0),
 FileInfo(path='dbfs:/mnt/flightdata/delta/Airline=UA/', name='Airline=UA/', size=0),
 FileInfo(path='dbfs:/mnt/flightdata/delta/Airline=US/', name='Airline=US/', size=0),
 FileInfo(path='dbfs:/mnt/flightdata/delta/Airline=VX/', name='Airline=VX/', size=0),
 FileInfo(path='dbfs:/mnt/flightdata/delta/Airline=WN/', name='Airline=WN/', size=0),
 FileInfo(path='dbfs:/mnt/flightdata/delta/Airline=YV/', name='Airline=YV/', size=0),
 FileInfo(path='dbfs:/mnt/flightdata/delta/_delta_log/', name='_delta_log/', size=0)]
```

图 4-19 Delta Lake 中的分区

在实际生产环境中，因为数据在处理过程中会涉及不同的阶段及使用目的，Databricks 官方建议在整个数据处理流程中将数据划分为 Bronze、Silver 和 Gold 三个不同的阶段，每个阶段都以 Delta Lake 数据表为载体。其中，Bronze 是导入的原始数据，Silver 是经过清洗的数据，Gold 则是业务级的汇总，如图 4-20 所示。当然，这只是对于数据组织的一个建议，读者可以根据自己的实际情况酌情优化。

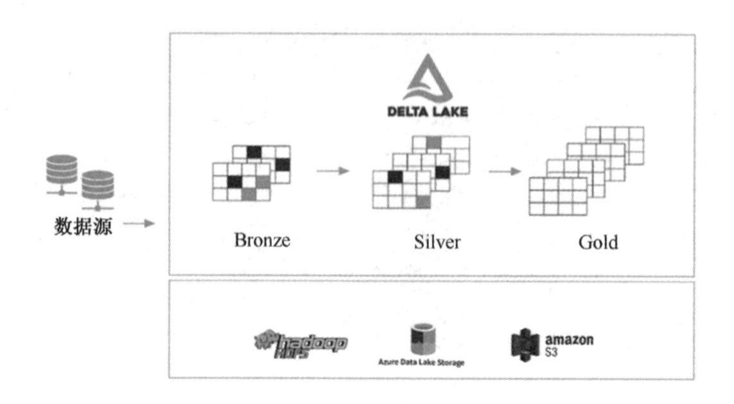

图 4-20 Delta Lake 流水线

4.6 使用数据工厂处理批量数据

Azure Databricks 适合有数据工程师的团队，通过 Scala 和 Python 编写代码，搭建自己的数据处理平台。而数据工厂的 Data Flow 支持可视化数据处理，用户无须编写任何代码，就可以在图形化界面里开发复杂的数据处理逻辑。Data Flow 的底层基于在数据工厂内托管的 Spark 集群，在整个数据处理生命周期中，Data Flow 封装了 Spark 的操作，负责处理代码转换、路径优化和作业执行，让 Spark 经验较少的团队也能具备专业的数据处理能力。

4.6.1 设计 Data Flow

接下来，我们将演示如何在 Data Flow 中设计数据处理逻辑。

（1）如图 4-21 所示，在数据工厂的创作中心选择 New dataset，以 CSV 格式为数据源创建数据集。

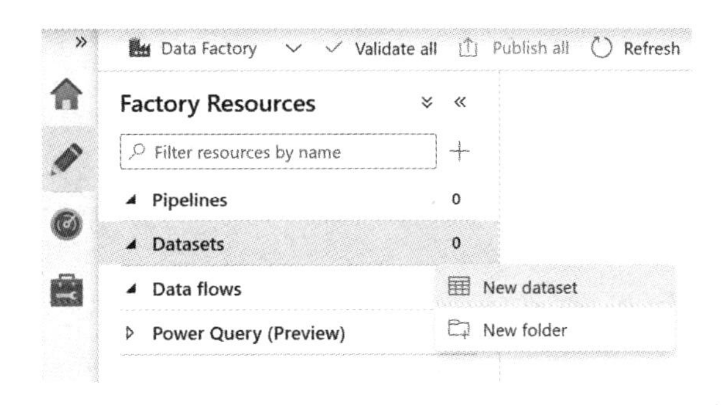

图 4-21　创建数据集

（2）如图 4-22 所示，将 File path 设置为 flightdata/raw/FlightDelaysWithAirportCodes.csv，作为后续批量数据处理的源数据。勾选 First row as header 复选框表示通过 CSV 文件的首行获取各列名称。

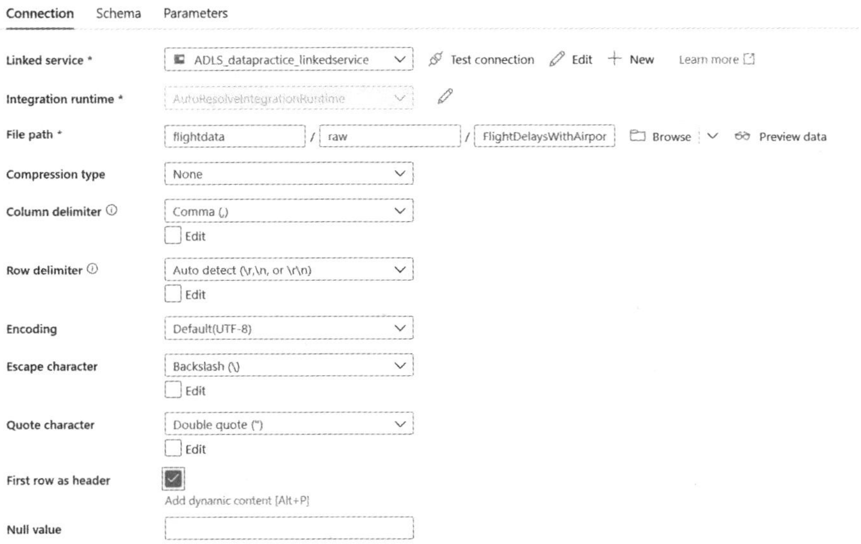

Connection　Schema　Parameters

Linked service *　ADLS_datapractice_linkedservice　Test connection　Edit　New　Learn more

Integration runtime *　AutoResolveIntegrationRuntime

File path *　flightdata / raw / FlightDelaysWithAirpor　Browse　Preview data

Compression type　None

Column delimiter　Comma (,)　Edit

Row delimiter　Auto detect (\r,\n, or \r\n)　Edit

Encoding　Default(UTF-8)

Escape character　Backslash (\)　Edit

Quote character　Double quote (")　Edit

First row as header　Add dynamic content [Alt+P]

Null value

图 4-22　设置源数据集

（3）与上一步类似，如图 4-23 所示，设置目标数据集，用于指定处理后的数据的保存位置。本示例设置 File path 为 flightdata/adf，在运行之前，须在数据湖存储内创建对应文件夹。

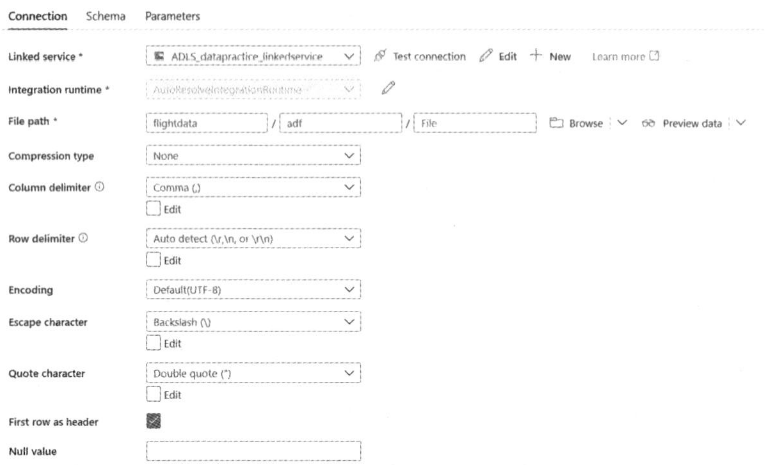

Connection Schema Parameters

Linked service * ADLS_datapractice_linkedservice Test connection Edit New Learn more

Integration runtime * AutoResolveIntegrationRuntime

File path * flightdata / adf / File Browse Preview data

Compression type None

Column delimiter Comma (,) Edit

Row delimiter Auto detect (\r,\n, or \r\n) Edit

Encoding Default(UTF-8)

Escape character Backslash (\) Edit

Quote character Double quote (") Edit

First row as header

Null value

图 4-23 设置目标数据集

（4）如图 4-24 所示，在创作中心选择 New data flow 以创建数据流。初始的数据流包括一个空白的数据源模块，供用户定义数据源。

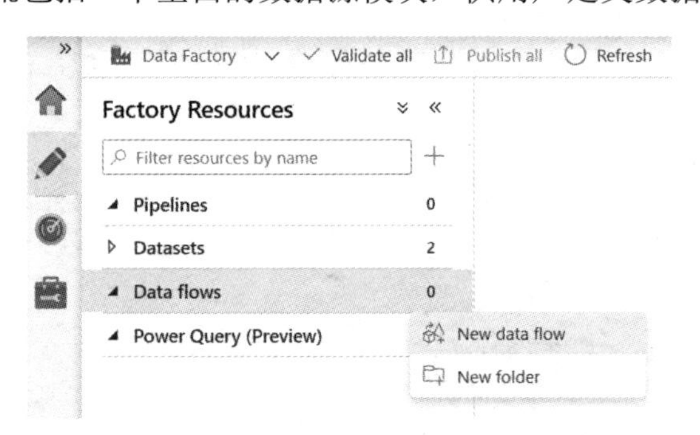

图 4-24 创建 Data Flow

（5）如图 4-25 所示，将新建的数据集配置为数据源，在本示例中，Sampling 选择默认的 Disable，表明会处理完整的数据集。在设计 Data Flow 的过程中，也可以选择 Enable，此时只会对数据集进行采样，能够节省处理时间，待设计完 Data Flow 后再改为 Disable。

（6）导航至 Projection 页面，如图 4-26 所示，单击 Import projection，导入数据每个字段的名称，并自动推断每列的数据类型。

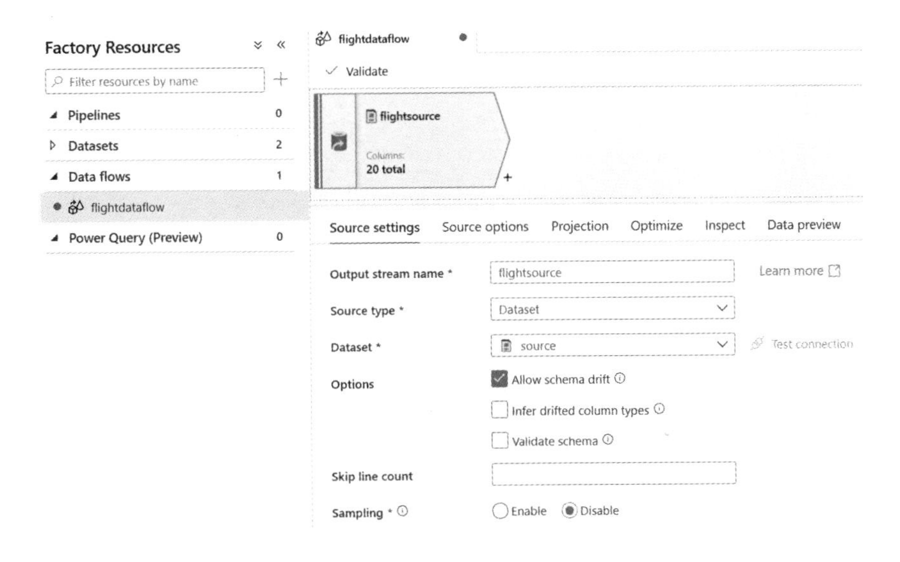

图 4-25　为 Data Flow 设置数据源

图 4-26　导入格式

（7）在设计 Data Flow 阶段，数据工厂提供了预览功能，供用户交互地观察数据的转换效果。如图 4-27 所示，在单击 Data flow debug 启动调试后，即可在 Data preview 页面浏览当前数据源中的数据。默认的 Azure 集成运行时是一个 4 核单节点集群，允许以最小的成本预览数据并调试管道，如果要加快调试速度，则可以使用计算优化型的计算资源并增加运行核数。

（8）Data Flow 支持多种转换操作。在数据源定义完成后，单击右侧的加号选择下一步操作类型，本示例选择 Filter 对数据进行筛选，如图 4-28 所示。

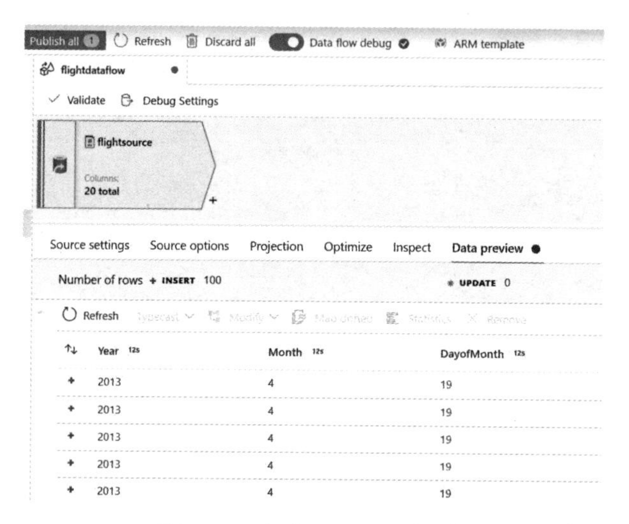

图 4-27 启动 Data Flow 调试

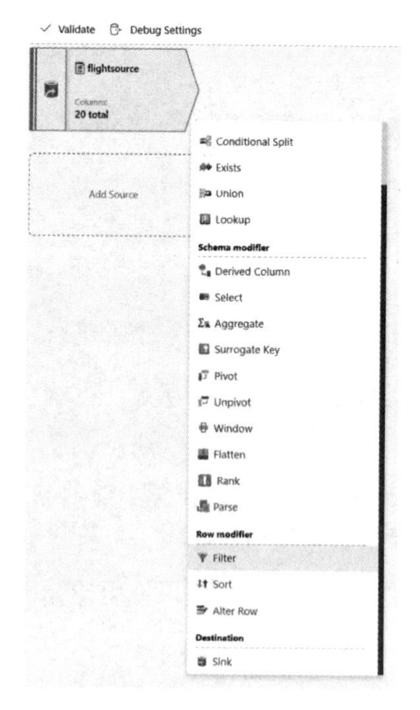

图 4-28 选择 Filter 数据操作

（9）设置 Filter on 为!isNull(concat (toString (columns())))，如图 4-29 所示，表示筛除字段中存在空值的记录。这里用到了多个表达式，其中 columns 用于获得数据流中所有数据列的值，toString 把传入的值转为字符串类型，concat 对传入的字符串进行拼接，isNull 则检查输入的值是否为空。表达式是 Data Flow 进行数据转换的常用技巧，可以用其表示复杂的筛选条件，完整的表达式文档可参考 https://docs.microsoft.com/en-us/azure/data-factory/data-flow-expression-functions。

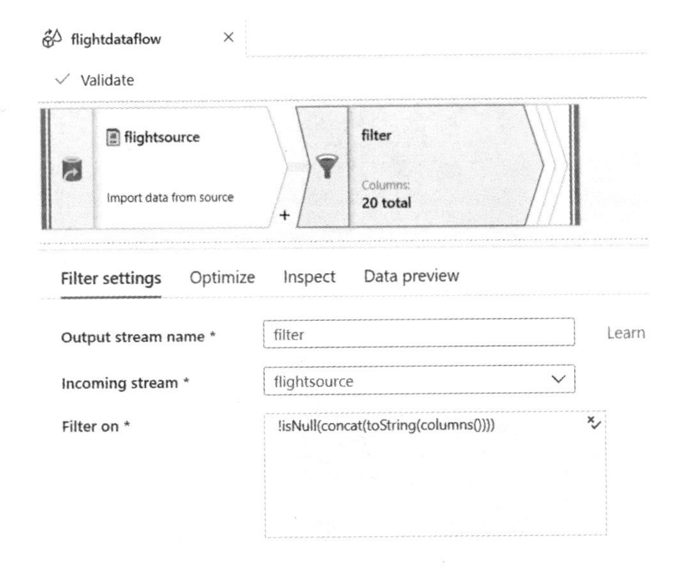

图 4-29　设置 Filter

（10）如图 4-30 所示，添加 derivedColumn 任务，增加新列 DepartureHour 和 ArrivalHour：

```
DepartureHour: toShort(CRSDepTime / 100)
ArrivalHour: toShort(CRSArrTime / 100)
```

（11）如图 4-31 所示，添加 select 任务。删除列 Year、OriginAirportName、DestAirportName 、 OriginLatitude 、 OriginLongitude 、 DestLatitude 和 DestLongitude，并对以下列重命名：

flightdataflow
Validate
flightsource
Import data from source
filter
Use expression filter rows
derivedColumn
Columns:
22 total
Derived column's settings
Optimize
Inspect
Data preview
Output stream name *
derivedColumn
Learn more
Incoming stream *
filter
Add
Clone
Delete
Open expression builder
Columns *
Column
Expression
DepartureHour
toShort(CRSDepTime / 100)
ArrivalHour
toShort(CRSArrTime / 100)

图 4-30　添加 derivedColumn 任务

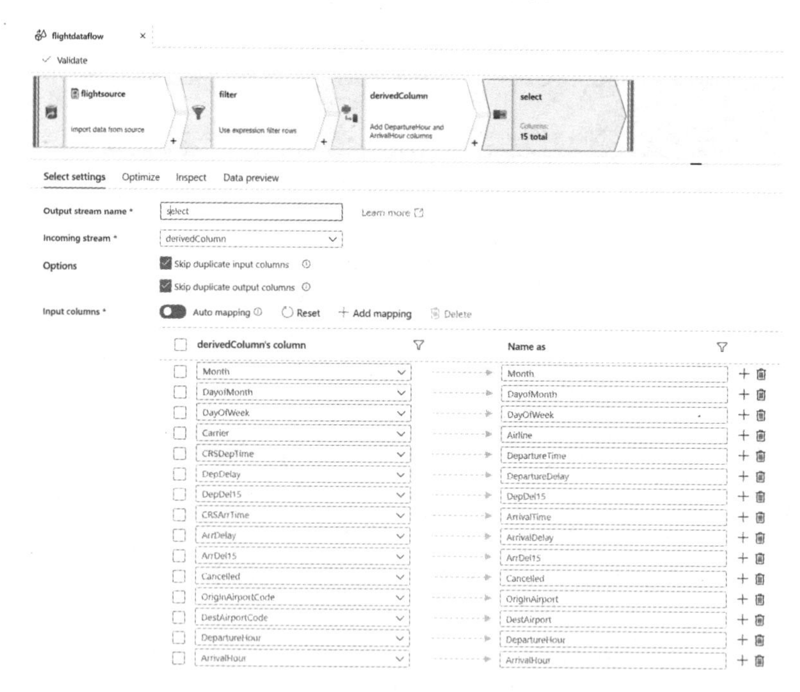

图 4-31　添加 select 任务

```
Carrier -> Airline
CRSDepTime ->  DepartureTime
DepDelay -> DepartureDelay
CRSArrTime -> ArrivalTime
```

```
ArrDelay -> ArrivalDelay
OriginAirportCode -> OriginAirport
DestAirportCode -> DestinationAirport
```

（12）如图 4-32 所示，添加 sink 任务，把 Dataset 设置为已创建的目标数据集。至此 Data Flow 设计完成，以下为 Data Flow 完整的脚本配置。可以看到，在整个过程中，不需要编写任何代码即可把各任务串联起来。在实际生产环境中，可以对转换过程进行任意组合，从而实现更复杂的功能。

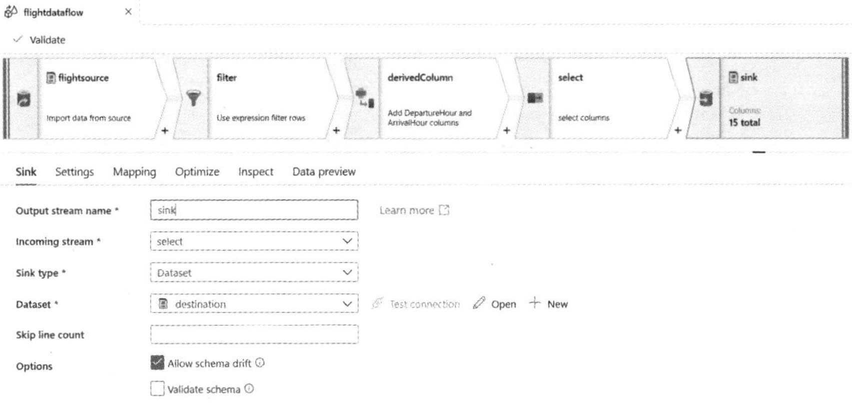

flightdataflow
Validate
flightsource — Import data from source
filter — Use expression filter rows
derivedColumn — Add DepartureHour and ArrivalHour columns
select — select columns
sink — Columns: 15 total

Sink　Settings　Mapping　Optimize　Inspect　Data preview

Output stream name *: sink　Learn more
Incoming stream *: select
Sink type *: Dataset
Dataset *: destination　Test connection　Open　New
Skip line count
Options: ☑ Allow schema drift　☐ Validate schema

图 4-32　添加 sink 任务

```
source(output(
        Year as short,
        Month as short,
        DayofMonth as short,
        DayOfWeek as short,
        Carrier as string,
        CRSDepTime as short,
        DepDelay as short,
        DepDel15 as boolean,
        CRSArrTime as short,
        ArrDelay as short,
        ArrDel15 as boolean,
        Cancelled as boolean,
        OriginAirportCode as string,
```

```
                OriginAirportName as string,
                OriginLatitude as double,
                OriginLongitude as double,
                DestAirportCode as string,
                DestAirportName as string,
                DestLatitude as double,
                DestLongitude as double
        ),
        allowSchemaDrift: true,
        validateSchema: false,
        ignoreNoFilesFound: false) ~> flightsource
flightsource filter(!isNull(concat(toString(columns())))
) ~> filter
filter derive(DepartureHour = toShort(CRSDepTime / 100),
                ArrivalHour = toShort(CRSArrTime / 100)) ~> derivedColumn
derivedColumn select(mapColumn(
                Month,
                DayofMonth,
                DayOfWeek,
                Airline = Carrier,
                DepartureTime = CRSDepTime,
                DepartureDelay = DepDelay,
                DepDel15,
                ArrivalTime = CRSArrTime,
                ArrivalDelay = ArrDelay,
                ArrDel15,
                Cancelled,
                OriginAirport = OriginAirportCode,
                DestAirport = DestAirportCode,
                DepartureHour,
                ArrivalHour
        ),
        skipDuplicateMapInputs: true,
        skipDuplicateMapOutputs: true) ~> select
select sink(input(
                Month as string,
                DayofMonth as string,
```

```
            DayOfWeek as string,
            Airline as string,
            DepartureTime as string,
            DepartureDelay as string,
            DepDel15 as string,
            ArrivalTime as string,
            ArrivalDelay as string,
            ArrDel15 as string,
            Cancelled as string,
            OriginAirport as string,
            DestinationAirport as string,
            DepartureHour as string,
            ArrivalHour as string
      ),
      allowSchemaDrift: true,
      validateSchema: false,
      skipDuplicateMapInputs: true,
      skipDuplicateMapOutputs: true) ~> sink
```

（13）在生产环境中使用 Data Flow 时，需要将其作为管道的子活动。如图 4-33 所示，在创建新管道后，将 Data flow 活动拖入设计画布，选择设计好的数据流任务。在单击 Publish all 发布后，单击 Trigger Now 触发数据处理。

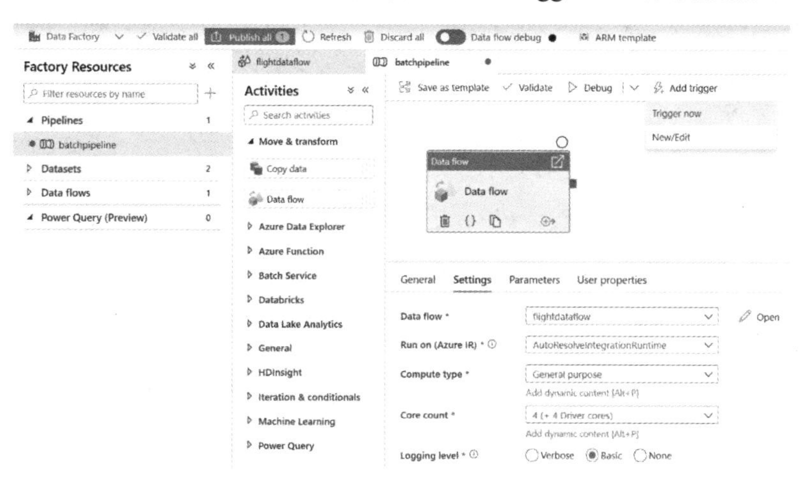

图 4-33　添加管道

默认的 AutoResolveingIntegrationRuntime 在 Data Flow 结束后会自动释放计算资源。如果有多个 Data Flow 先后执行，为了避免反复分配和释放计算资源，建议创建自定义运行时，并设置 TTL，使后续作业利用已有计算资源，从而获得更好的性能。

（14）如图 4-34 所示，经 Data Flow 处理的数据保存在 flightdata/adf 目录下，其结果与 Databricks 的生成结果一致。

Authentication method: Access key (Switch to Azure AD User Account)
Location: flightdata / adf

Search blobs by prefix (case-sensitive)

Name
[..]
_committed_4029656694821586459
_started_4029656694821586459
_SUCCESS
part-00000-tid-4029656694821586459-762faa17-ea40-4cdb-be0f-d3d1b10cee6b-1-1-c000.csv
part-00001-tid-4029656694821586459-762faa17-ea40-4cdb-be0f-d3d1b10cee6b-2-1-c000.csv
part-00002-tid-4029656694821586459-762faa17-ea40-4cdb-be0f-d3d1b10cee6b-3-1-c000.csv
part-00003-tid-4029656694821586459-762faa17-ea40-4cdb-be0f-d3d1b10cee6b-4-1-c000.csv

图 4-34　目标数据

4.6.2　Data Flow 的设计模式

复杂的数据转换过程往往需要汇集多个数据源，将多个 Data Flow 组合起来。以下为 Data Flow 组合的三种模式。

（1）单一模式。如 4.6.1 节示例所示，把所有的处理逻辑都放在一个 Data Flow 里，在一个 Spark 集群实例上执行所有作业。因为业务规则和业务逻辑在同一个 Data Flow 里，如果涉及的操作较多，用户难以进行任务跟踪和故障排除。同时它的可重用性较低，所以这种模式在大型数据集场景中使用较少。

（2）顺序执行模式。顺序执行是指多个 Data Flow 在一个管道内依次执行。与单一模式相比，顺序执行的每个 Data Flow 在完成后，需要一个新的 Spark 集群运行下一个 Data Flow，所以会花费较长的时间。但它为每个 Data Flow 的操作提供了一个新工作环境，在多人合作中更容易进行故障排除。

（3）并行执行模式。并行执行是指多个 Data Flow 在一个管道内并行执行。数据工厂会根据 Azure 集成运行时附加给每个 Data Flow 的设置，将其运行在单独的 Spark 集群内。并行执行可以大大加快数据的处理速度，但因为需要在不同的集群上同时执行，要求并行的 Data Flow 之间不相互依赖。在实际生产环境中，往往需要同时使用顺序执行模式和并行执行模式来完成复杂的数据处理任务。

4.6.3 如何选择 Data Flow 与 Databricks

虽然数据工厂的 Data Flow 和 Databricks 都可以进行批量数据处理，而且都以 Spark 为底层引擎，但两者在使用上有较大区别，读者可以根据实际需求进行选择。

（1）Data Flow 能直观和高效地连接数据湖存储，Databricks 则需要额外的步骤，如创建凭据并加载数据湖 DBFS 等。

（2）Data Flow 的数据转换是使用内置封装的可视化设置完成的，不需要代码编程经验；Databricks 则需要 SQL、R、Python 或 Scala 的编程经验。

（3）对于比较简单的流程，Data Flow 可以显示清晰且漂亮的视图，预览功能简化了用户的任务，相比于 Databricks 更便捷。

（4）在处理复杂的流程时，Data Flow 的设计会比较“庞大”，建议使用顺序执行模式或并行执行模式来降低单个操作的复杂度，同时关联 GIT

跟踪 Data Flow 的设置变化。而 Databricks 使用代码完成数据处理操作，复杂的业务逻辑相对更容易维护。

（5）数据工厂的管道支持调用 Databricks 的 Notebook 或者 Jar 包，这意味着可以基于不同的场景分别发挥 Data Flow 和 Databricks 的优势，如图 4-35 所示。

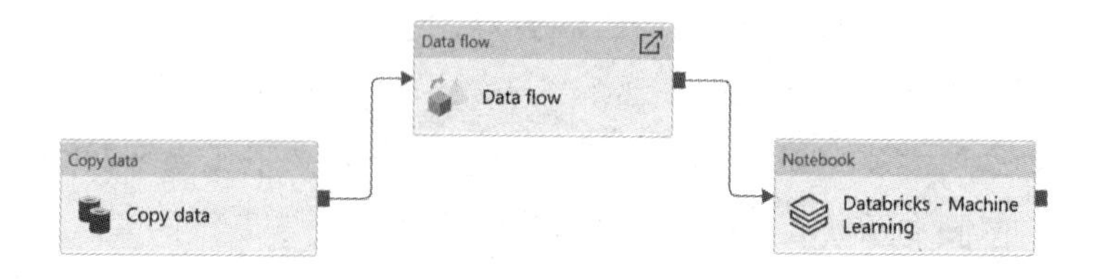

图 4-35 混合使用 Data Flow 与 Databricks

4.7 本章小结

本章介绍了数据处理的挑战和相关技术，展示了 Databricks 和 Data Flow 各自的特点和其使用方式。从云原生的角度而言，Databricks 和 Data Flow 都很适合处理批量数据，在实际生产环境中，可以在数据工厂的管道中，将 Data Flow 和 Databricks 结合使用，充分发挥各自的优势。

第 5 章

实时数据处理

当今世界正在快速地产生数据，随着新设备和新技术的出现，产生数据的速度还会进一步加快，这也意味着大数据处理将变得更加复杂且更具挑战性。另外，股市走向预测、气象数据监测、欺诈检测、出租车预订和病人监护等场景还具有数据量大、实时性强的特点，需要在数据产生后立刻进行分析并得出结论，批量数据处理无法应对此类场景，这时需要使用实时数据处理。据估计，到 2025 年，在全球创造的数据中，将有超过 25%的数据需要实时处理。

5.1 什么是实时数据处理

相比于批量数据处理需要数小时或数日的时间才能获得相对滞后的数据洞察结果，实时数据处理使企业能够“毫不拖延”地做出反应，抢占先机或在问题发生之前进行预防。例如，IT 团队可以通过对事件日志进行分析，实现对各类运维问题的快速识别和解决；通过收集应用数据，评估云中服务的性能，动态扩展服务算力。在金融领域，通过实时检测信用卡刷卡行为，可以从数百万个购买活动中找到欺诈性交易。实时数据处理已经成为大数据平台至关重要的部分。

与批量数据处理一样，实时数据处理的核心也是数据处理引擎，但处理方式截然不同。批量处理有明确的任务完成界限，数据处理完成也意味着任务结束。而实时处理不是对有限的存量数据执行操作，而是连续不断地对每时每刻进入系统的数据进行处理。实时数据处理有如下特点。

（1）时效性高：数据实时采集、实时处理，延时为秒级甚至毫秒级。

（2）任务常驻：区别于批量任务的周期调度，实时任务属于常驻进程，启动后就会一直运行，直到人为终止。这也意味着实时任务面向无限的数据量。

（3）性能要求高：实时任务对数据处理的延迟性要求严格，如果处理吞吐量跟不上采集吞吐量，就失去了实时的特性。

实时数据处理流程如图 5-1 所示。

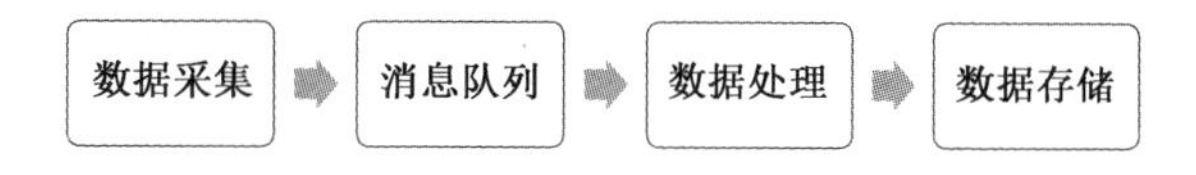

图 5-1　实时数据处理流程

（1）数据采集：数据采集是实时数据处理的源头，需要做到实时采集。数据可能来自各类业务应用的日志或物联网设备。

（2）消息队列：采集的数据被发送到消息队列中，通过订阅模式提供给不同的数据处理服务。

（3）数据处理：数据处理服务会在消息队列中订阅目标数据，对数据进行实时处理。

（4）数据存储：在数据被实时处理后，将其保存到存储系统中以供下游调用。

其中，数据采集一般存在于各类客户端或应用服务内，其实现方式也因业务不同而不同。消息队列和数据处理则是整个实时数据处理系统的核心，本章后续将围绕这两方面进一步阐述。

5.2　消息队列

消息队列是实时数据处理系统中的重要一环，它决定了整个架构的灵活性与稳定性。实时数据在进入系统后，往往会被多个下游业务子系统使用、处理或归档。如果让数据采集端与数据处理系统直接对接，那么数据采集端需要预设所有业务系统的接口，会造成系统的强耦合，降低数据采集的重用性；数据采集端则不得不随业务系统的改变而不断修改。同时这种强耦合也会降低整个系统的容错能力和性能，任何一个子系统的故障都可能影响其他系统的正常运行。

通过消息队列进行系统解耦，数据采集端只需将数据发送至消息队列，而无须关心业务系统如何处理这些数据。各子系统也只处理自己的数据，其他子系统出现故障或性能问题不会影响自己的正常流程。例如，电商系统往往需要处理海量的订单，为了保障系统的稳定运行，一般会把业务划分为几个子系统。如图 5-2 所示，订单系统作为数据采集端把新订单发至消息队列，消息队列把订单数据暂存起来，确保数据量不会超过数据处理端（包括支付子系统、物流子系统和促销子系统）的处理能力，从而提高整体稳定性和用户体验。

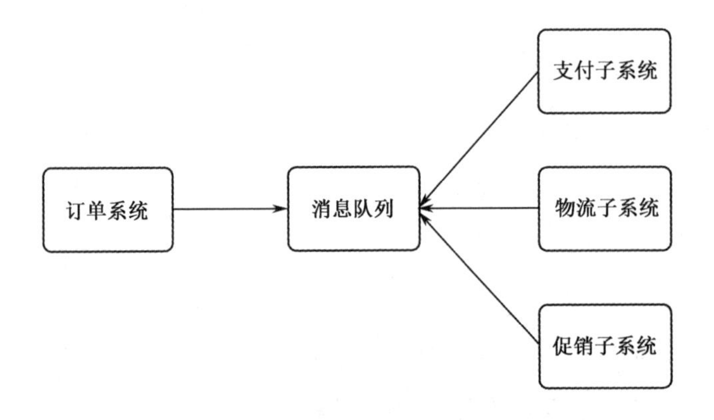

图 5-2 订单系统中的消息队列

现代消息队列一般具有如下特点。

（1）先进先出：消息队列的顺序在消息进入队列的时候就已经确定了，无须人工干预。

（2）订阅：数据处理服务可以从消息队列中订阅自己需要处理的数据主题，确保各数据处理服务之间的隔离。

（3）分布式：在大数据场景下，分布式部署可以提供高性能、高可用的消息中间件。

在大数据领域，Apache Kafka 是使用最广泛的消息队列服务，它由 LinkedIn 开源并于 2011 年捐赠给 Apache 基金会。Kafka 主要面向高吞吐量，追求速度与持久化，集群架构如图 5-3 所示。

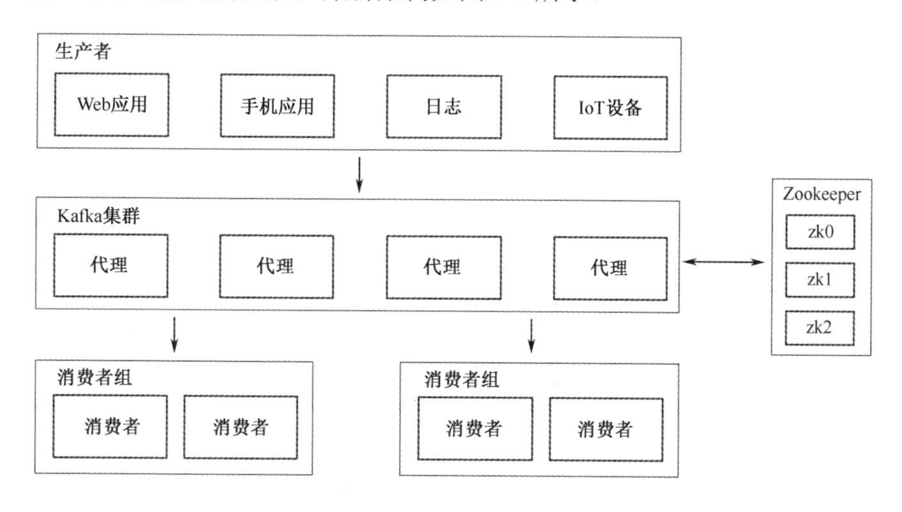

图 5-3　Kafka 集群架构

Kafka 中的重要概念如下。

（1）生产者（Producer）。生产者是向 Kafka 发送消息的客户端。

（2）消费者（Consumer）。消费者是从 Kafka 接收消息的客户端。

（3）主题（Topic）。Kafka 将一组消息抽象为一个主题，主题就是对消息的分类。生产者将消息发送至特定的主题，消费者则订阅主题以进行消费。

（4）消息（Message）。消息是 Kafka 通信的基本单位，由一个固定长度的消息头和可变长度的消息体构成。

（5）分区（Partition）。Kafka 中的每个主题被分在一个或多个分区中。每个分区由一系列有序的消息组成。分区使 Kafka 能够容易地并发接收消息。在大多数情况下，分区越多，吞吐量越高。由于新消息在进入分区的时候是顺序写入磁盘，效率很高，保证了 Kafka 的高吞吐率。

（6）代理（Broker）。Kafka 集群由一个或多个 Kafka 实例构成，每个 Kafka 实例也称为 Broker，每个 Broker 在集群内都有一个唯一的非负整数作为其身份标识。

（7）Zookeeper。Zookeeper 是开源的分布式协调服务，Kafka 利用 Zookeeper 保存其元数据信息，包括 Broker 节点信息、主题信息和分区信息等。

Kafka 之所以在大数据领域被广泛采用，是因为其具有以下特点。

（1）持久化。Kafka 依赖文件系统存储消息，它的持久化队列建立在对文件进行追加的技术实现上。由于充分利用了磁盘的顺序读写性能优势，Kafka 能够提供常量时间的性能，即数据量的提高不会影响单个数据的写入速度，即使是海量的信息也可以获得良好的性能。同时，只要磁盘空间足够大，数据就可以一直追加，而不会像一般的消息系统那样，消息在被消费后就需要删除。也正因为这个特点，即使机器发生了故障，已存储的消息仍然可以恢复使用。

（2）吞吐量高。高吞吐量是 Kafka 设计的主要目标。Kafka 除使用文件顺序追加技术外，在数据写入及数据同步中采用了零拷贝技术，使数据传递完全在内核中进行，保证了处理效率。Kafka 还支持数据压缩及批量发送，并将每个主题划分为多个分区，这一系列的优化措施使 Kafka 具有很高的吞吐量，支持每秒数百万的消息量。

（3）扩展性好。Kafka 能够利用廉价服务器构建大规模集群，通过 Zookeeper 对集群进行协调管理，易于进行水平扩展。在扩展时，集群能够自动感知，重新进行负载均衡和数据复制。

在消息队列领域，除了 Kafka，还有 RabbitMQ 和 RocketMQ 等优秀的开源项目可以提供相似的能力，它们的特点比较如表 5-1 所示。

表 5-1　RabbitMQ、RocketMQ 和 Kafka 特点比较

对比项	RabbitMQ	RocketMQ	Kafka
开发语言	Erlang	Java	Scala
单机吞吐量	万级	10 万级	10 万级
时效性	微秒级	毫秒级	毫秒级
架构	主从架构	分布式架构	分布式架构
社区活跃度	高	高	很高
优势	性能好，延时低	功能完善，扩展性好	功能较简单，主要用于大数据领域

5.3　Kafka 的使用

Kafka 的安装和维护较为复杂，Azure HDInsight 提供了一键部署 Kafka 集群的功能，用户无须手动安装 Kafka 及其依赖组件（包括 JDK 和 Zookeeper 等），大大降低了集群创建和维护成本，是 Azure 上创建 Kafka 集群的推荐方式。本节将演示如何通过 HDInsight 创建 Kafka 集群并向其发送数据。

5.3.1　创建虚拟网络

HDInsight 需要部署在虚拟网络内。虚拟网络是 Azure 中专用网络的基本组成部分，它类似于传统数据中心运营的网络设施，兼有伸缩性、高可用性和隔离性，允许不同类型的资源安全地相互通信。

（1）如图 5-4 所示，进入 Azure 管理界面，选择 Create virtual network（创建虚拟网络），在 Basics 页面输入以下信息。

- Subscription：选择自己的订阅。
- Resource group：kafka-rg。
- Name：kafka-vnet。

- Region：(Asia Pacific) Southeast Asia。

Create virtual network ···

Basics　IP Addresses　Security　Tags　Review + create

Azure Virtual Network (VNet) is the fundamental building block for your private network in Azure. VNet enables many types of Azure resources, such as Azure Virtual Machines (VM), to securely communicate with each other, the internet, and on-premises networks. VNet is similar to a traditional network that you'd operate in your own data center, but brings with it additional benefits of Azure's infrastructure such as scale, availability, and isolation. Learn more about virtual network

Project details

Subscription * 　Data Platform Subscription

Resource group * 　kafka-rg

Create new

Instance details

Name * 　kafka-vnet

Region * 　(Asia Pacific) Southeast Asia

Review + create　< Previous　Next : IP Addresses >　Download a template for automation

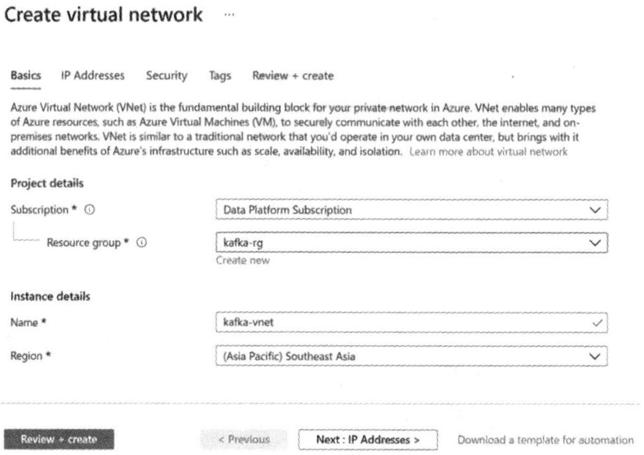

图 5-4　创建虚拟网络

（2）如图 5-5 所示，在 IP Addresses 页面定义虚拟网络的地址空间和子网。其中，地址空间是为该虚拟网络分配的 IP 地址范围。一个虚拟网络可以被划分为一个或多个子网，并向每个子网分配一部分地址空间。在本示例中，地址空间的范围设置为 10.1.0.0/16，子网的范围是 10.1.0.0/24。

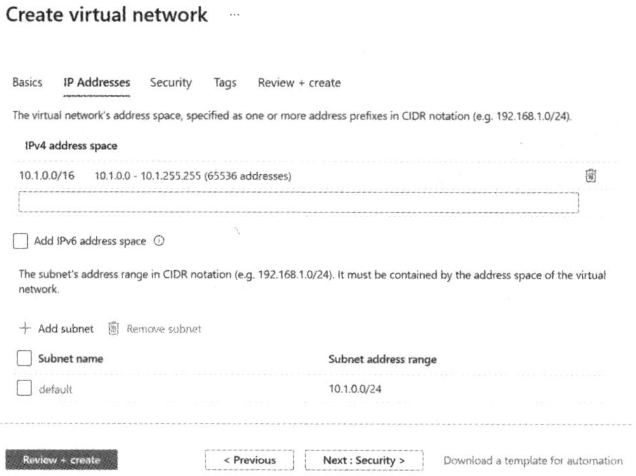

Create virtual network ···

Basics　IP Addresses　Security　Tags　Review + create

The virtual network's address space, specified as one or more address prefixes in CIDR notation (e.g. 192.168.1.0/24).

IPv4 address space

10.1.0.0/16　10.1.0.0 - 10.1.255.255 (65536 addresses)

Add IPv6 address space

The subnet's address range in CIDR notation (e.g. 192.168.1.0/24). It must be contained by the address space of the virtual network.

+ Add subnet　Remove subnet

Subnet name	Subnet address range
default	10.1.0.0/24

Review + create　< Previous　Next : Security >　Download a template for automation

图 5-5　配置虚拟网络地址空间

5.3.2　创建 Kafka 集群

（1）登录 Azure 管理界面，在左侧边栏单击 Create a resource 并选择 HDInsight。如图 5-6 所示，输入相关信息，包括资源组名称、集群名称、区域、集群类型、集群管理员名称和密码等。请记录登录密码，这将在后续步骤中用于登录 Kafka 集群。

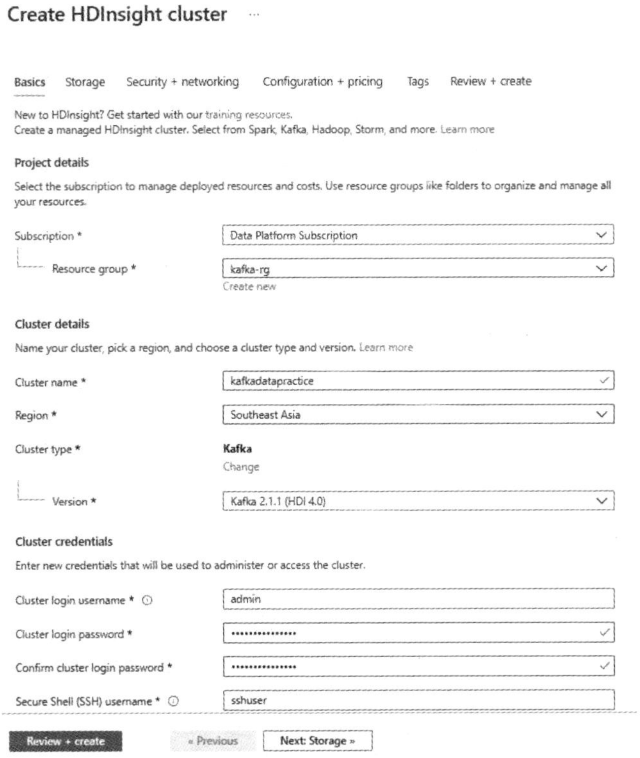

Create HDInsight cluster ···

Basics　Storage　Security + networking　Configuration + pricing　Tags　Review + create

New to HDInsight? Get started with our training resources.
Create a managed HDInsight cluster. Select from Spark, Kafka, Hadoop, Storm, and more. Learn more

Project details

Select the subscription to manage deployed resources and costs. Use resource groups like folders to organize and manage all your resources.

Subscription *　Data Platform Subscription
Resource group *　kafka-rg
Create new

Cluster details

Name your cluster, pick a region, and choose a cluster type and version. Learn more

Cluster name *　kafkadatapractice
Region *　Southeast Asia
Cluster type *　Kafka
Change
Version *　Kafka 2.1.1 (HDI 4.0)

Cluster credentials

Enter new credentials that will be used to administer or access the cluster.

Cluster login username *　admin
Cluster login password *　•••••••••••••••
Confirm cluster login password *　•••••••••••••••
Secure Shell (SSH) username *　sshuser

Review + create　« Previous　Next: Storage »

图 5-6　创建 Kafka 集群

- Subscription：选择自己的订阅。
- Resource group：kafka-rg。

- Cluster name：kafkadatapractice。
- Region：Southeast Asia。
- Cluster type：Kafka。
- Version：Kafka 2.1.1 (HDI 4.0)。

（2）如图 5-7 所示，在 Security+networking 页面，选择已创建的虚拟网络及其子网，这将确保该 Kafka 集群被部署到目标虚拟网络中。如果没有指定虚拟网络，Azure 将自动创建一个默认的虚拟网络来部署 Kafka 集群。

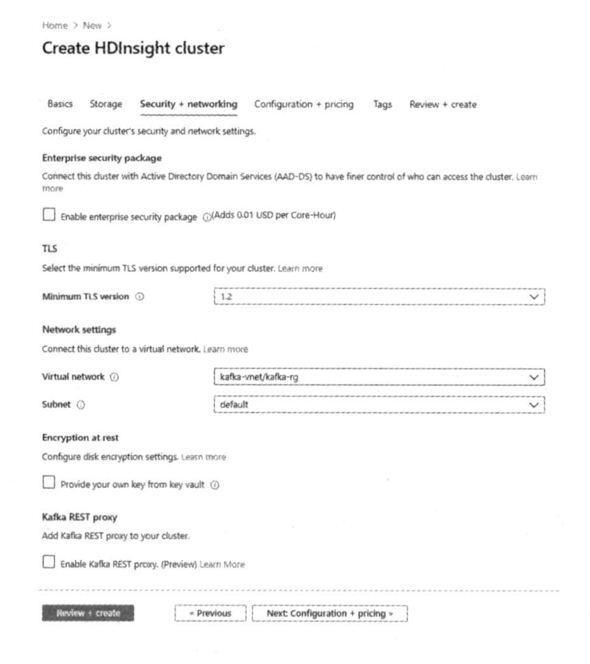

图 5-7 配置 Kafka 所在虚拟网络

（3）其他页面保持默认选项，单击 Review+create 创建集群。

（4）创建好的 Kafka 集群使用表 5-2 所示的节点端口作为主要通信端口。

表 5-2　节点端口

节点	端口	作用
Kafka Broker 节点	9092	用于客户端之间的通信
Zookeeper 节点	2181	用于客户端与 Zookeeper 之间的通信

5.3.3　配置 IP Advertising

在默认情况下，Zookeeper 向客户端返回的是 Kafka Broker 的域名，但该域名只在 Kafka 所在的虚拟网络内有效，如果客户端在其他网络中，则需要为客户端配置 DNS 服务，使其可以通过域名跨网络访问 Kafka Broker 节点。为了简化流程，本节将为 Kafka 集群配置 IP Advertising，使 Zookeeper 向客户端直接返回 Kafka Broker 节点的 IP 地址，从而让客户端直接通过 IP 地址访问 Kafka 集群。

（1）在浏览器访问 https://<clustername>.azurehdinsight.net 进入 Ambari 页面，如图 5-8 所示。Ambari 是基于 Web 的 Hadoop 安装部署工具，单击左侧列表的 Kafka 可以看到所有正在运行的 Kafka Broker 节点。HDInsight 默认创建三个 Kafka Broker 节点。

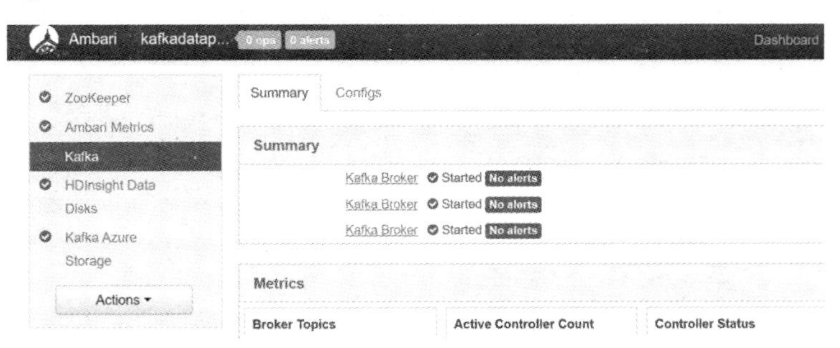

图 5-8　Kafka 集群中的 Broker 节点

（2）依次单击每个 Kafka Broker 节点，可以看到其域名和 IP 地址，如图 5-9 所示。

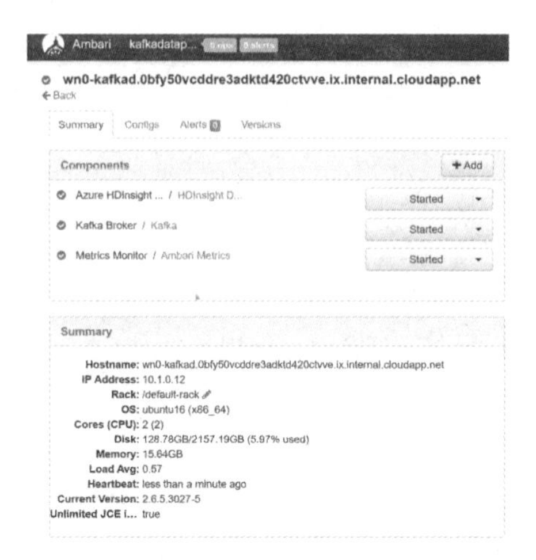

图 5-9 Kafka Broker 节点信息

（3）如图 5-10 所示，选择 Configs 页面，并在右上方的搜索框内填入 kafka-env，找到 kafka-env-template 配置项，将如下文本添加到 kafka-env-template 字段的底部以配置 IP Advertising。

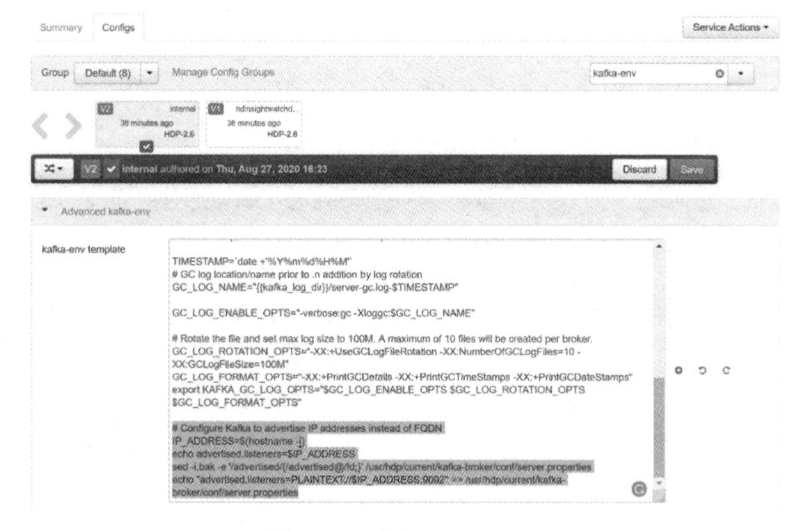

图 5-10 配置 IP Advertising

```
IP_ADDRESS=$(hostname -i)
echo advertised.listeners=$IP_ADDRESS
sed -i.bak -e '/advertised/{/advertised@/!d;}' /usr/hdp/current/kafka-broker/conf/
```

```
server.properties
        echo "advertised.listeners=PLAINTEXT://$IP_ADDRESS:9092" >> /usr/hdp/current/
kafka-broker/conf/server.properties
```

（4）在右上方搜索框内填入 listeners 来搜索 Kafka 的 listeners 配置项，将其改为 PLAINTEXT://0.0.0.0:9092。在修改完成后，如图 5-11 所示，单击 Save 保存配置，并在 Service Actions 下拉列表中选择重启集群。

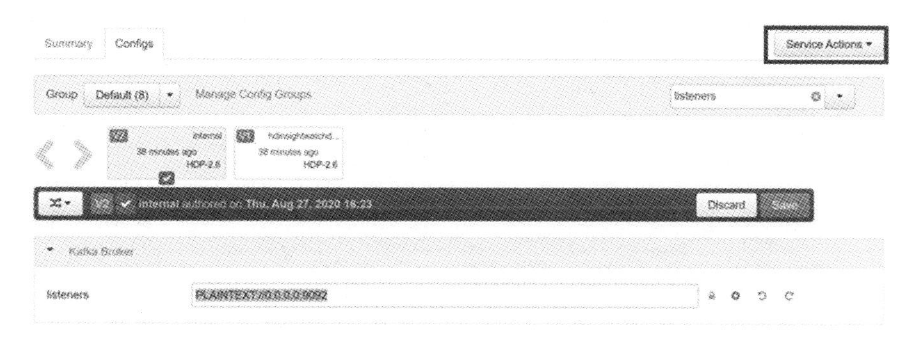

图 5-11　保存配置并重启集群

5.3.4　生产者发送数据

如前所述，生产者是向 Kafka 发送消息的客户端，在本书配套代码中找到 KafkaProducer 项目，它基于 Kafka 的 Java SDK，由以下三个文件组成。

（1）pom.xml：使用 maven 打包，该文件定义了项目依赖项、Java 版本和打包方式。

（2）Producer.java：使用 Kafka 生产者 API 将数据发送至 Kafka。

（3）Run.java：定义应用程序的入口。

Run.java 代码如下，它在从运行参数获取主题名称和 Kafka Broker 地址后，模拟生成航班信息并调用 producer 将数据发送至 Kafka。

```
package com.contoso.example;

import java.io.IOException;
import java.io.PrintWriter;
import java.io.File;
import java.lang.Exception;

public class Run {
    public static void main(String[] args) throws IOException {
        String brokers = args[2];
        String topicName = args[1];
        Producer.produce(brokers, topicName);

        System.exit(0);
    }
}
```

Producer.java 是项目的核心文件，通过调用 properties.setProperty("bootstrap.servers", brokers)配置远端 Kafka Broker 地址，并发送航班信息至 Kafka。

```
package com.contoso.example;

import org.apache.kafka.clients.producer.KafkaProducer;
import org.apache.kafka.clients.producer.ProducerRecord;
import org.apache.kafka.clients.producer.ProducerConfig;
import org.apache.kafka.clients.admin.AdminClient;
import org.apache.kafka.clients.admin.DescribeTopicsResult;
import org.apache.kafka.clients.admin.KafkaAdminClient;
import org.apache.kafka.clients.CommonClientConfigs;
import org.apache.kafka.clients.admin.TopicDescription;

import java.util.Collection;
import java.util.Collections;
import java.util.concurrent.ExecutionException;
import java.util.Properties;
import java.util.Random;
```

```
import java.io.IOException;

public class Producer
{
    public static void produce(String brokers, String topicName) throws IOException
    {
        // 设置参数
        Properties properties = new Properties();

        properties.setProperty("bootstrap.servers", brokers);

        properties.setProperty("key.serializer","org.apache.kafka.
common.serialization.StringSerializer");
        properties.setProperty("value.serializer","org.apache.kafka.common.
serialization.StringSerializer");
        KafkaProducer<String, String> producer = new KafkaProducer<>
(properties);

        // 产生随机数
        Random random = new Random();
        String[] sentences = new String[] {
            "{\"MONTH\":1, \"DAY\":1, \"DAY_OF_WEEK\":4,
\"AIRLINE\": \"AA\", \"ORIGIN_AIRPORT\":\"LAX\", \"DESTINATION_AIRPORT\":\
"PBI\", \"SCHEDULED_DEPARTURE\":10, \"DISTANCE\":2330, \"SCHEDULED_
ARRIVAL\": 750}",
            "{\"MONTH\":1, \"DAY\":1, \"DAY_OF_WEEK\":4,
\"AIRLINE\": \"DL\", \"ORIGIN_AIRPORT\":\"SFO\", \"DESTINATION_AIRPORT\
":\"MSP\", \"SCHEDULED_DEPARTURE\":25, \"DISTANCE\":1589, \"SCHEDULED_
ARRIVAL\": 602}",
            "{\"MONTH\":1, \"DAY\":1, \"DAY_OF_WEEK\":4,
\"AIRLINE\": \"NK\", \"ORIGIN_AIRPORT\":\"LAS\", \"DESTINATION_AIRPORT\":\
"MSP\", \"SCHEDULED_DEPARTURE\":25, \"DISTANCE\":1299, \"SCHEDULED_
ARRIVAL\": 526}"
        };

        String progressAnimation = "|/-\\";
        for(int i = 0; i < 10000; i++) {
```

```
                    String sentence = sentences[random.nextInt(sentences.length)];
                    // 发送至测试主题
                    try
                    {
                        producer.send(new ProducerRecord<String, String>(topicName,
sentence)).get();
                    }
                    catch (Exception ex)
                    {
                        System.out.print(ex.getMessage());
                        throw new IOException(ex.toString());
                    }
                   String progressBar = "\r"+progressAnimation.charAt(i % progress
Animation.length())+" "+i;
                    System.out.write(progressBar.getBytes());
                }
            }
        }
```

pom.xml 内使用了插件 maven-compiler-plugin 和 maven-shade-plugin，前者用于将项目设置为“使用 Java 8”，后者用于生成包含此应用程序及依赖项的 uber.jar，同时它还用于设置应用程序的入口点，用户无须指定主类即可直接运行 Jar 文件。

```
        <project xmlns="http://maven.apache.org/POM/4.0.0" xmlns:xsi="http://www.w3.org/
2001/XMLSchema-instance"
         xsi:schemaLocation="http://maven.apache.org/POM/4.0.0
http://maven.apache.org/maven-v4_0_0.xsd">
         <modelVersion>4.0.0</modelVersion>
         <groupId>com.contoso.example</groupId>
         <artifactId>kafka-producer-example</artifactId>
         <packaging>jar</packaging>
         <version>1.0-SNAPSHOT</version>
         <name>kafka-producer-example</name>
         <url>http://maven.apache.org</url>
```

```
<properties>
    <kafka.version>2.1.0</kafka.version>
</properties>
<dependencies>
    <!-- Kafka client for producer/consumer operations -->
    <dependency>
        <groupId>org.apache.kafka</groupId>
        <artifactId>kafka-clients</artifactId>
        <version>${kafka.version}</version>
    </dependency>
</dependencies>
<build>
    <plugins>
        <plugin>
            <groupId>org.apache.maven.plugins</groupId>
            <artifactId>maven-compiler-plugin</artifactId>
            <version>3.3</version>
            <configuration>
                <source>1.8</source>
                <target>1.8</target>
            </configuration>
        </plugin>
        <!-- build an uber jar -->
        <plugin>
            <groupId>org.apache.maven.plugins</groupId>
            <artifactId>maven-shade-plugin</artifactId>
            <version>2.3</version>
            <configuration>
            <transformers>
                <!-- Keep us from getting a can't overwrite file error -->
                <transformer implementation="org.apache.maven.plugins.
shade.resource.ApacheLicenseResourceTransformer"/>
                <!-- main class so it is executable -->
                <transformer implementation="org.apache.maven.plugins.
shade.resource.ManifestResourceTransformer">
                    <mainClass>com.contoso.example.Run</mainClass>
                </transformer>
```

```
                    </transformers>
                    <!-- Keep us from getting a bad signature error -->
                    <filters>
                        <filter>
                            <artifact>*:*</artifact>
                            <excludes>
                                <exclude>META-INF/*.SF</exclude>
                                <exclude>META-INF/*.DSA</exclude>
                                <exclude>META-INF/*.RSA</exclude>
                            </excludes>
                        </filter>
                    </filters>
                    </configuration>
                    <executions>
                    <execution>
                        <phase>package</phase>
                        <goals>
                        <goal>shade</goal>
                        </goals>
                    </execution>
                    </executions>
                </plugin>
            </plugins>
        </build>
    </project>
```

以下为通过执行生产者代码发送消息的演示步骤。

（1）准备编译环境，从 https://www.oracle.com/java/technologies/javase/javase-jdk8-downloads.html 下载并安装 Java Development Kit 8，添加环境变量 JAVA_HOME，指向 Java 安装目录。

（2）从 https://maven.apache.org/download.cgi 下载 Maven 并解压，在环境变量 Path 里添加 Maven 目录。

（3）在 KafkaProducer 目录下执行 mvn clean package，该命令将创建

target 子目录，并生成名为 kafka-producer-example-1.0-SNAPSHOT.jar 的文件。该文件包含所有编译好的生产者业务逻辑。

（4）在编译环境中运行命令 ssh sshusername@<clustername>-ssh.azurehdinsight.net，远程登录 Kafka，将 clustername 替换为真正的集群名称。依次执行如下命令获得 Zookeeper 节点 IP 和 Kafka Broker 节点 IP。注意，需要将 password 替换为创建 Kafka 时声明的登录密码。

```
sudo apt -y install jq
export password=password
export clusterName=$(curl -u admin:$password -sS -G "http://headnodehost:8080/api/v1/clusters" | jq -r '.items[].Clusters.cluster_name')

export KAFKAZKHOSTS=$(curl -sS -u admin:$password -G https://$clusterName.azurehdinsight.net/api/v1/clusters/$clusterName/services/ZOOKEEPER/components/ZOOKEEPER_SERVER | jq -r '["\(.host_components[].HostRoles.host_name):2181"] | join(",")' | cut -d',' -f1,2);

export KAFKABROKERS=$(curl -sS -u admin:$password -G https://$clusterName.azurehdinsight.net/api/v1/clusters/$clusterName/services/KAFKA/components/KAFKA_BROKER | jq -r '["\(.host_components[].HostRoles.host_name):9092"] | join(",")' | cut -d',' -f1,2);
```

（5）接下来，需要将 kafka-producer-example-1.0-SNAPSHOT.jar 复制到 Kafka Broker 节点内，如果编译环境是 Linux，可以使用 scp；如果是 Windows，则使用 WinSCP。

（6）在 Kafka 的 ssh 终端内执行如下命令，为 Kafka 创建主题，将 demotopic 替换为实际的主题名称。

```
/usr/hdp/current/kafka-broker/bin/kafka-topics.sh --create --replication-factor 3 --partitions 4 --topic demotopic --zookeeper $KAFKAZKHOSTS
```

（7）在 Kafka 的 ssh 终端内执行以下命令，将航班数据发送至 Kafka 并显示写入进度。注意，当前代码配置为写入 10000 条数据后退出，读者在测试时可以自行调整。

```
java -jar kafka-producer-example-1.0-SNAPSHOT.jar demotopic $KAFKABROKERS
```

在此示例中，生产者运行在 Kafka 集群内，所以直接使用了 Kafka Broker 节点的 IP 作为通信地址。如果客户端运行在其他网络内，则需要确保两个网络可以相互通信，然后通过 DNS 服务或者 IP Advertising 实现生产者与 Kafka Broker 节点的通信。

5.4 实时数据处理引擎

生产者已经把数据发送至消息队列，但这些数据还没有被处理和保存。和使用 MapReduce、Spark 或者数据工厂进行批量数据处理一样，我们还需要让实时数据处理引擎以消费者的身份从消息队列中读取数据并进行处理。

目前市场上主流的实时数据处理引擎包括 Apache Storm、Apache Samza、Apache Flink 和 Apache Spark 等。在评估引擎是否符合生产要求的时候，一般考虑如下几点。

（1）交付保证：所有传入的数据都能得到处理，可以是 at least once（至少一次）、at most once（至多一次）或 exactly-once（即使失败也只能处理一次）。

（2）容错：如果发生节点或网络故障，引擎能够立即恢复，并且从其离线的时候重新处理。

（3）性能：包括延迟（多久处理一条记录）、吞吐量（每秒处理的记录数）和可伸缩性。延迟应尽可能低，而吞吐量应尽可能大。

（4）成熟度：从用户角度来看，如果引擎经过了大型公司的验证和测试，则更有可能获得良好的社区支持。

1. Apache Storm

Apache Storm（简称 Storm）是 Twitter 开源的侧重于极低延迟的分布式实时大数据处理引擎，具有适用场景广泛、伸缩性高、数据无丢失、容错性好的特点。Storm 的核心抽象概念是名为 Topology（拓扑）的 DAG（Directed Acyclic Graph，有向无环图）。拓扑是对实时计算逻辑的封装，描述了在数据片段进入系统后，需要对其执行的不同转换或步骤，包含以下几点。

（1）Stream：持续抵达系统的数据流，指的是在分布式环境中并行创建、处理的元组（Tuple）的无界序列。

（2）Spout：拓扑中数据流的来源。一般 Spout 会从一个外部的数据源读取元组，然后将它们发送到拓扑中。

（3）Bolt：代表一系列处理步骤，用以消费数据，对数据进行操作，并将结果以流的形式输出。通过数据过滤、函数处理、聚合、联结等功能，Bolt 几乎能够满足任何数据处理需求。简单的数据流转换可以由一个 Bolt 实现，而更复杂的数据流变换通常会使用到多个 Bolt 并通过多个步骤完成。

Storm 的设计思想是使用上述组件定义多个小型的离散操作，随后利用多个组件组成所需的拓扑。在默认情况下，Storm 提供“至少一次”的处理保证，这意味着可以确保每条消息至少被处理一次，其局限性在于，如果遇到失败的情况，可能会执行多次处理，Storm 无法确保按照特定顺序处理消息。

2. Apache Samza

Apache Samza（简称 Samza）是 Linkedin 开源的实时数据处理框架，通过模块化的形式进行组织。尽管 Samza 可以支持多种消息队列框架，但其默认配置为使用 Kafka 作为消息队列框架，这种绑定可以更好地发挥 Kafka 的架构优势，共同提供容错、缓冲等特性。Samza 与 Kafka 之间的紧密集成使处理步骤可以松散地耦合在一起，无须协调即可在输出步骤中增加任意数量的订阅者。对于有多个团队需要访问相似数据的需求的用户，这一特性非常实用。本质上，Samza 是消息队列系统上更高层的抽象，是一种实时数据处理引擎在消息队列上应用模式的实现。与 Storm 相比，Samza 只负责数据处理，在传输上需要借助 Kafka，集群管理则基于 Hadoop YARN。受限于 Kafka 和 Hadoop YARN，Samza 的拓扑结构相对缺乏足够的灵活性。

3. Apache Spark

Apache Spark（简称 Spark）先后出现过两套实时处理 API，即 Spark Streaming 和 Spark Structured Streaming。

Spark Streaming 是 Spark Core 的扩展。在 Spark Streaming 中，处理数据的单位是“批”而不是“条”，因此 Spark Streaming 需要设置时间间隔以使数据汇总到一定的量后再一并操作，这个间隔就是批处理间隔。批处理间隔是 Spark Streaming 的核心概念和关键参数，它决定了 Spark Streaming 提交作业的频率和数据处理的延迟，同时也影响着数据处理的吞吐量和性能。由于 Spark Streaming 只提供底层 API，对开发者要求较高，同时实时处理与批量处理的接口不统一，已经逐步被 Spark Structured Streaming 取代。

2016 年，Spark 2.0 引入了 Spark Structured Streaming，伴随着以 RDD 为核心的 API 逐步升级到 Dataset 和 DataFrame，Spark Structured Streaming 实现了实时处理与批量处理的代码一致性，让开发人员在实时数据上也可以使用 Spark SQL 进行数据分析，大大降低了实时数据处理引擎的编程门槛。如图 5-12 所示，Spark Structured Streaming 将实时数据当成一个不断增长的数据表，和批处理使用同一套 API 进行操作，从而能够像操作静态数据一样操作实时数据。

如图 5-13 所示，Spark Structured Streaming 将输入的数据流视为输入表，每个到达数据流的数据项就作为一条“新记录”被追加到输入表中。对输入的查询将产生结果表。每过一段时间，新的记录就会被添加到输入表中，并更新结果表。

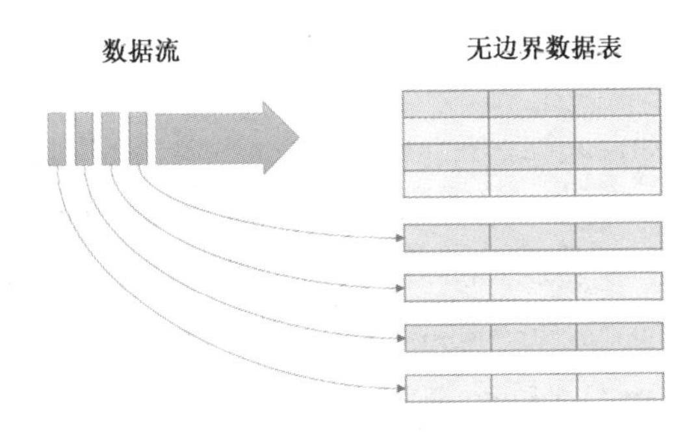

图 5-12　Spark Structured Streaming 中的无边界数据表

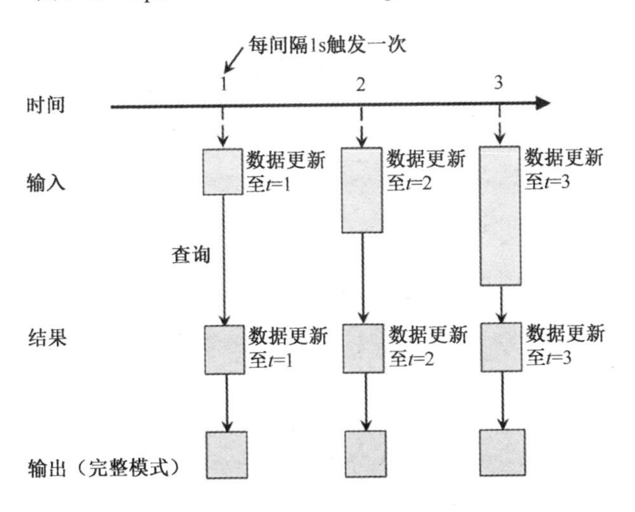

图 5-13　Spark Structured Streaming 中的表更新

在输出结果的时候，Spark Structured Streaming 支持三种模式。

（1）完整（Complete）：更新的结果表被整个写入外部存储。由存储连接器（Storage Connector）决定如何处理整个表的写入。

（2）添加（Append）：只将自上次触发后结果表中附加的新记录写入外部存储。适用于不期望更改结果表中现有记录的查询。

（3）更新（Update）：只将自上次触发后结果表中更新的记录写入外部存储。与完整模式不同，此模式仅输出自上次触发以来更改的行。如果查询不包含聚合操作，则它等同于添加模式。

Spark Structured Streaming 的核心设计目标是支持“一次且仅一次”的语义。为了实现这个目标，Spark Structured Streaming 通过 Streaming Source、Sink 和 Execution Engine 追踪处理进度，在任何步骤出现失败时都可以自动重试。Streaming Source 支持 offset，可以基于 offset 追踪读取的位置；Execution Engine 基于 checkpoint 和 wal 持久化每个触发间隔内处理的 offset 的范围；Sink 可以在进行多次计算处理时保持幂等性，即同样的数据，每次更新 Sink 都会保持一致的状态。综合基于 offset 的 Streaming Source、基于 checkpoint 和 wal 的 Execution Engine，以及保持幂等性的 Sink，Spark Structured Streaming 可支持完整的“一次且仅一次”的语义。

4. Apache Flink

Apache Flink（简称 Flink）是由柏林工业大学开发的实时处理框架，其核心是用 Java 和 Scala 编写的分布式流数据引擎。Flink 实时处理引擎的基本组件如下。

（1）Stream（流）：传入系统的无边界数据流。

（2）Operator（操作）：针对数据流执行操作以产生其他数据流的功能。

（3）Source（源）：数据流进入系统的入口点。

（4）Sink（槽）：数据流离开 Flink 后进入的目标系统，槽可以是数据库或连接其他系统的连接器。

Flink 既可以运行于 Hadoop YARN、Apache Mesos 和 Kubernetes 等

资源管理器之上，也可以作为独立集群运行。Flink 能够对任务进行分析和优化，这类似于 SQL 查询规划器对关系型数据库所做的分析和优化，可针对特定任务规划最高效的实现方式。Flink 还支持多阶段并行执行，可将受阻任务的数据集合在一起。对于迭代式任务，出于性能方面的考虑，Flink 会在存储数据的节点上执行相应的计算任务。在工具方面，Flink 提供了基于 Web 的调度视图，用以管理任务并查看系统状态。用户也可以查看已提交任务的优化方案，了解任务是如何在集群中完成的。对于分析类任务，Flink 提供了类似 SQL 的查询、图形化处理，以及机器学习库。虽然 Flink 已经在很多大型互联网公司（如阿里巴巴、Uber 等）内得到了实践和验证，但由于起步较晚，相比于 Spark，目前社区成熟度还有待提高。在技术前景上，在流分析领域，Flink 的精确性、吞吐量、延迟等居于领先地位，值得关注。

5.5　使用 Spark Structured Streaming 处理实时数据

接下来，基于创建好的 Kafka 和 Databricks 服务，演示如何使用 Spark Structured Streaming 处理实时数据。

5.5.1　连通 Kafka 与 Databricks

由于创建好的 Kafka 和 Databricks 部署在不同的虚拟网络中，首先需要对其进行对等互联，使两个虚拟网络中的资源能够基于内网 IP 进行通信。

（1）打开 Kafka 所在虚拟网络的控制页面，如图 5-14 所示，在左侧边栏选择 Peerings，单击+Add。

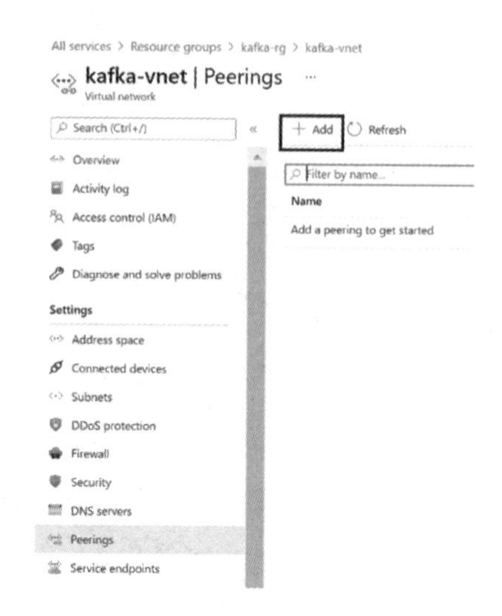

图 5-14 添加 Kafka 端对等互联

（2）如图 5-15 所示，设置从 Kafka 所在虚拟网络到 Databricks 所在虚拟网络的对等互联，设置其名称，保持其他默认选项，单击 Add 按钮。

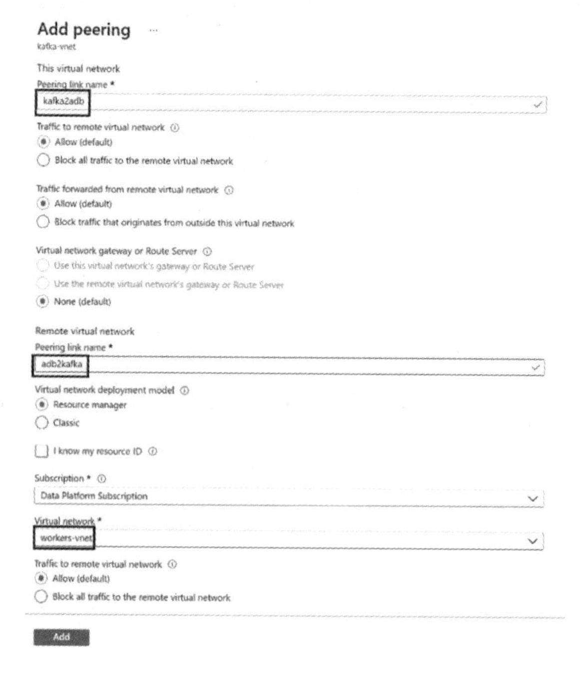

图 5-15 设置 Kafka 端对等互联

（3）返回 Databricks 主界面，设置从 Databricks 所在虚拟网络到 Kafka 所在虚拟网络的对等互联。如图 5-16 所示，在左侧边栏选择 Virtual Network Peerings，点击+Add Peering。

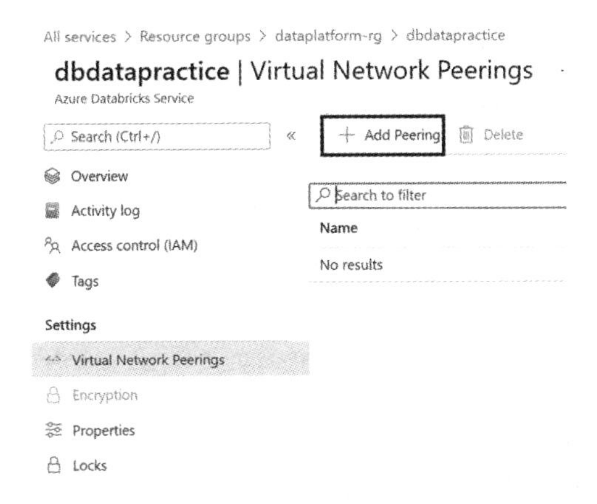

图 5-16　添加 Databricks 端对等互联

（4）如图 5-17 所示，设置对等互联的名称并选择 Kafka 所在虚拟网络为目标网络，单击 Add 后网络即可连通。

Add Peering
Name *
adb2kafka
Peer details
I know my Resource ID
Subscription *
Data Platform Subscription
Virtual Network *
kafka-vnet
Configuration
Allow virtual network access
Disabled Enabled
Allow forwarded traffic
Use remote gateways
Databricks Virtual Network Resource ID
To complete the two-way peering, you must also add a peering from the remote peer using string below. Learn more
Add

图 5-17　设置 Databricks 端对等互联

5.5.2 在 Databricks 中处理数据

在对等互联设置完成后，Databricks 即能以消费者的身份通过内网 IP 从 Kafka 中获取数据。

（1）在 Databricks 里新建一个 Scala Notebook，添加以下代码，声明 Kafka Broker 节点的 IP 地址。注意，读者实验环境的 IP 地址可能与本书示例不同，请使用 5.3.4 节记录的 IP 地址替换。

```
val kafkaBrokers = "10.1.0.12:9092,10.1.0.13:9092,10.1.0.14:9092"
```

（2）在 Notebook 中添加如下代码，调用 readStream 并指定格式为 kafka，表明接下来将从 Spark 连接目标 Kafka。

```
import org.apache.spark.sql.functions.{explode, split}
val kafka = spark.readStream
  .format("kafka")
  .option("kafka.bootstrap.servers", kafkaBrokers)
  .option("subscribe", "demotopic")
  .option("startingOffsets", "latest")
  .option("failOnDataLoss", "false")
  .load()
```

上述代码为 readStream 声明了多个配置，其中 kafka.bootstrap.servers 指向 Kafka Broker 节点的 IP 地址，subscribe 指定订阅的主题名称，startingOffsets 表示查询的起始位置，failOnDataLoss 指示如果出现数据丢失是否将查询设置为失败状态。

（3）在 Notebook 中添加如下代码，调用 kafka.select 以从 Kafka 中查询数据，其中 from_json 会把每条记录映射为定义好的格式。readStream 返回的对象格式如表 5-3 所示，其中 value 是消息生产者实际发送的内容，是 5.3.4 节示例中用 Java 程序模拟发送的航班信息。

```
import org.apache.spark.sql._
import org.apache.spark.sql.types._
import org.apache.spark.sql.functions._

// 定义数据格式
val schema = (new StructType).add("MONTH", IntegerType)
  .add("DAY", IntegerType)
  .add("DAY_OF_WEEK", IntegerType)
  .add("AIRLINE", StringType)
  .add("ORIGIN_AIRPORT", StringType)
  .add("DESTINATION_AIRPORT", StringType)
  .add("SCHEDULED_DEPARTURE", IntegerType)
  .add("DISTANCE", IntegerType)
  .add("SCHEDULED_ARRIVAL", IntegerType)

val flightData = kafka.select(
    from_json(col("value").cast("string"), schema) as "flight")

display(flightData)
```

表 5-3　readStream 返回的对象格式

名称	类型	说明
key	binary	当前记录的键值
value	binary	当前记录的内容
topic	string	当前记录所属的主题
partition	integer	当前记录来自的分区
offset	long	当前记录在分区内的偏移量
timestamp	timestamp	当前记录的时间戳
timestampType	integer	时间戳类型

在测试过程中，请确保 KafkaProducer 程序正在运行，如图 5-18 所示，可以在 Databricks 中实时观察正在处理的数据量和处理性能。

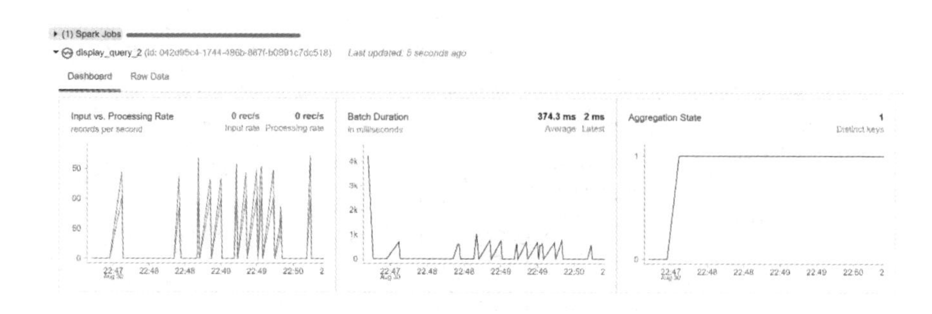

图 5-18　数据处理图表

5.5.3　使用 Cosmos DB 保存数据

Databricks 处理完的数据将被写入外部存储，基于 Spark 丰富的生态，Databricks 支持将数据写入 HDFS、Azure 数据湖存储、Cassandra、Redis 和 MongoDb 等多种外部存储。本节将介绍如何在 Databricks 中把数据写入 Azure Cosmos DB（简称 Cosmos DB）。

大多数关系型数据库都实施严格的 ACID 语义，这种设计的优点是可以确保数据库的数据一致性，但是在并发性、延迟和可用性方面也会带来限制，在事务量较大时，关系型数据库需要进行数据分片。针对这种情况，分布式 NoSQL 数据库提供了更具伸缩性的解决方案。但大多数 NoSQL 数据库（包括 MongoDB 等）并不是云原生服务，维护成本很高。

Cosmos DB 是 Azure 上云原生的 NoSQL 数据库，是一种多区域分布式数据库服务。如今很多应用程序需要具备高响应能力并始终联机，若要实现低延迟和高可用性，就需要将应用程序部署在靠近用户的多个数据中心内，这些应用程序通常称为多区域分布式应用程序。多区域分布式应用程序需要多区域分布式数据库的支撑，使应用程序能够操作邻近的数据副本，提高响应速度。如图 5-19 所示，Cosmos DB 支持将数据库配置为多区域分布，应用程序可以选择邻近的 Cosmos DB 实例执行近乎实时的读写。Cosmos DB 则在内部处理区域之间的数据复制，并保证一致性。

另外，如果某个区域发生故障，其他区域会自动处理应用程序请求，这大大提高了 Cosmos DB 的可用性。

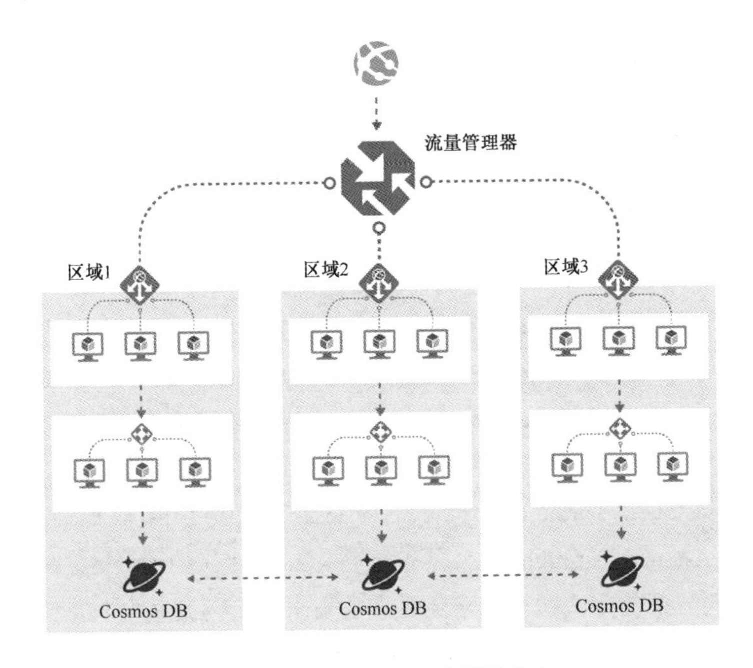

图 5-19　Cosmos DB 多区域分布

Cosmos DB 通过动态分区，使数据库能够随着数据吞吐量的增加而自动提高处理能力，为吞吐量、延迟、可用性和一致性提供了综合保证。容器是预配吞吐量（Rrovisioned Throughput）和存储的缩放单元，通过水平分区满足应用程序的性能需求。Cosmos DB 根据分区键将容器中的项分割成不同的逻辑分区。逻辑分区中的所有项都具有相同的分区键值，如果分区键值范围广泛，那么这些分区键就是良好的分区键选择。例如，某个容器里的每个项具有唯一的 UserID 属性值，如果使用 UserID 作为分区键，并且有 1000 个唯一的 UserID 值，则会为容器创建 1000 个逻辑分区。逻辑分区的数量没有限制，每个逻辑分区最多可以存储 20GB 数据。除了分区键，容器中的每个项还有一个在逻辑分区中保持唯一的 ID，将分区键和 ID 值相结合可以创建索引，用于唯一地标识容器内的每个项。容器通过在物理分区之间分配数据和吞吐量进行缩放，一个或多个逻辑分区被映射到一个物理分区中。与逻辑分区不同，物理分区是系统的内部实现，并且全部由 Cosmos DB 管理。通常，较小的容器可能会有许多逻辑分区，但这些容器只需要一个物理分区。容器中物理分区的总数没有限制，随着预配吞吐量的增加或数据量规模的增长，Cosmos DB 会拆分现有的物理分区并自动创建新物理分区。拆分物理分区只是创建逻辑分区到物理分区的新映射，不影响应用程序的可用性。在物理分区被拆分后，单个逻辑分区内的所有数据仍存储在同一个物理分区中。

Cosmos DB 支持多种 API，包括 SQL、MongoDB、Cassandra、Gremlin 和 Table，每种 API 具有自身的数据库操作集，包括简单的读取和写入，以及复杂的查询等。每个操作根据其复杂度消耗系统资源，其成本由 Cosmos DB 规范化，并以 RU 表示，RU 抽象了执行数据库操作所需的系统资源，包括 CPU、IOPS 和内存。Cosmos DB 的 Capacity mode 支持 Provisioned Throughput 和 Serverless（无服务器）两种模式，其中 Provisioned Throughput 会预先配置 RU，RU 在物理分区之间均匀划分，均匀分配的分区键可以避免过多的请求被定向到某一小部分频繁访问的分区中，导致 RU 使用效率低下。Provisioned Throughput 模式也能够基于使用情况自动缩放数据库或容器的吞吐量，而不影响工作负载的吞吐量、延迟、可用性或性能，适合有可变或不可预测流量的工作负载。Serverless 模式与 Provisioned Throughput 不同，无须预先设置任何吞吐量，适合开发测试及轻型流量的场景。

接下来，我们将演示如何创建 Cosmos DB 服务，并把经 Databricks 处理的数据保存到 Cosmos DB 中。

（1）登录 Azure 管理界面，在左侧边栏单击 Create a resource 并选择 Azure Cosmos DB。如图 5-20 所示，在创建页面中输入相关信息，包括资源组名称、账号名称、区域等。

- Subscription：选择自己的订阅。
- Resource group：dataplatform-rg。

- Account Name：cosmosdatapractice。
- API：Core(SQL)。
- Location：(Asia Pacific)Southeast Asia。
- Capacity mode：本示例为测试环境，选择 Serverless(preview)。

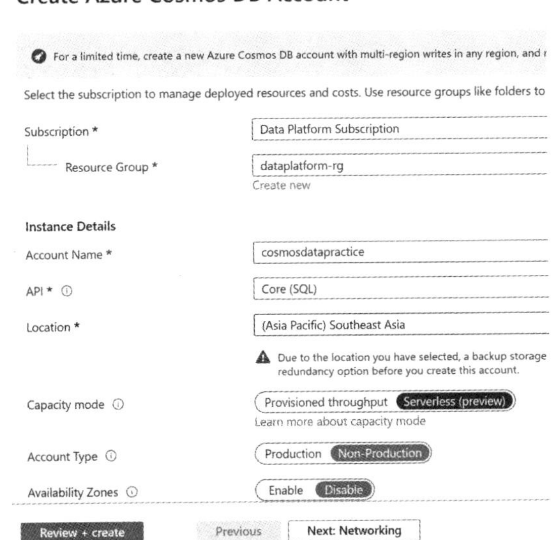

图 5-20　创建 Cosmos DB

（2）在 Cosmos DB 服务创建完成后，如图 5-21 所示，在其左侧边栏单击 Keys，记录下服务的地址 URI 和访问密钥 PRIMARY KEY。

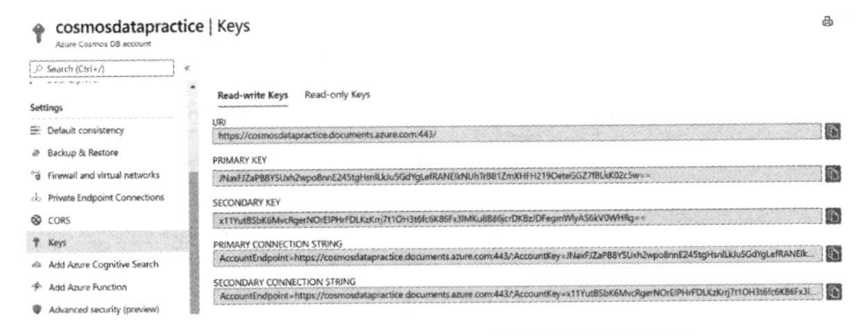

图 5-21　获取 Cosmos DB 的地址和访问密钥

图 5-22　添加容器

（3）如图 5-22 所示，在 Cosmos DB 管理页面单击 Add Container 添加数据库（Database）和容器（Container）。一个 Cosmos DB 服务可以包含多个数据库，这里的数据库是一组容器的管理单元，类似于命名空间。如前所述，容器是预配吞吐量和存储的缩放单元，会进行水平分区，并在多个区域间复制。添加到容器中的记录基于分区键被自动分配到逻辑分区中。Cosmos DB 是 NoSQL 数据库，容器中的项支持任意 schema，例如，可以在同一容器中同时添加表示人员的记录和表示汽车的记录。在默认情况下，添加到容器中的所有项会自动编制索引，不需要进行显式的索引或架构管理，也可以通过容器来自定义索引策略。

（4）打开 5.5.2 节在 Databricks 中创建的 Notebook，添加以下代码，并根据自己创建的 Cosmos DB 修改 Endpoint、MasterKey、Database、PreferredRegions（示例为 Southeast Asia）和 Collection 的值。以下代码使用 Cosmos DB 连接器把数据写入 Cosmos DB。

```
import com.microsoft.azure.cosmosdb.spark.schema._
import com.microsoft.azure.cosmosdb.spark._
import com.microsoft.azure.cosmosdb.spark.config.Config
import org.codehaus.jackson.map.ObjectMapper
import com.microsoft.azure.cosmosdb.spark.streaming._
import com.microsoft.azure.cosmosdb.spark.streaming.CosmosDBSinkProvider

val sinkConfigMap = Map(
    "Endpoint" -> "Endpoint",
    "Masterkey" -> "MasterKey",
    "Database" -> "Database",
```

```
        "WritingBatchSize" -> "100",
        "PreferredRegions" -> "RegionName;",
        "Collection" -> "ContainerName")

flightData.writeStream.format(classOf[CosmosDBSinkProvider].getName).
  outputMode("append").
  options(sinkConfigMap).
  option("checkpointLocation","/dbfs/cosmoscheckpointlocation")
  .start()
```

Cosmos DB 连接器是开源项目，可以从 https://github.com/Azure/azure-cosmosdb-spark 获得完整代码。关于该连接器的读写配置，请参考 https://github.com/Azure/azure-cosmosdb-spark/wiki/Configuration-references。

（5）在重新运行 Notebook 后，返回 Cosmos DB 管理界面，如图 5-23 所示，可见数据已经被成功写入 Cosmos DB，随着生产者的写入，将不断添加新数据。

图 5-23　Cosmos DB 中的记录

如果在运行时找不到 Cosmos DB 连接器，请参考第 4 章为 Databricks 集群添加依赖库的操作。

5.6 Event Hub

虽然 Kafka、RabbitMQ 和 RocketMQ 都具有优秀的消息处理能力，但其本身并不是云原生服务，用户需要自己安装、维护集群，并随着业务量的变化手动扩展集群节点。尽管 HDInsight 实现了“一键部署 Kafka”，但用户需要登录集群进行相关配置，流程仍然相对烦琐。

针对这一痛点，各大公有云供应商都推出了各自的云原生消息队列服务，让用户无须管理、配置服务器或网络，能够专注于业务解决方案而非基础设施的建设与维护。Event Hub 是 Azure 的云原生消息队列服务，它提供了简化的配置和高可用性，大大降低了用户的维护成本，配合 Databricks 可以更快捷地搭建实时数据处理平台。

Event Hub 每秒可以接收和处理数百万个事件，适用于异常情况检测、应用程序日志记录和物联网设备数据处理等场景。与 Kafka 相比，Event Hub 是完全托管的平台，使用单一稳定的外网访问地址作为终结点。Event Hub 是高度可缩放的处理服务，其吞吐量由吞吐量单位（Throughput Unit）决定，单个吞吐量单位允许的入口量为 1MB/s，可以最多配置 20 个吞吐量单位。利用自动缩放的能力，Event Hub 支持在预设的吞吐量最小值与最大值之间自动扩展，以满足使用量的实时变化。

如图 5-24 所示，与 Kafka 类似， Event Hub 也有生产者和消费者的概念，每个消费者只读取数据的特定子集或分区（Partition）。Event Hub 的分区数为 2～32，具体选择多少个分区与消费者应用所需的下游并行度相关。由于分区数量不可更改，在设置分区数时需要预先考虑实际生产环境的分区情况。

Event Hub 使用分区键将传入的事件数据映射到特定分区中，以便进行数据组织。分区键是由生产者提供并传递给 Event Hub 的值，它通过静态哈希函数进行处理，把数据分配给不同的分区。如果在发布事件时未指定分区键，则会使用循环分配原则。生产者只指定分区键（不知道事件发布的目标分区，）无须了解下游处理的相关信息。在分区键的选择上，设备或用户的唯一标识就可以作为适当的分区键，当然也可以使用其他属性，以便将相关的事件合理分配到相同的分区内。

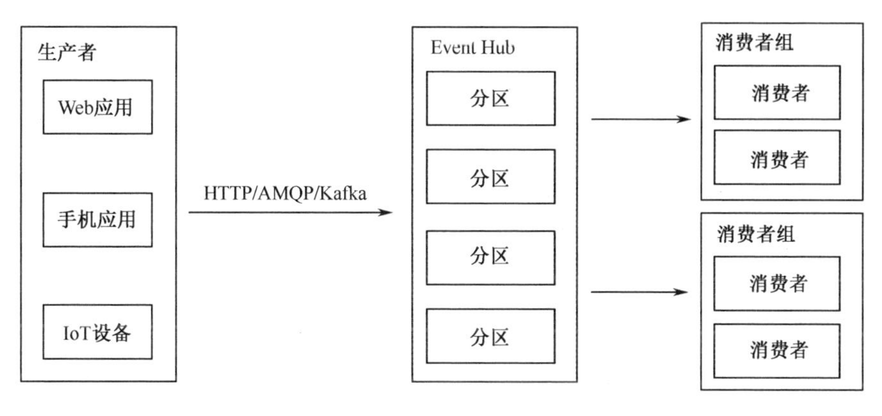

图 5-24　Event Hub 结构

建议配置 Event Hub 的分区数量大于或等于吞吐量单位，从而保证最优性能。

Event Hub 除了支持 HTTP 和 AMQP 协议，还提供了 Kafka 终结点以支持 Apache Kafka 协议 1.0 及以上的版本。这意味着现有基于 Kafka 的应用程序无须修改任何业务逻辑，只需更新配置中的 Kafka 地址即可连入 Event Hub。表 5-4 所示为 Kafka 和 Event Hub 的概念映射关系。

表 5-4　Kafka 与 Event Hub 的概念映射关系

Kafka 概念	Event Hub 概念
集群	命名空间
主题	Event Hub 实例
分区	分区
偏移量	偏移量

接下来，我们将演示如何创建 Event Hub，并使生产者通过 Kafka 终结点将数据传入 Event Hub。

（1）登录 Azure 管理界面，在左侧边栏单击 Create a resource 并选择 Event Hubs。如图 5-25 所示，在 Event Hubs 创建页面输入相关信息，包括资源组名称、命名空间名称、区域和吞吐量单位等。命名空间提供了作用域容器，可以通过其域名进行引用；在命名空间内，可以创建多个 Event Hub，每个 Event Hub 实例类似于 Kafka 中的主题。

- Subscription：选择自己的订阅。
- Resource group：dataplatform-rg。
- Namespace name：ehdatapractice。
- Location：Southeast Asia。
- Pricing tier：Standard (20 Consumer groups, 1000 Brokered connections)。
- Throughput Units：2。

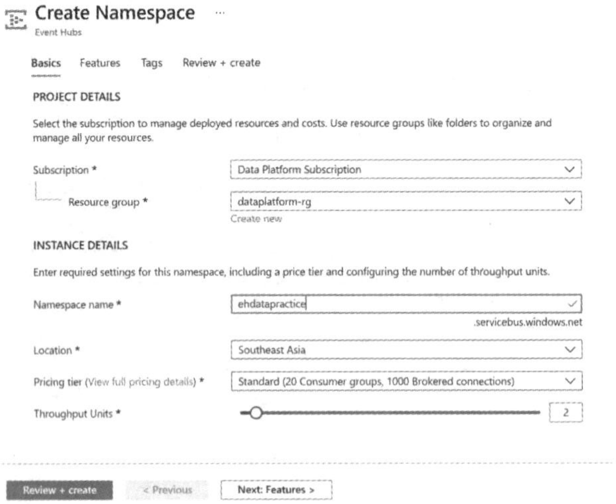

图 5-25　创建 Event Hub 命名空间

（2）在 Event Hub 命名空间创建完成后，如图 5-26 所示，在左侧边栏选择 Event Hubs，单击+Event Hub 创建 Event Hub 实例。后续如果创建多个 Event Hub，它们将共享命名空间的吞吐量单位。

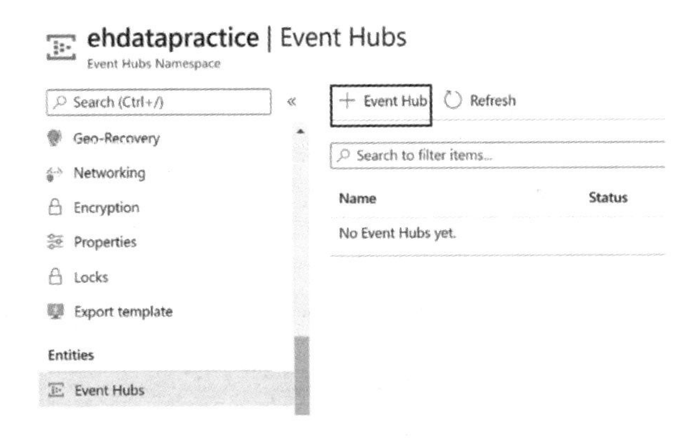

图 5-26　创建 Event Hub 实例

（3）如图 5-27 所示，指定 Event Hub 的名称、分区数（Partition Count）和消息保留（Message Retention）时间。如果启用 Capture，Event Hub 将自动把接收到的流数据保存到存储账户中，由于篇幅所限，这里不做赘述。

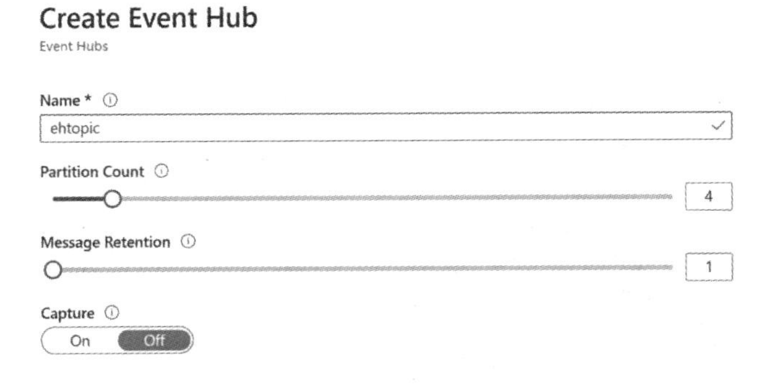

图 5-27　指定 Event Hub 配置信息

（4）在 Event Hubs 左侧边栏选择 Shared access policies，如图 5-28 所示，获得 Connection string-primary key，该字符串将被生产者和消费者用

于连入 Event Hub。

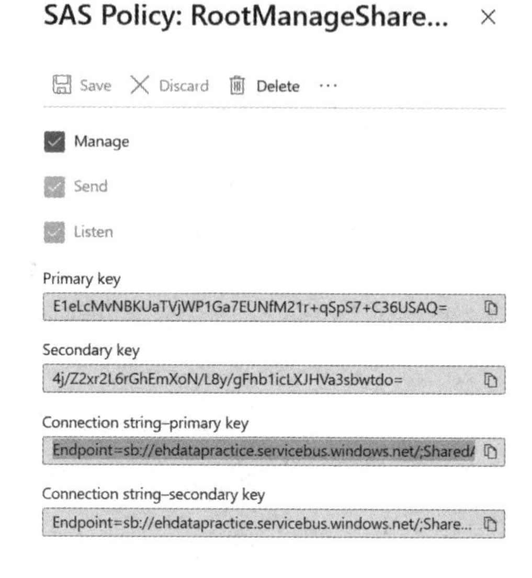

图 5-28 Event Hub 连接字符串

（5）打开 KafkaProducer 生产者项目，修改 Producer.java 中的连接串（如以下代码所示），注意用实际值代替 namespacename 和 connectionString。在重新编译后，把 Event Hub 的名称作为参数 topicName 的值，运行程序即可连入 Event Hub 并上传数据。

```
package com.contoso.example;

import org.apache.kafka.clients.producer.KafkaProducer;
import org.apache.kafka.clients.producer.ProducerRecord;
import org.apache.kafka.clients.producer.ProducerConfig;
import org.apache.kafka.clients.admin.AdminClient;
import org.apache.kafka.clients.admin.DescribeTopicsResult;
import org.apache.kafka.clients.admin.KafkaAdminClient;
import org.apache.kafka.clients.CommonClientConfigs;
import org.apache.kafka.clients.admin.TopicDescription;

import java.util.Collection;
```

```
import java.util.Collections;
import java.util.concurrent.ExecutionException;
import java.util.Properties;
import java.util.Random;
import java.io.IOException;

public class Producer
{
    public static void produce(String topicName) throws IOException
    {
        Properties properties = new Properties();
        properties.setProperty("bootstrap.servers", "namespacename.servicebus.windows.net:9093");
            properties.setProperty("security.protocol", "SASL_SSL");
            properties.setProperty("sasl.mechanism", "PLAIN");
            properties.setProperty("sasl.jaas.config", "org.apache.kafka.common.security.plain.PlainLoginModule required username=\"$ConnectionString\" password=\"connectionString\";");
            KafkaProducer<String, String> producer = new KafkaProducer<>(properties);

            Random random = new Random();
            String[] sentences = new String[] {
                    "{\"MONTH\":1, \"DAY\":1, \"DAY_OF_WEEK\":4, \"AIRLINE\": \"AA\", \"ORIGIN_AIRPORT\":\"LAX\", \"DESTINATION_AIRPORT\":\"PBI\", \"SCHEDULED_DEPARTURE\":10, \"DISTANCE\":2330, \"SCHEDULED_ARRIVAL\": 750}",
                    "{\"MONTH\":1, \"DAY\":1, \"DAY_OF_WEEK\":4, \"AIRLINE\": \"DL\", \"ORIGIN_AIRPORT\":\"SFO\", \"DESTINATION_AIRPORT\":\"MSP\", \"SCHEDULED_DEPARTURE\":25, \"DISTANCE\":1589, \"SCHEDULED_ARRIVAL\": 602}",
                    "{\"MONTH\":1, \"DAY\":1, \"DAY_OF_WEEK\":4, \"AIRLINE\": \"NK\", \"ORIGIN_AIRPORT\":\"LAS\", \"DESTINATION_AIRPORT\":\"MSP\", \"SCHEDULED_DEPARTURE\":25, \"DISTANCE\":1299, \"SCHEDULED_ARRIVAL\": 526}"
            };
```

```
                String progressAnimation = "|/-\\";
                for(int i = 0; i < 10000; i++) {
                    String sentence = sentences[random.nextInt(sentences.length)];
                    try
                    {
                        producer.send(new ProducerRecord<String, String>(topicName,
sentence)).get();
                    }
                    catch (Exception ex)
                    {
                        System.out.print(ex.getMessage());
                        throw new IOException(ex.toString());
                    }
                    String progressBar = "\r"+progressAnimation.charAt(i %
progressAnimation.length())+" "+i;
                    System.out.write(progressBar.getBytes());
                }
            }
        }
```

（6）与生产者端类似，在 Databricks 打开已创建的消费者 Notebook，按如下代码修改终结点即可读取 Event Hub 中的数据。

```
        val BOOTSTRAP_SERVERS = "namespacename.servicebus.windows.net:9093"
        val EH_SASL = "org.apache.kafka.common.security.plain.PlainLoginModule
required username=\"$ConnectionString\" password=\"connectionString\";"

        val df = spark.readStream
            .format("kafka")
            .option("subscribe", "ehtopic")
            .option("kafka.bootstrap.servers", BOOTSTRAP_SERVERS)
            .option("kafka.sasl.mechanism", "PLAIN")
            .option("kafka.security.protocol", "SASL_SSL")
            .option("kafka.sasl.jaas.config", EH_SASL)
            .option("kafka.request.timeout.ms", "60000")
            .option("kafka.session.timeout.ms", "60000")
            .option("failOnDataLoss", "false")
```

```
        .load()

    import org.apache.spark.sql._
    import org.apache.spark.sql.types._
    import org.apache.spark.sql.functions._

    val schema = (new StructType).add("MONTH", IntegerType)
      .add("DAY", IntegerType)
      .add("DAY_OF_WEEK", IntegerType)
      .add("AIRLINE", StringType)
      .add("ORIGIN_AIRPORT", StringType)
      .add("DESTINATION_AIRPORT", StringType)
      .add("SCHEDULED_DEPARTURE", IntegerType)
      .add("DISTANCE", IntegerType)
      .add("SCHEDULED_ARRIVAL", IntegerType)

    val flightData = kafka.select(
        from_json(col("value").cast("string"), schema) as "flight")

    display(flightData)
```

Event Hub 的 Kafka 终结点大大简化了现有 Kafka 应用程序的迁移工作，只需进行少量参数配置即可进行无缝迁移，获得 Event Hub 全托管的便捷性。Event Hub 参数配置推荐如表 5-5 所示。

表 5-5　Event Hub 参数配置推荐

参数	推荐值	允许范围
metadata.max.age.ms	180000	<240000
connections.max.idle.ms	180000	<240000
max.request.size	1000000	<1046528
request.timeout.ms	30000～60000	>20000
metadata.max.idle.ms	180000	>5000
heartbeat.interval.ms	3000	3000
session.timeout.ms	30000	6000～300000

Event Hub 也提供了原生 SDK 供.NET、Java、Python、JavaScript、Go 和 C 客户端进行访问，读者可以在 https://docs.microsoft.com/en-us/azure/event-hubs/sdks 查阅相关示例代码。

5.7 本章小结

与批量数据处理不同，实时数据处理在数据流动的过程中实时地进行捕捉和处理，并根据业务需求对数据进行计算分析，具有数据产生速度快、实时性强的特点。本章从实时数据产生和流向的各环节出发，介绍了当前前沿的消息队列和实时数据处理引擎，展示了如何使用云原生服务构建实时数据处理系统。

第 6 章

数据仓库

如今很多企业已经踏上了数字化转型的旅程，它们从历史数据或实时数据中获得洞察认知，对未来趋势进行预测。在这个过程中，既是数据存储中心又是企业决策平台的数据仓库扮演着极为重要的角色。

6.1 什么是数据仓库

在计算机领域，数据仓库（Data Warehouse）是用于数据分析的系统，是商业智能的核心组件。同时数据仓库也是支持决策的数据池、企业当前数据和历史数据的存储库。

1991 年，Bill Inmon 出版了 *Building the Data Warehouse* 一书，凭借此书奠定了其在数据仓库领域的地位，被称为“数据仓库之父”。该书定义了数据仓库的具体特征，这些特征在现在仍然是指导数据仓库建设的基本原则。

（1）面向主题（Subject Oriented）。业务系统通常以优化事务处理的方式来构造数据结构，某个主题的数据常常分布在不同的业务数据库中。这意味着访问某个主题的数据实际上需要访问分布在不同数据库中的数据集合，这对决策支持来说是非常不便的。数据仓库则面向主题，在较高层次上将企业的信息数据进行综合归并。每个主题对应一个相应的分析领域，如销售、顾客和生产等，并且只包括决策支持的相关信息。通过这种基于主题的数据组织方法，数据仓库极大地方便了数据分析的过程。

（2）集成（Integrated）。决策支持系统需要集成的数据，全面而正确的数据是有效进行分析和决策的首要前提。数据仓库的原始数据来自分散的操作型数据集，这些数据在经过抽取、加工和集成，并解决由集成导致的命名冲突、格式差异等一系列问题之后才能进入数据仓库。

（3）相对稳定（Non-Volatile）。数据仓库的数据主要供企业决策分析使用，数据一旦被加载到数据仓库中就会被长期保存。所以数据仓库涉及的操作主要是查询，很少有删除和修改。数据仓库通常分批加载新增数据，定期抽取数据增加记录。

（4）反映历史变化（Time Variant）。数据仓库中的数据只增不删，这使其拥有时间维度。数据仓库中的数据记录了企业从过去到当前各阶段的信息。对这些历史信息进行加工和整理，对企业的发展历程和未来趋势做出定量分析和预测，最后提供给决策分析人员，是建设数据仓库的根本目的。

但是迅速发展的数据世界也给传统数据仓库带来了压力。

1. 不断增加的数据量

传统的数据仓库建立在对称多处理（Symmetric Multi-Processing，SMP）技术的基础上，其一直是企业分析和决策的主力军。对 SMP 来说，当数据仓库接近最大容量而出现性能问题时，就需要采购容量更大、性能更强的硬件，然后把原来的数据迁移进去。但现在很多新数据是由连接到互联网的设备产生的，如 IoT 设备、远程监控传感器、RFID 产生的数据，以及基于位置的数据等，据预测，数据量每五年会扩大数十倍。面对这样的增速，使用更强大的硬件和进行更庞大的迁移变得越来越困难。而且企业对大数据和数据科学的兴趣越来越大，这些都需要大规模数据处理能力（同时保持良好的性能），因此企业需要一种在合理预算下能够支持持续增加的数据量的解决方案。

2. 实时数据

传统数据仓库的设计目的是存储和分析历史信息，其核心思路是采集数据，按照计划定期处理数据并进行分析。随着数据量的增长，采集、处理和使用数据的频率也在不断加快，企业希望使用实时数据来改变、建立或优化它们的销售、交易等业务过程，传统的数据仓库在架构上无法满足以下要求：

（1）无法“跟上”爆炸性的数据量。

（2）速度“落后于”实时性能要求。

（3）平台成本高。

压力既是挑战，也是机遇，能不断促使企业研究这些新的趋势，考虑如何改进数据仓库以满足业务新要求。数据仓库正在出现更多的模式和架构变化，也考虑了更多的因素，如可扩展性、灾难恢复和可用性。整体而言，数据仓库正在向云原生的方向发展。

6.2 云原生数据仓库

随着云计算的兴起，各类云原生服务如雨后春笋般不断涌现，数据仓库也不例外。以 Synapse Analytics、Amazon Redshift 为代表，基于公有云的现代数据仓库结合了数据仓库（本身）的强大、大数据平台的灵活性及云架构的弹性扩展能力，广泛使用计算和存储分离、大规模并行处理（Massively Parallel Processing，MPP）架构，解决了传统数据仓库的诸多局限性问题。

数据仓库管理可以归结为对以下两个主要资源的管理。

（1）计算。计算指的是处理数据并从中获得结果的能力。它采用 SQL 查询的形式，其结果可以被其他服务使用。

（2）存储。存储指的是保存数据的能力，供数据查询使用。

过去计算与存储的交互都发生在一台机器上，通过计算机内部高速通道实现计算（CPU）和存储（硬盘）之间的交互。这种计算和存储融合的架构虽然简单，但缺点也十分明显，无论是计算先达到瓶颈还是存储先达到瓶颈，企业都需要购买硬件，同时扩展计算资源和存储资源，造成硬件浪费。随着技术的进步，计算机之间的网络传输速度几乎可以媲美计算机的磁盘 I/O，计算与存储分离的概念有了实际的价值。

云原生数据仓库使用计算和存储分离架构，可以使计算和存储独立伸缩，结合云计算中存储和计算独立计费的模式，客户只需支付对应资源的费用。从数据仓库用户的角度来说，与传统架构相比，计算和存储分离的架构与云计算弹性扩展的特性可以大大节约成本。

传统数据仓库使用的 SMP 架构将单一的存储空间耦合到一组处理器上，在这些处理器上运行操作系统的单一复本，并共享一个并行化的服务总线。如图 6-1 所示，它的主要特征是系统中内存、I/O 等资源都被 CPU 共享，也正是由于这种特征，SMP 的扩展能力非常有限。

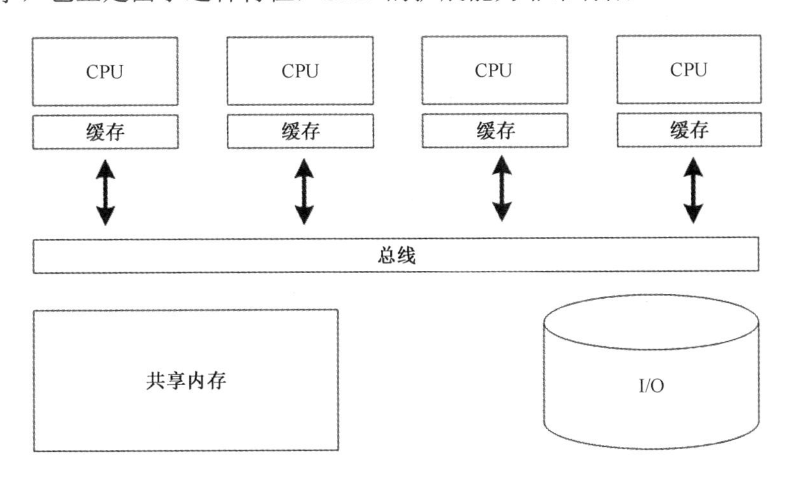

图 6-1　对称多处理架构

云计算弹性扩展的特性使云原生数据仓库天然适合使用 MPP 架构。MPP 是指由多个处理器协调处理单个任务，每个处理器作为一个节点，使用自己的操作系统和内存并通过消息接口相互通信，节点之间不存在任何共享的计算资源或数据。MPP 架构将任务并行分散地运行在多个节点上，在每个节点的子任务完成计算后，将各部分的结果汇总，得到最终结果，如图 6-2 所示。相较于 SMP，MPP 架构的分布式特点可以支持更大的计算规模，能够通过简单地增加或减少计算节点达到改变系统容量的目的，有近乎线性的扩展能力。

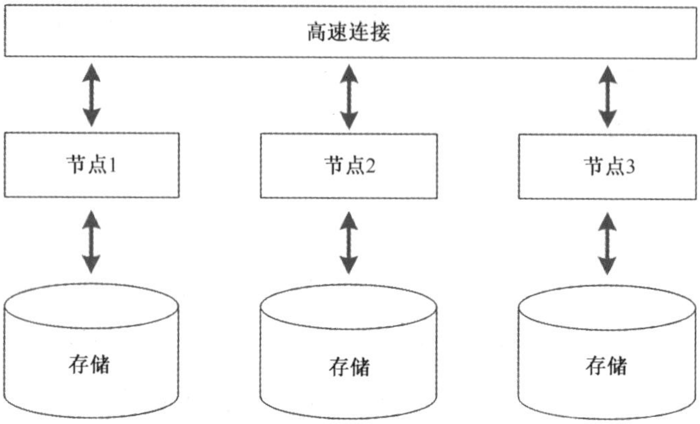

高速连接

节点1 节点2 节点3

存储 存储 存储

图 6-2 大规模并行处理架构

目前主流云原生数据仓库服务主要有 Snowflake、Amazon Redshift、Google BigQuery 和 Synapse Analytics。

1. Snowflake

Snowflake 是一个完全托管的大规模并行处理云数据仓库，它整合了 AWS、GCP 和 Azure 的资源，用户可以根据自身的需要选择合适的底层云平台，创建任意数量的虚拟仓库，进行并行化查询。Snowflake 利用分离的存储和计算，保证多个仓库可以同时访问相同的数据源，实现较高的并发性。用户通过浏览器、命令行、分析平台和 ODBC、JDBC 等连接方式与 Snowflake 数据仓库进行交互。Snowflake 支持遵循 ACID 原则的关系型数据处理，并支持不同的文档存储格式，如 JSON、Avro、ORC、Parquet 和 XML。Snowflake 的架构如图 6-3 所示。

Snowflake 是第一个在 AWS、GCP 和 Azure 上全球可用的多云数据仓库。Snowflake 具有通用可互换的代码库和全球数据复制的功能，这意味着用户可以将数据移动到任何地区的任意云上，而无须重新编码或学习不同云平台的相关技能。

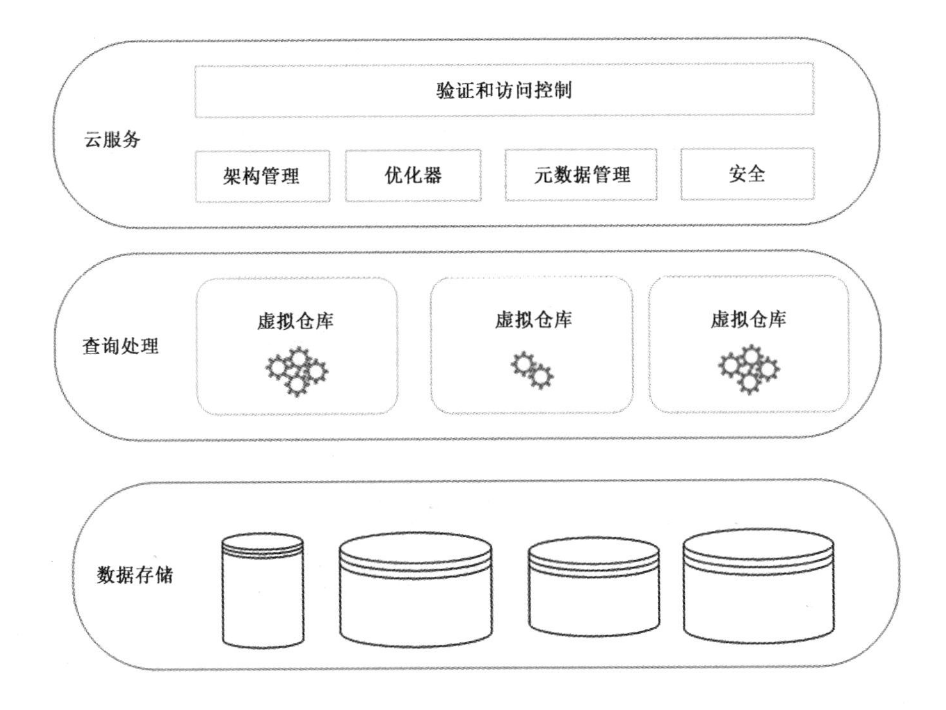

图 6-3　Snowflake 的架构

2. Amazon Redshift

2012 年 11 月，AWS 推出了 Amazon Redshift，这是第一个获得广泛采用的云原生数据仓库。创建 Amazon Redshift 数据仓库需要启动一组节点，称为 Amazon Redshift 集群，如图 6-4 所示。在配置完集群后，用户可以引入数据集并使用基于 SQL 的工具和商业智能应用进行快速查询。

3. Google BigQuery

Google BigQuery 是一个完全托管、无服务器的数据仓库。它开箱即用，隐藏了底层硬件、数据库、节点和配置细节，能够根据存储和计算能力的需求弹性扩展。Google BigQuery 架构由计算 Borg、分布式存储 Colossus、网络 Jupiter 和执行引擎 Dremel 组成，如图 6-5 所示。它具有高效的查询能力，可以分析从 TB 级到 PB 级的数据。在 Google BigQuery 里，用户可以使用熟悉的 SQL 查询语言，利用 BigQuery GIS 进行地理空间数据分析，通过 BigQuery ML 分析大规模的结构化或半结构化数据，快速建立和运行机器学习模型。

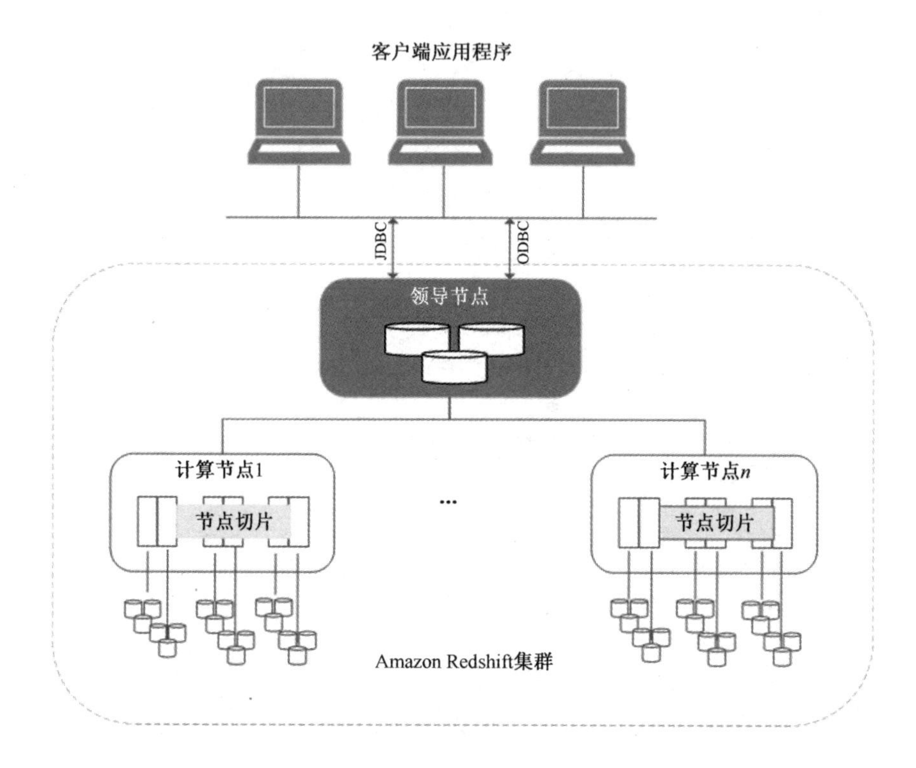

图 6-4 Amazon Redshift 的架构

这些主流的云原生数据仓库普遍具有性能出众、兼容性好、扩展性强和成本可控等显著特点，因而越来越受到企业用户的青睐。本章后续将进一步通过 Synapse Analytics 详细介绍云原生数据仓库的特点。

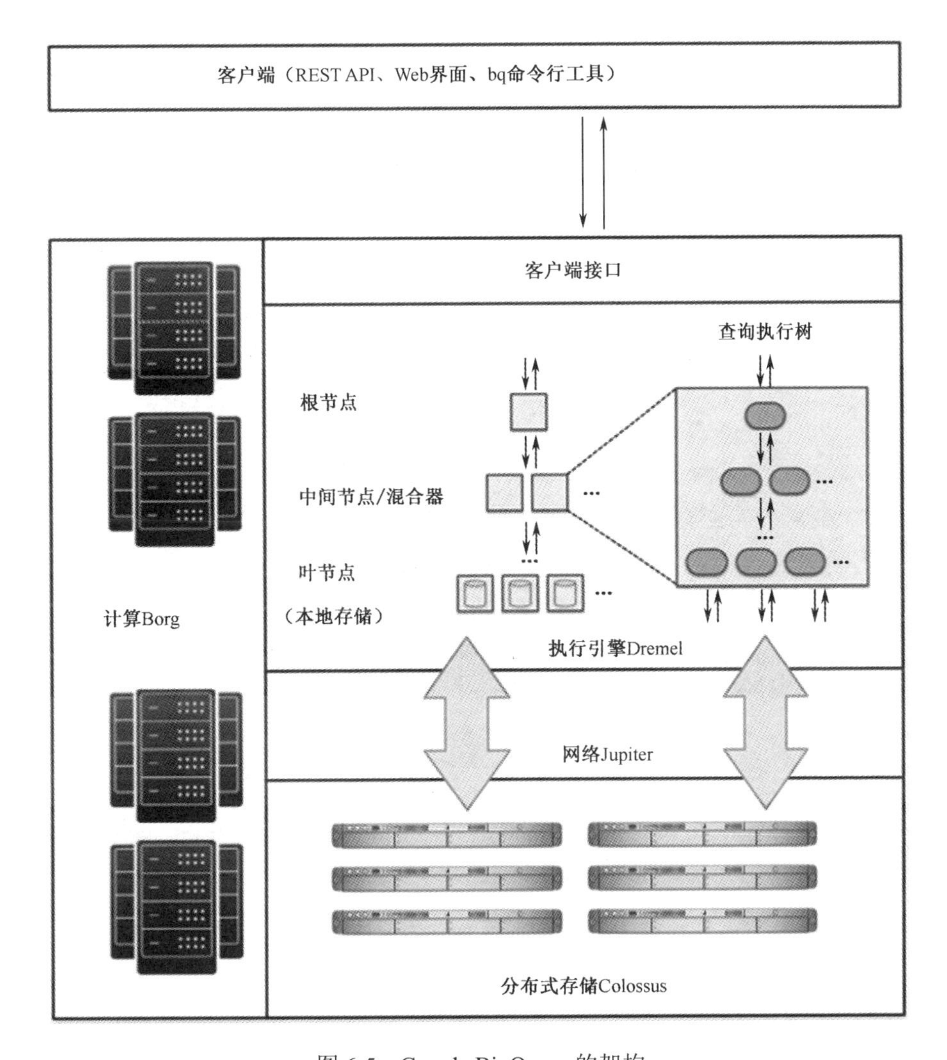

图 6-5 Google BigQuery 的架构

6.3 Synapse Analytics

6.3.1 什么是 Synapse Analytics

Synapse Analytics 是 Azure 上的云原生数据仓库服务。Synapse 这个

词本身的意思是“神经元与神经元之间或神经元与非神经元之间的特殊细胞连接”，而 Synapse Analytics 则是传统数据仓库与大数据之间的桥梁，它将企业数据仓库和大数据结合在一起，在统一的界面内整合 SQL 引擎、Apache Spark、Azure 数据湖存储和数据工厂，帮助用户引入、准备、管理数据和提供服务数据，满足即时 BI 和机器学习的需求。用户既可以使用预先分配的计算资源，也可以使用无服务器的方式执行大规模数据查询。

Synapse Analytics 的核心是其云原生的分布式 SQL 处理引擎。和其他使用大规模并行处理技术的云原生数据仓库类似，Synapse Analytics 也将存储和计算分离，以列式存储的方式保存关系型数据，允许对数据仓库进行垂直和水平扩展，如通过改变服务级别进行垂直扩展，也可以通过增加更多的数据仓库单元进行横向扩展。

Synapse Analytics 主要包含以下组件。

（1）Synapse SQL：专用 SQL 池（Dedicated SQL Pool）、无服务器 SQL 池（Serverless SQL Pool）。

（2）Spark：深度集成的 Apache Spark。

（3）Synapse 管道：混合数据集成。

（4）Studio（工作室）：统一的用户工作区。

其中，专用 SQL 池指的是 Synapse Analytics 中的企业数据仓库功能，即下文中的 Synapse SQL。

6.3.2 Synapse SQL 的架构

Synapse SQL 的计算和存储是分离的，使用 MPP 架构将数据的计算处理分布在多个节点上，如图 6-6 所示。

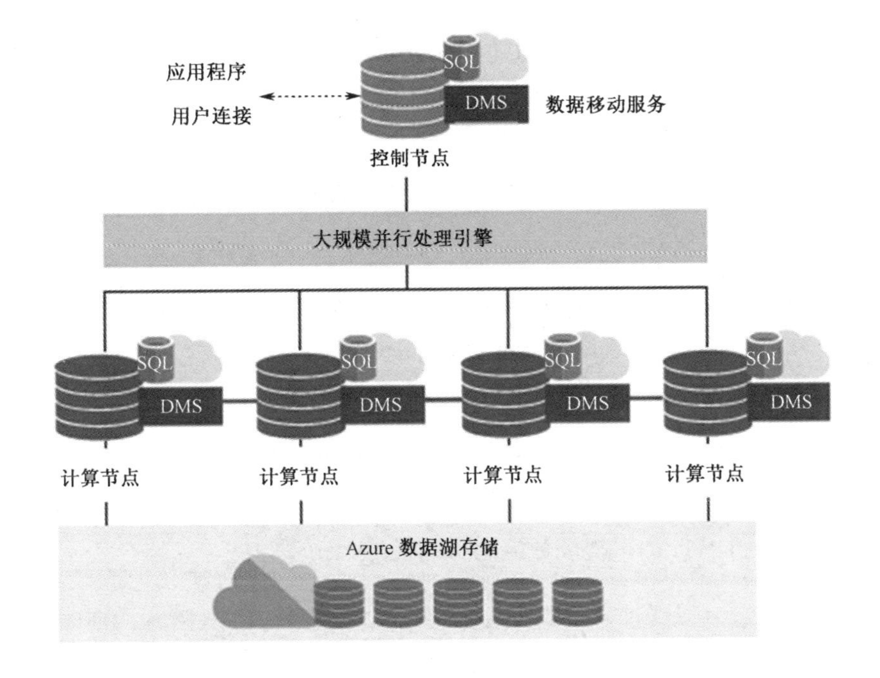

图 6-6　Synapse SQL 的架构

在这个体系架构中，控制节点（Control Node）是 Synapse SQL 的单一入口，应用程序将查询发送给控制节点，控制节点则优化查询，将查询的副本发送给引擎中的每个计算节点（Compute Node）来进行并行处理。各计算节点本质上都是一个独立的数据库，单独访问自己的存储并执行查询，可以避免 SMP 架构中由计算资源竞争同一存储引起的性能瓶颈问题。各计算节点在查询结束后把结果返回给控制节点，再进行汇总。当某些查询需要移动数据以确保并行查询能得到结果时，数据移动服务（Data Movement Service，DMS）会根据需要在节点间自动移动数据。

在计算和存储分离的架构中，通常增减计算资源比较简单，但是扩展存储就比较棘手。可以把其理解为火车站的售票处，我们将售票窗口当作计算节点，将窗口前排队的队列理解为存储。当旅客数量增加时，虽然可以增加售票窗口，但同时也需要调整各窗口前的排队人数以达到最优的处理效率。在现实生活中，我们有主观能动性去人最少的窗口排队，但在数据仓库场景里，当分布式存储被缩放时，为了让数据均匀分布以提高处理效率，需要频繁移动数据。为了解决这个问题，Synapse SQL 将数据存储分布数量固定为 60 个，无论数据量是多少，所有数据都将分布在这 60 个存储节点上，这样计算节点可以增减以适应并行处理的需要，但存储层不需要改变。

在 Synapse SQL 中，计算节点的数量范围是 1～60，它由服务级别（也称性能级别）确定，这样每个计算节点将管理一个或多个存储节点。服务级别代表一定数量的计算资源。分配给用户的计算资源量由计算数据仓库单元（compute Data Warehouse Unit，cDWU）的数量决定。cDWU 是一个抽象的计算资源和性能度量值，包括 CPU、内存和 I/O 的组合。增加 cDWU 即可提高数据仓库的性能。

（1）以线性方式提高系统对扫描、聚合和 CTAS（Create Table As Select）语句的性能。

（2）增加 PolyBase 加载操作的读取器和编写器数量。

（3）增加并发查询和并发槽的最大数量。

第1 代 Synapse Analytics 以 DWU（Data Warehouse Unit，数据仓库单位）计量。第 2 代 Synapse Analytics 以 cDWU 计量。目前新创建的 Synapse Analytics 是第 2 代实例，以 cDWU 计量。最小的 cDWU 设置是 100，以“DW100c”表示。

如表 6-1 所示，DW100c 相当于一个拥有 60GB 内存的计算节点，负责全部 60 个存储分布。而 DW5000c 有 10 个计算节点，每个计算节点拥有 3000GB 内存，各管理 6 个存储节点。在 Synapse SQL 运行查询时，工作会被分割成 60 个并行运行的小型查询。每个小型查询各自访问一个存储节点，一个计算节点运行一个或多个小型查询。

表 6-1　Synapse Analytics 的服务级别

服务级别	计算节点数	每个计算节点管理的存储节点数	每个数据仓库的总内存数/GB
DW100c	1	60	60
DW200c	1	60	120
DW300c	1	60	180
DW400c	1	60	240
DW500c	1	60	300
DW1000c	2	30	600
DW1500c	3	20	900
DW2000c	4	15	1200
DW2500c	5	12	1500
DW3000c	6	10	1800
DW5000c	10	6	3000
DW6000c	12	5	3600
DW7500c	15	4	4500
DW10000c	20	3	6000
DW15000c	30	2	9000
DW30000c	60	1	18000

Synapse SQL 的分布式表看起来是一张表，但实际上数据存储在 60 个存储节点中。

既然 Synapse SQL 里的数据分布在 60 个存储节点中，那么，为了优化系统性能，应该如何向这 60 个存储节点分配数据呢？Synapse SQL 支持 3 种分配模式，即轮循、哈希和复制。

1. 轮循

轮循（Round Robin）是最简单的机制，也是默认机制。在引入数据时，Synapse SQL 先随机选择一个存储节点，然后依次将每条记录分配到系统下一个可用的存储节点中，从而使数据均匀分配，无须做额外的优化。

创建使用轮循模式的 Synapse SQL 表的语法如下：

```
CREATE TABLE myTable
(
id int NOT NULL,
…
)
WITH (
DISTRIBUTION = ROUND_ROBIN,
CLUSTERED COLUMNSTORE INDEX
);
```

在轮循模式下，Synapse SQL 会忽略数据的上下文，只保证数据的均匀分布，所以数据加载的速度很快。一些简单的按列分组求和的查询在轮循模式下会表现得很好，因为每个节点都可以确定结果，并直接将结果传回控制节点汇总。然而，如果数据需要做连接（Join）操作，如连接一个事实表（Fact Table）和一个维度表（Dimension Table），为了执行连接，每个存储节点都需要获得维度行。由于数据均匀分布在各存储节点中，控制节点并不知道一个存储节点持有哪些记录，所以计算节点需要从数据仓库的其他存储节点中获取数据，并将其复制到自己管理的存储上，这样才可以执行连接。这个复制数据的过程称为数据移动（Data Movement），会给查询过程带来非常大的开销。由于数据移动是在查询过程中进行的，用户必须等待所有步骤完成才能得到查询结果。

由于大多数查询都会包括连接操作，因此在轮循模式下几乎每次查询都需要进行数据移动，而结果也会在查询完成后被删除。所以轮循模式主要适合用于数据载入的临时表。

2. 哈希

要想尽量避免数据移动，就需要一个更优的方式去分配数据，这就是哈希（Hash）模式。哈希模式首先要求对表指定一个用于分配的字段，然后根据这个字段对每条记录计算一个哈希值，具有相同哈希值的记录被分配到同一个存储节点中，如图 6-7 所示。因为具有相同哈希值的记录被分配到同一个的存储节点中，所以数据仓库知道某条（具体）记录所在的存储节点，这样可以最大限度地减少查询期间的数据移动，从而提高查询性能。

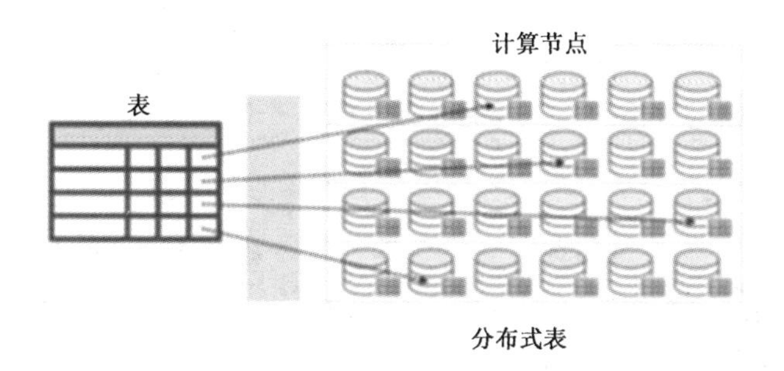

图 6-7　哈希模式

创建使用哈希模式的 Synapse SQL 表的语法如下：

```
CREATE TABLE myTable
(
id int NOT NULL,
...
)
WITH (
DISTRIBUTION = HASH (id),
CLUSTERED COLUMNSTORE INDEX
);
```

在上述表定义中，id 被指定为哈希字段，它的值用于进行哈希处理。在连接事实表和维度表的场景里，如果能够把所有相关的维度和事实记录都存储在同一个存储节点中，则所有的连接操作都可以在各节点内单独进行，查询时也就不需要移动数据了。要做到这一点，需要考虑选择合适的哈希字段，因为此字段的值将被用于确定数据的分配方式。另外，各存储节点都应当有大致相同的记录数，建议读者选择符合以下条件的哈希字段。

（1）尽可能多的不同数据。哈希字段可以有一些重复的数据，但具有相同值的记录都分配到相同的存储节点中。由于 Synapse SQL 有 60 个存储节点，哈希字段应该至少具有 60 个不同的数据。

（2）没有 NULL 值，或者只有几个 NULL 值。在极端情况下，如果字段中的所有值均为 NULL，那么所有记录都将被分配到相同的存储节点中。在这种情况下，查询任务会由一个计算节点处理，无法从并行处理中受益。

（3）不是日期列。同一日期的所有数据都会分配到相同的存储节点中。如果多个查询都筛选同一个日期的数据，则查询会落到某个计算节点上，该节点单独执行所有处理工作。

可以执行下面的 SQL 语句来显示数据表中的行数、使用的存储空间等信息，这些信息能帮助用户判断指定的哈希字段是否合适：

```
DBCC PDW_SHOWSPACEUSED('dbo.myTable');
```

哈希字段一旦被选择是无法改变的，如果第一次未选择最合适的字段，可以使用 CREATE TABLE AS SELECT（CTAS）重新创建具有不同哈希字段的表。

哈希模式适用于星型架构（Star Schema）中的大型事实表。事实表的特点是包含大量历史数据，并且这些数据可以汇总。通常事实表具有与维度表相关联的外键，并通过 join 方式与维度表关联。

3. 复制

复制（Replicated）模式指的是数据表的完整副本被保存在每个计算节点中，如图 6-8 所示。当查询采用复制模式时，不需要移动数据。注意，因为每个计算节点都缓存表的副本，因此复制模式需要额外的存储，而且在写入数据时会产生额外开销。

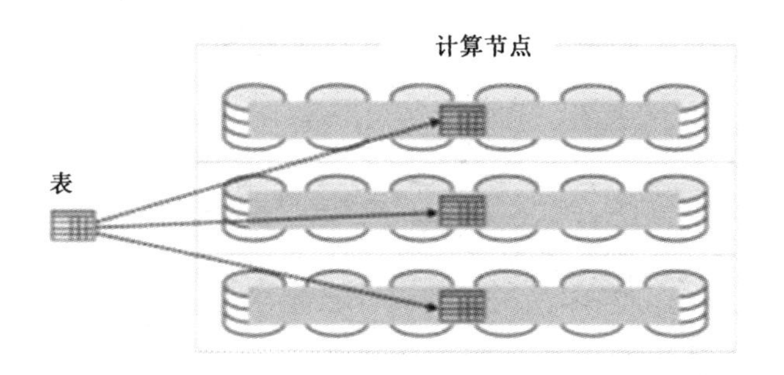

图 6-8　复制模式

创建使用复制模式的 Synapse SQL 表的语法如下：

```
CREATE TABLE myTable
(
id int NOT NULL,
...
)
WITH (
DISTRIBUTION = REPLICATE,
CLUSTERED INDEX (lastName)
);
```

在复制模式中，当数据表压缩后的大小小于 2GB 时，性能最佳。2GB 不是一个硬性限制，如果数据表保存的是不会更改的静态数据，那么实际上也能适应更大的表。复制模式非常适合星型架构中的维度表。在通常情况下，维度表存储稳定的描述性数据，如客户名称、地址及产品信息等，而且维度表一般不会太大。

复制模式也有其局限性。因为复制模式会将数据复制到每个计算节点中，所以要尽量避免重新复制数据，也就是要避免以下会引起数据表重建的操作。

（1）数据被插入、删除或更新。

（2）经常缩放数据仓库。

（3）表的定义被改变。

数据分配模式总结如表 6-2 所示，供读者参考。

表 6-2 数据分配模式总结

模式	适用情况	慎用情况
轮循	临时表； 没有明显的连接键或合适的候选列	频繁移动数据的场景
哈希	事实表，频繁的插入、更新和删除操作； 大型维度表（表的大小超过 2GB）	需要更改哈希字段
复制	星型架构中压缩后（约 5 倍压缩率）小于 2GB 的小型维度表	表中有大量写入事务； 经常更改 cDWU 设置； 表有许多列，但是仅使用其中的 2～3 列； 需要对复制表编制索引

6.3.3 创建 Synapse 工作区

接下来，我们将演示如何创建 Synapse 工作区，用于管理 Synapse Analytics 里的资源。

（1）登录 Azure 管理界面，在左侧边栏单击 Create a resource。在“Search the Marketplace”搜索框里，输入 Synapse，然后按回车键。在搜索结果中找到并单击 Azure Synapse Analytics，然后单击 Create 开始创建 Synapse 工作区。

（2）如图 6-9 所示，在 Basics 页面，输入订阅、资源组、工作区名称和区域等信息。创建工作区还需要提供一个数据湖存储账户用于保存与工作区相关的目录数据和元数据。单击 Next: Security。

- Subscription：选择自己的订阅。
- Resource group：dataplatform-rg。
- Workspace name：dataplatformws。

- Region：Southeast Asia。
- Account name：单击 Create new，然后输入 dataplatformwsdatalake，单击 OK。
- File system name：单击 Create new，然后输入 dataplatformwsfs，单击 OK。

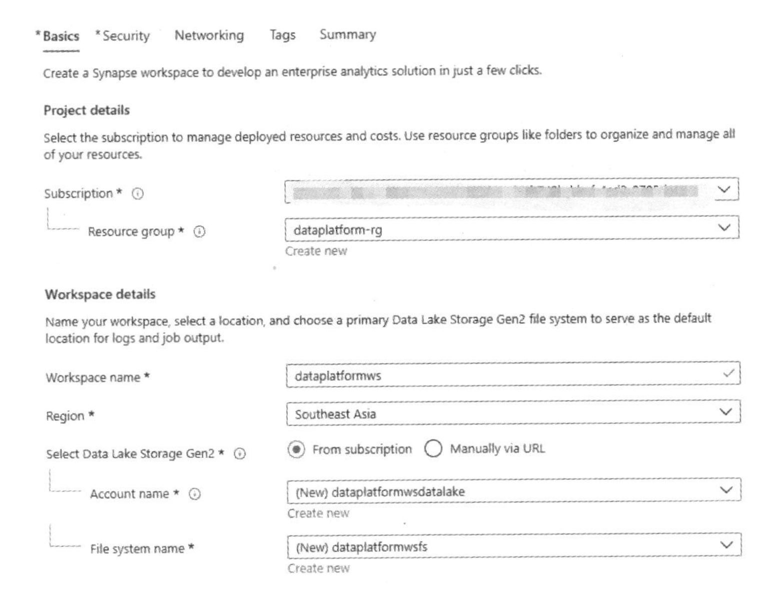

图 6-9　创建 Synapse 工作区的 Basics 页面

（3）如图 6-10 所示，在 Security 页面中输入管理员名称（Admin username）和密码（Password）。后面的 Networking 和 Tags 页面使用默认选项，直接单击 Review+create 进入 Summary 页面。在确认信息无误后，单击 Create 创建，然后等待部署完成。

- Admin username：cloudsa。
- Password：输入密码。
- Confirm password：再次输入密码以确认。

*Basics *Security Networking Tags Summary

Configure security options for your workspace.

SQL administrator credentials

Provide credentials that can be used for administrator access to the workspace's SQL pools. If you don't provide a password, one will be automatically generated. You can change the password later.

Admin username * cloudsa

Password ••••••••••••

Confirm password ••••••••••••

图 6-10 创建 Synapse 工作区的 Security 页面

6.3.4 创建 SQL 池

（1）进入新创建的 Synapse 工作区主页，在左侧边栏选择 SQL pools，单击+New，如图 6-11 所示。

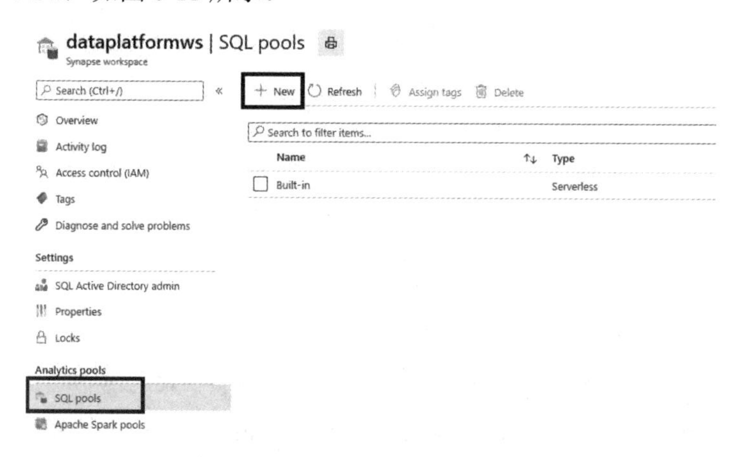

图 6-11 新建 SQL 池（一）

（2）如图 6-12 所示，在 Basics 页面输入相关信息，单击 Review+create。在确认信息无误后，单击 Create 创建，然后等待部署完成。

- Dedicated SQL pool name：datapool。
- Performance level：DW100c。

*Basics　*Additional settings　Tags　Review + create

Create a dedicated SQL pool with your preferred configurations. Complete the Basics tab then go to Review + Create to provision with smart defaults, or visit each tab to customize. Learn more

Dedicated SQL pool details

Name your dedicated SQL pool and choose its initial settings.

Dedicated SQL pool name * datapool

Performance level DW100c

DW100c

图 6-12　新建 SQL 池（二）

在 Synapse 工作区的 SQL 池列表里单击右侧的“…”，在弹出的上下文菜单里单击 Pause，可以在不进行查询的时候释放所分配的计算资源。

因为本书的演示负荷较小，所以性能级别选择了最小的 DW100c。在实际生产环境中，性能级别的选择在很大程度上取决于工作负荷及加载到系统中的数据量。建议采用下面的步骤来寻找合适的 cDWU。

- 首先选择一个较小的 cDWU。
- 在将测试数据加载到系统中时，监视应用程序性能，将所选的 cDWU 与观测到的性能变化进行比较。
- 确认峰值活动周期的性能要求。如果工作负荷表现出明显的峰值和低谷，则可能需要调整 cDWU。

6.3.5 连接SQL池

（1）在 Synapse 工作区 Overview 主页，找到专用 SQL 端点，复制其名称，如图 6-13 所示。

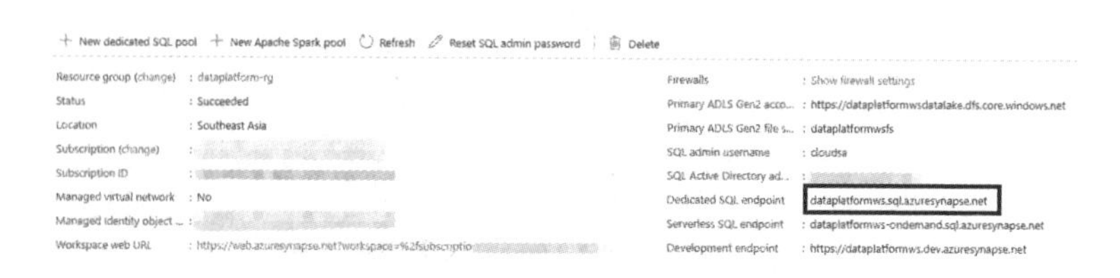

图 6-13　Synapse 工作区 Overview 主页

（2）从 https://docs.microsoft.com/en-us/sql/ssms/download-sql-server-management-studio-ssms 下载并安装 SSMS（SQL Server Management Studio）。

（3）打开 SSMS，在 Connect to Server 对话框里输入下列信息，单击 Connect，如图 6-14 所示。

- Server type：选择 Database Engine。
- Server name：输入复制好的 SQL 端点名称。
- Authentication：选择 SQL Server Authentication。
- Login：这是 SQL 管理员账户，就是创建工作区时指定的账户。
- Password：输入密码。

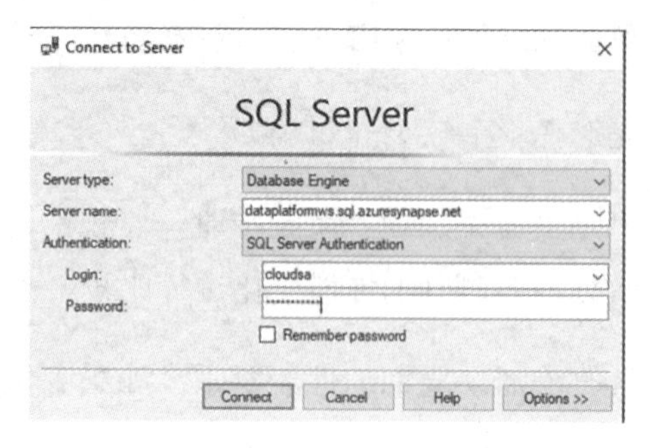

图 6-14　SSMS 的 Connect to Server 对话框

（4）如图 6-15 所示，在 SSMS 的 Object Explorer 中展开 Databases，找到 datapool。因为目前还没有引入任何数据，所以 datapool 里不包含任何表。

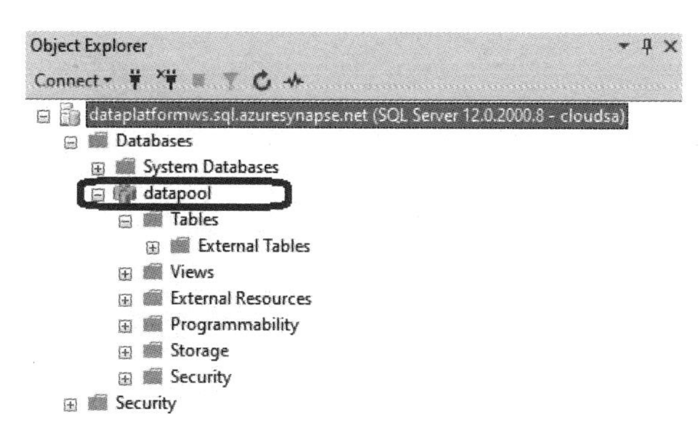

图 6-15　SSMS 的 Object Explorer

（5）如图 6-16 所示，展开 System Databases，右键单击 master，选择 New Query。

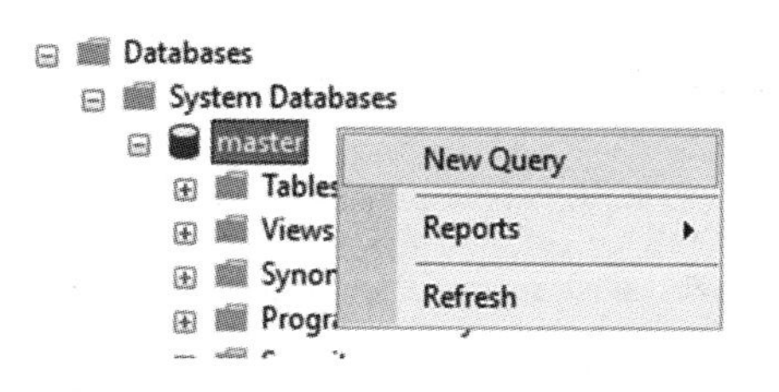

图 6-16　New Query

（6）在查询窗口输入以下 SQL 语句，查看数据库列表和当前 SQL 池的 cDWU 值，结果如图 6-17 所示。

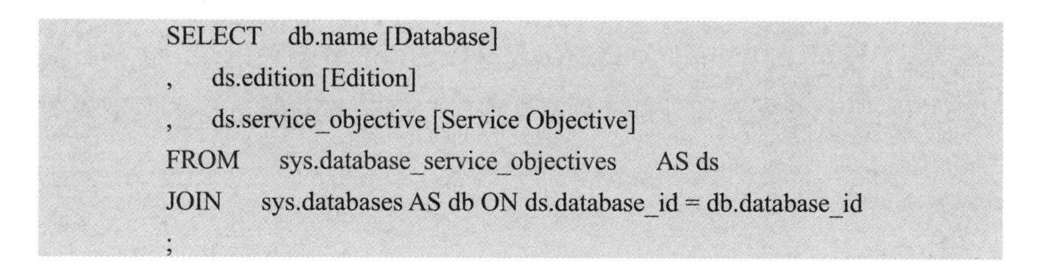

```
SELECT    db.name [Database]
,    ds.edition [Edition]
,    ds.service_objective [Service Objective]
FROM     sys.database_service_objectives     AS ds
JOIN     sys.databases AS db ON ds.database_id = db.database_id
;
```

	Database	Edition	Service Objective
1	datapool	DataWarehouse	DW100c
2	master	System	System0

图 6-17 数据库列表和当前 SQL 池的 cDWU 值

6.4 数据加载

6.4.1 数据加载方式

在分析数据之前，需要先将数据加载到数据仓库中。加载高效是 Synapse SQL 的主要优点之一，因为它使用大规模并行处理架构，能够利用 Azure 计算和存储资源的按需弹性缩放来加载和处理 PB 级的数据。

Synapse SQL 支持多种加载方法，包括 BCP（Bulk Copy Program）、SSIS 和 PolyBase 等。目前最快、最具扩展性的数据加载方式是 PloyBase 和 COPY。

1. PolyBase

PolyBase 是一种可以通过 Transact-SQL 语言访问存储在 Azure Blob 和 Azure 数据湖存储中的外部数据的技术。它的设计目的是充分利用数据仓库的大规模并行处理架构，从而实现高效加载和导出数据。在使用 PolyBase 时，外部数据可以作为外部表（External Table）暴露在 Synapse SQL 的实例中，这意味着数据湖存储中的文件可以像内部表一样被操作。为了使用 PolyBase 加载外部数据，需要配置相关组件，包括数据库凭据、外部数据源和外部文件格式等，它们在 PolyBase 中的关系如图 6-18 所示。

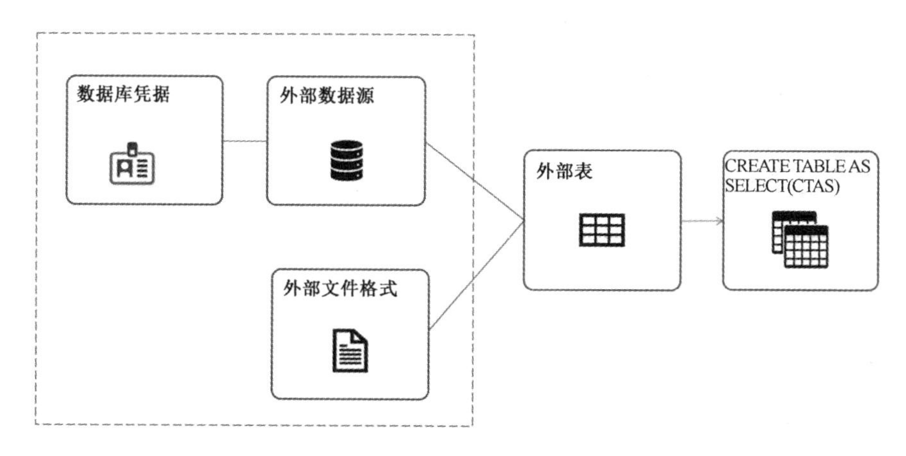

图 6-18　配置组件关系示意

使用 PolyBase 加载数据的过程如下。

（1）Synapse SQL 需要使用数据库凭证访问外部数据（如 Azure 数据湖存储里的文件）。创建数据库凭证的语法如下，其参数如表 6-3 所示。

```
CREATE DATABASE SCOPED CREDENTIAL credential_name
WITH IDENTITY = 'identity_name'
     [ , SECRET = 'secret' ]
```

表 6-3　数据库凭证的参数

参数	描述
credential_name	指定正在创建的数据库凭据的名称
identity_name	指定访问外部数据要使用的账户名称
secret	指定身份验证所需的密钥

（2）外部数据源用于建立连接，需要指定连接所需的数据源类型、凭据、协议和路径。创建外部数据源的语法如下，其参数如表 6-4 所示。

```
CREATE EXTERNAL DATA SOURCE <data_source_name>
WITH
  ( [ LOCATION = '<prefix>://<path>[:<port>]' ]
     [ [ , ] CREDENTIAL = <credential_name> ]
     [ [ , ] TYPE = HADOOP ]
[ ; ]
```

表 6-4 外部数据源的参数

参数	描述
data_source_name	定义数据源的名称
<prefix>://<path[:port]>	指定连接协议和外部数据源的路径，如在连接 Azure 数据湖存储时使用如下路径：abfss://<container>@<storage_account>.dfs.core.windows.net
credential_name	指定用于对外部数据源进行身份验证的数据库凭据
TYPE = HADOOP	指定外部数据源的类型（这是可选参数，如果外部数据源为 Blob 存储或 Azure 数据湖存储，需要指定为 HADOOP）

外部文件格式可以帮助 Synapse SQL 决定如何读取外部数据。通过创建外部文件格式，可指定外部表引用的数据的实际布局，这是创建外部表的先决条件。目前外部文件格式支持带分隔符的文本、Hive RCFile、Hive ORC、Parquet。

针对不同的文件格式，在创建外部文件格式时需要提供不同的参数，详细语法可参考 https://docs.microsoft.com/en-us/sql/t-sql/statements/create-external-file-format-transact-sql。

（3）通过创建外部表，可以将外部数据源中的数据暴露在 Synapse SQL 的实例内，用户能够像访问内部表一样，使用 Transact-SQL 语言访问外部表的数据。创建外部表的语法如下，其参数如表 6-5 所示。

```
    CREATE EXTERNAL TABLE { database_name.schema_name.table_name |
schema_name.table_name | table_name }
        ( <column_definition> [ ,...n ] )
        WITH (
            LOCATION = 'hdfs_folder_or_filepath',
            DATA_SOURCE = external_data_source_name,
            FILE_FORMAT = external_file_format_name
            [ , <reject_options> [ ,...n ] ]
        )
    [;]
```

表 6-5　外部表的参数

参数	描述
database_name.schema_name.table_name | schema_name.table_name | table_name	表的名称
<column_definition> [,...n]	定义列，必须与外部文件中的数据匹配
hdfs_folder_or_filepath	Azure 数据湖存储、Hadoop 或 Azure Blob 存储中文件夹或文件的路径
external_data_source_name	外部数据源名称
external_file_format_name	外部文件格式名称

<reject_options> ::=
{
| REJECT_TYPE = value | percentage,
| REJECT_VALUE = reject_value,
| REJECT_SAMPLE_VALUE = reject_sample_value,
| REJECTED_ROW_LOCATION= '/REJECT_Directory'
}
	指定 PolyBase 如何处理它从外部数据源检索到的脏记录。如果实际数据类型或列数与外部表的列定义不匹配，则数据记录被视为脏记录

虽然用户可以像查询内部表一样查询外部表，但是外部表毕竟是“外部的”，Synapse SQL 无法直接管理外部表中的数据，这些数据可能随时在数据源中被更改或删除。而且，在 Synapse SQL 里，不能对外部表进行删除、插入和更新操作，从 Synapse SQL 的角度来看，外部表只能作为一个只读的数据库表。所以外部表在这里的作用是作为 Synapse SQL 和数据源之间的桥梁，是 PolyBase 加载数据的一个步骤，最终我们需要将外部表中的数据持久化到 Synapse SQL 内。

（4）如果要将这些数据持久化到 Synapse SQL 里，需要利用 CREATE TABLE AS SELECT 语句。CTAS 使用 SELECT 语句从外部表筛选数据，然后基于 SELECT 语句的结果创建新表，新表包含与 SELECT 语句结果相同的列和数据类型。CTAS 主要用于：

- 创建具有不同哈希分布列的表。
- 创建一个作为复制表的表。

- 只在表的某些列上创建列存储索引。
- 查询或导入外部数据。

CTAS 的语法如下：

```
CREATE TABLE { database_name.schema_name.table_name | schema_name.table_name | table_name }
    [ ( column_name [ ,...n ] ) ]
    WITH (
      <distribution_option>
      [ , <table_option> [ ,...n ] ]
    )
    AS <select_statement>
    OPTION <query_hint>
[;]
```

CTAS 有创建表的功能，所以和普通 CREATE TABLE 的语法基本相同。但是 CATS 还包含 SELECT 语句，这是它和 CREATE TABLE 的根本区别。另外，CTAS 是唯一一种以最小日志方式批量加载数据的方法，其他方法（如 SSIS 和数据工厂等）都是通过控制节点来推送数据的，会影响控制节点的性能，从而造成瓶颈。所以建议优先使用 CTAS 进行数据持久化，以确保高效地加载数据。

受篇幅所限，使用 PolyBase 的完整案例请参考 https://docs.microsoft.com/en-us/azure/synapse-analytics/sql-data-warehouse/load-data-wideworldimportersdw。本书接下来将主要演示如何使用 COPY 语句加载数据。

2. COPY

COPY 语句是 Synapse Analytics 于 2019 年 10 月发布的新功能，用于将数据批量加载到 Synapse SQL 中，以实现高吞吐量的数据引入，同时简化数据加载的过程，不需要像 PolyBase 那样创建额外的组件。

COPY 的一个优点是语法简单，一条 T-SQL 语句即可将源数据复制到目标数据表中：

```
COPY INTO dbo.[mytable] FROM 'https://[storageaccount].blob.core.windows.net/[container]/[file].csv'
```

COPY 语句的另一个优点是允许权限较低的用户导入数据。PolyBase 需要数据库的 CONTROL 权限，而 COPY 语句仅需要 INSERT 和 ADMINISTER DATABASE BULK OPERATIONS 权限。

COPY 语句的完整语法如下：

```
COPY INTO [schema.]table_name
[(Column_list)]
FROM '<external_location>' [,...n]
WITH
 (
 [FILE_TYPE = {'CSV' | 'PARQUET' | 'ORC'} ]
 [,FILE_FORMAT = EXTERNAL FILE FORMAT OBJECT ]
 [,CREDENTIAL = (AZURE CREDENTIAL) ]
 [,ERRORFILE = '[http(s)://storageaccount/container]/errorfile_directory[/]]'
 [,ERRORFILE_CREDENTIAL = (AZURE CREDENTIAL) ]
 [,MAXERRORS = max_errors ]
 [,COMPRESSION = { 'Gzip' | 'DefaultCodec'| 'Snappy'}]
 [,FIELDQUOTE = 'string_delimiter']
 [,FIELDTERMINATOR =  'field_terminator']
 [,ROWTERMINATOR = 'row_terminator']
 [,FIRSTROW = first_row]
 [,DATEFORMAT = 'date_format']
 [,ENCODING = {'UTF8'|'UTF16'}]
 [,IDENTITY_INSERT = {'ON' | 'OFF'}]
)
```

从以上定义可以看到，目前 COPY 支持 CSV、PARQUET 和 ORC 这 3 种文件格式。

6.4.2 使用 COPY 导入数据

接下来，用 COPY 语句将前面章节处理过的数据从数据湖存储导入 SQL 池。

（1）打开 SSMS，使用服务器管理员连接已创建的 Synapse SQL 端点。右键单击 master，选择 New Query，如图 6-19 所示。

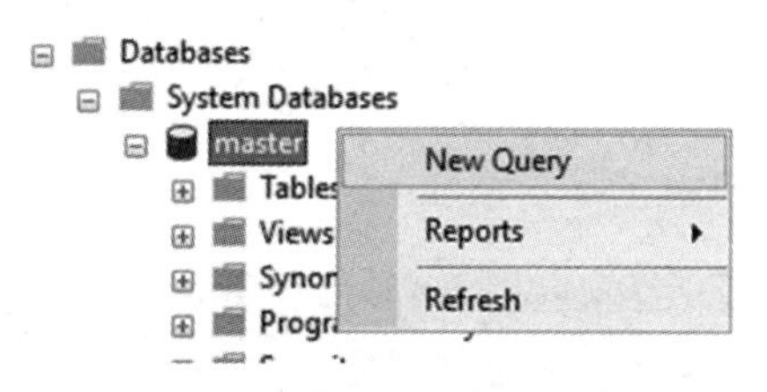

图 6-19 新建 master 数据库查询窗口

（2）在 master 数据库查询窗口中，输入以下 SQL 语句，创建一个 LOGIN 和一个用户 ETLUser，其中 password 是新 LOGIN 的密码，读者可以自行设置。

```
CREATE LOGIN ETLUser WITH PASSWORD = 'password';
CREATE USER ETLUser FOR LOGIN ETLUser;
```

（3）右键单击 datapool，选择 New Query，如图 6-20 所示。

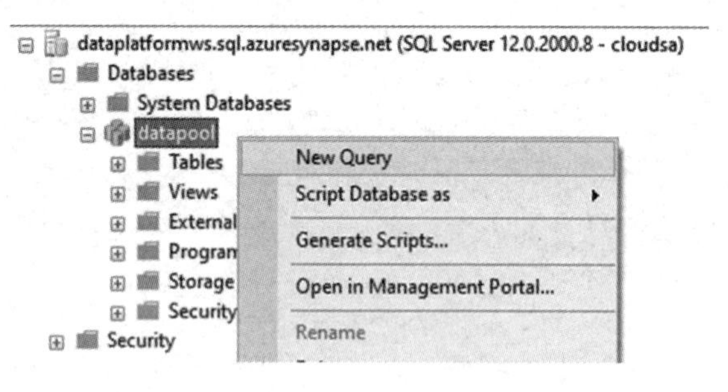

图 6-20 新建 SQL 池查询窗口

（4）在 SQL 池 datapool 的查询窗口里执行以下 SQL 语句，创建一个新用户，并赋予这个用户相应的权限。

```
CREATE USER ETLUser FOR LOGIN ETLUser;

--确保这个用户具有创建表的权限
GRANT CREATE TABLE TO ETLUser;
GRANT ALTER ON SCHEMA::dbo TO ETLUser;

--确保用户具有 ADMINISTER DATABASE BULK OPERATIONS 和 INSERT 权限
GRANT ADMINISTER DATABASE BULK OPERATIONS, INSERT ON DATABASE::[datapool] to ETLUser;
```

（5）执行以下 SQL 语句，创建一个工作负荷组。

```
CREATE WORKLOAD GROUP wgDataLoad
WITH
(
  MIN_PERCENTAGE_RESOURCE = 75
, REQUEST_MIN_RESOURCE_GRANT_PERCENT = 5
, CAP_PERCENTAGE_RESOURCE = 100
);
```

（6）执行以下 SQL 语句，创建工作负荷分类器，这个分类器定义了用户名、查询时间范围和查询标签条件，目的是将上一步创建的 wgDataLoad 工作负荷组所定义的资源根据用户 ETLUser 提交的请求进行分配。

```
CREATE WORKLOAD CLASSIFIER wgcETL WITH
( WORKLOAD_GROUP = 'wgDataLoad'
 ,MEMBERNAME = 'ETLUser'
 ,WLM_LABEL = 'COPY: dbo.Flights'
 ,IMPORTANCE = HIGH
 ,START_TIME = '01:00'
 ,END_TIME = '10:00'
);
```

工作负荷组是用户根据业务需求自定义的一组资源。工作负荷分类器则定义了一系列条件，将工作负荷组定义的资源分配给符合条件的请求。6.5 节将详细解释 Synapse SQL 的资源和负荷管理。

（7）使用新创建的用户 ETLUser 连接 SQL 池服务器。如图 6-21 所示，单击 Object Explorer 里的 Connect，选择 Database Engine。输入新的账户和密码。

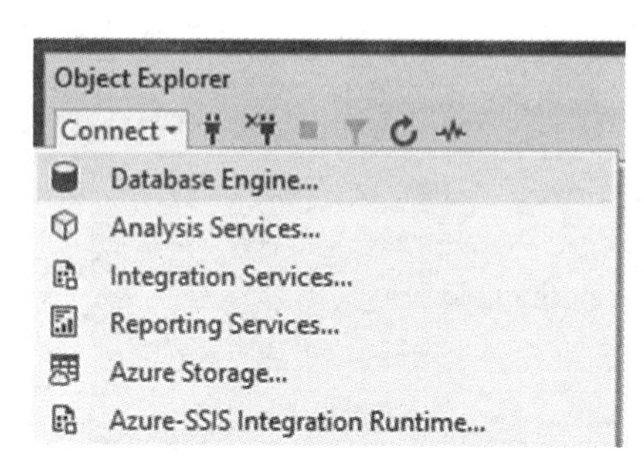

图 6-21　连接 SQL 池服务器

（8）此时在 Object Explorer 的窗口里有 2 个连接，一个是管理员账户，一个是新账户，如图 6-22 所示。

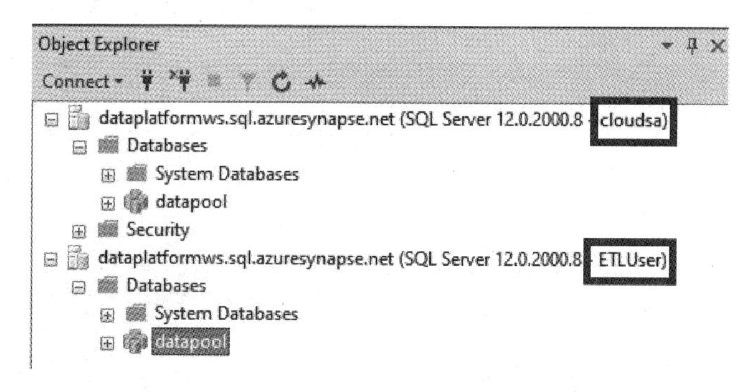

图 6-22　管理员账户和新账户

（9）在新账户下右键单击 datapool，选择 New Query。在查询窗口里执行以下 SQL 语句，创建 3 张表。

```
CREATE TABLE [dbo].[Airlines]
(
    [IataCode] varchar(5) NOT NULL,
    [Airline] varchar(50) NOT NULL
)
```

```
WITH
(
    DISTRIBUTION = REPLICATE,
    CLUSTERED COLUMNSTORE INDEX
);

CREATE TABLE [dbo].[Airports]
(
    [IataCode] varchar(5) NOT NULL,
    [Airport] varchar(100) NOT NULL,
     [City] varchar(30) NOT NULL,
     [State] varchar(5) NOT NULL,
     [Country] varchar(10) NOT NULL,
     [Latitude] varchar(20) NULL,
     [Longitude] varchar(20) NULL
)
WITH
(
    DISTRIBUTION = REPLICATE,
    CLUSTERED COLUMNSTORE INDEX
);
CREATE TABLE [dbo].[Flights]
(
      [Month] tinyint NOT NULL,
      [DayofMonth] tinyint NOT NULL,
[DayOfWeek] tinyint NOT NULL,
     [Airline] varchar(5) NOT NULL,
     [DepartureTime] varchar(10) NULL,
     [DepartureDelay] int NOT NULL,
     [DepDel15] int NOT NULL,
     [ArrivalTime] varchar(10) NULL,
     [ArrivalDelay] int NOT NULL,
     [ArrDel15] int NOT NULL,
     [Cancelled] int NOT NULL,
     [OriginAirport] varchar(5) NOT NULL,
```

```
    [DestinationAirport] varchar(5) NOT NULL,
    [DepartureHour] int NOT NULL,
    [ArrivalHour] int NOT NULL
)
WITH
(
    DISTRIBUTION = ROUND_ROBIN,
    CLUSTERED COLUMNSTORE INDEX
);
```

（10）执行以下SQL语句，从数据湖存储导入airlines.csv和airports.csv，将其中的storageaccount和Storage Account Key替换为实际的数据湖存储账户和访问密钥，参数如表6-6所示。

```
COPY INTO [dbo].[Airlines]
FROM 'https://<storageaccount>.dfs.core.windows.net/sample/airlines.csv'
WITH (
    FILE_TYPE = 'CSV',
    CREDENTIAL=(IDENTITY= 'Storage Account Key', SECRET='<Storage Account Key>'),
    FIELDTERMINATOR=',',
    ROWTERMINATOR='0x0A',
    FIRSTROW = 2
);
COPY INTO [dbo].[Airports]
FROM 'https://<storageaccount>.dfs.core.windows.net/sample/airports.csv'
WITH (
    FILE_TYPE = 'CSV',
    CREDENTIAL=(IDENTITY= 'Storage Account Key', SECRET='<Storage Account Key>'),
    FIELDTERMINATOR=',',
    ROWTERMINATOR='0x0A',
    FIRSTROW = 2
);
```

表 6-6　COPY 语句参数

参数	描述
FILE_TYPE	指定外部数据的格式
CREDENTIAL	指定访问外部存储账户的身份验证机制，这里使用存储账户密钥进行身份验证，参考第 2 章获取 Storage Account 的 Account Key
FIELDTERMINATOR	指定在 CSV 文件中使用的字段终止符，本示例使用默认的逗号
ROWTERMINATOR	指定在 CSV 文件中使用的行终止符。在默认情况下，行终止符为 \r\n。但是演示用的 CSV 文件采用的是 Unix 换行符 LF，所以这里使用十六进制表示法（0x0A）。如果仅指定\n，COPY 会自动加上\r 前缀
FIRSTROW	指定在所有文件中最先读取的行号。值从 1 开始，1 是默认值。本示例设为 2，是因为 CSV 文件的第一行是表头，需要在加载数据时跳过表头

（11）执行以下 COPY 语句，导入前面章节经过处理的航班信息。

```
COPY INTO [dbo].[Flights]
FROM 'https://<storageaccount>.dfs.core.windows.net/flightdata/batchprocessed/*.csv'
WITH (
    FILE_TYPE = 'CSV',
    CREDENTIAL=(IDENTITY= 'Storage Account Key', SECRET='<Storage Account Key>'),
    FIELDTERMINATOR=',',
    ROWTERMINATOR='0x0A',
    FIRSTROW = 2
) OPTION (LABEL = 'COPY: dbo.Flights');
```

因为航班信息被处理（分割）成多个文件输出到/flightdata/batchprocessed 目录下，所以这里文件名使用了通配符。

（12）以上 COPY 语句使用了“查询标签”。查询标签不仅能作为工作负荷分类器的一个条件，而且能帮助用户快速定位有问题的查询和查明请求的运行进度。因为没有赋予 ETLUser SELECT 权限，所以需要在 SSMS 里切换到服务器管理员的查询窗口。执行以下 SQL 语句，通过查询标签得到 COPY 语句的运行状态，如图 6-23 所示。

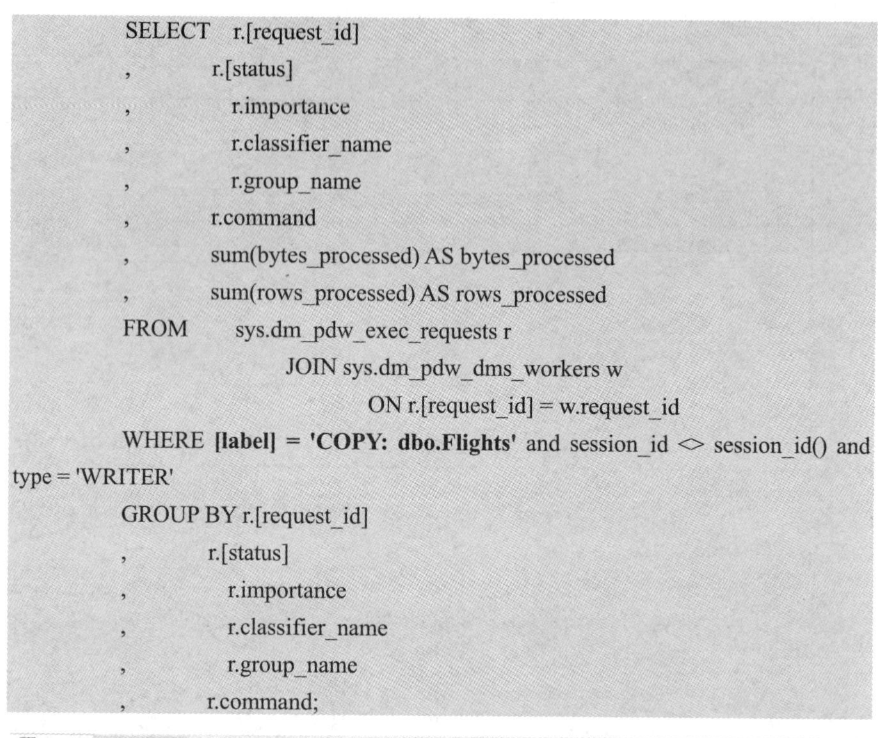

```sql
SELECT    r.[request_id]
,         r.[status]
,           r.importance
,           r.classifier_name
,           r.group_name
,         r.command
,         sum(bytes_processed) AS bytes_processed
,         sum(rows_processed) AS rows_processed
FROM      sys.dm_pdw_exec_requests r
              JOIN sys.dm_pdw_dms_workers w
                  ON r.[request_id] = w.request_id
WHERE [label] = 'COPY: dbo.Flights' and session_id <> session_id() and
type = 'WRITER'
GROUP BY r.[request_id]
,         r.[status]
,           r.importance
,           r.classifier_name
,           r.group_name
,         r.command;
```

	request_id	status	importance	classifier_name	group_name	command	bytes_processed	rows_processed
1	[illegible]	[illegible]	[illegible]	[illegible]	[illegible]	[illegible]	[illegible]	[illegible]
2	QID6922	Failed	high	wgcETL	wgDataLoad	COPY INTO [dbo].[...	0	0
3	QID7033	Completed	high	wgcETL	wgDataLoad	COPY INTO [dbo].[...	[illegible]	[illegible]

图 6-23　COPY 语句的运行状态

（13）执行以下 SQL 语句，得到导入 Flights 表的所有记录数，如图 6-24 所示。在将数据导入 SQL 池后，即可根据业务需求对这些数据进行分析。

```sql
SELECT COUNT(*) FROM [dbo].[Flights]
```

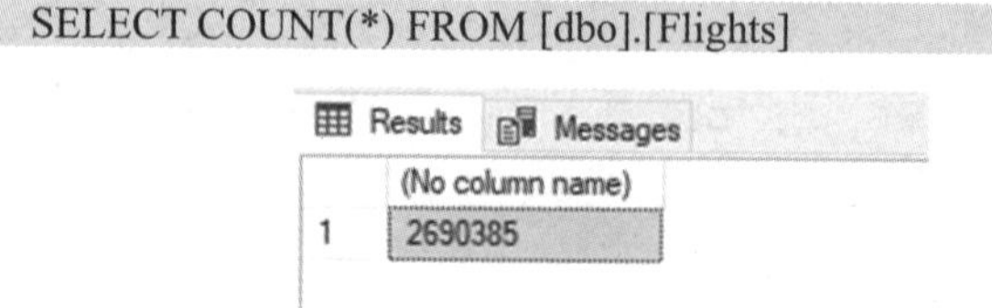

	(No column name)
1	2690385

图 6-24　导入 Flights 表的所有记录数

6.5 Synapse SQL 的资源和负荷管理

Synapse SQL 会给 SQL 池分配相应的计算资源，如 CPU、内存和 I/O。用户需要了解资源类（Resource Class）、并发槽（Concurrency Slots）、最大查询并发数（Maximum Concurrent Queries）、工作负荷组（Workload Group）和工作负荷分类器（Workload Classifier）等概念，以合理使用这些资源，确保性能最大化。

6.5.1 资源类

SQL 池的性能级别决定了 SQL 池能获得的计算资源总量。在指定性能级别（计算资源总量不变）的情况下，性能和并发性互相影响。每个查询获得的计算资源越多，性能就越好，而每个查询使用的资源越少，就可以同时运行更多的查询。要合理使用计算资源就需要在并发性和资源利用率上进行权衡。

资源类的目的是预先分配指定的计算资源给每个查询。通过控制并发查询的数量和分配给每个查询的计算资源，用户可以更准确地规划服务器上的负荷。

Synapse SQL 资源类分为静态和动态两种。

静态资源类会被分配固定 cDWU 数量的计算资源，这也意味着在每个查询消耗固定数量的资源的情况下，可以提高 SQL 池的性能级别，即增加资源总量，查询的并发量也随之增加。资源类通过预先定义的数据库角色实现。用户属于哪个数据库角色，其执行的查询就能被分配至相应资源类所对应的计算资源。静态资源类使用根据分配的资源数量由小到大排序的预定义数据库角色，包括 staticrc10、staticrc20、staticrc30、staticrc40、staticrc50、staticrc60、staticrc70、staticrc80。

动态资源类的工作方式与静态资源类不同，会根据当前的性能级别被分配可变的计算资源。目前动态资源类使用另外 4 个预定义的数据库角色，包括 smallrc、mediumrc、largerc 和 xlargerc。表 6-7 所示是每个服务级别的动态资源分配情况，其中的百分比指的是这个动态资源类占该服务级别总资源的比例。随着 SQL 池性能级别的提高，单个查询的性能也相应提高。

表 6-7　每个服务级别的动态资源分配情况

服务级别	smallrc	mediumrc	largerc	xlargerc
DW100c	25%	25%	25%	70%
DW200c	12.5%	12.5%	22%	70%
DW300c	8%	10%	22%	70%
DW400c	6.25%	10%	22%	70%
DW500c	5%	10%	22%	70%
DW1000c～DW30000c	3%	10%	22%	70%

在默认情况下，每个用户都是动态资源类 smallrc 的成员。管理员的资源类固定为 smallrc，不能更改。管理员就是新建 SQL 池时创建服务器指定的账户，本书示例用的是 cloudsa。为了获得更高的性能，建议读者创建自己的用户账号并指定资源类。

如何选择静态资源类和动态资源类呢？

（1）在每次查询涉及的数据集大小固定的情况下，使用静态资源类。

（2）如果查询较为复杂但又不需要大量并发时，使用动态资源类。当查询所需的计算资源超过当前性能级别所能提供的资源时，可以通过提高性能级别来加快查询速度。

一个用户可以是多个数据库角色的成员，这意味着该用户可能是多个资源类的成员。如果一个用户属于多个资源类，那查询会使用哪个资源类来分配资源呢？

（1）动态资源类优先于静态资源类。例如，某个用户同时是 mediumrc

（动态）和 staticrc80（静态）的成员，则查询将使用 mediumrc 来运行。

（2）更大的资源类优先于更小的资源类。例如，某个用户同时是 mediumrc 和 largerc 的成员，则查询将使用 largerc 来运行。同样，如果某个用户是 staticrc20 和 statirc80 的成员，则查询将使用 staticrc80 来运行。

使用以下 SQL 语句可以查看当前数据仓库的资源类列表：

```
SELECT   name
FROM     sys.database_principals
WHERE    name LIKE '%rc%' AND type_desc = 'DATABASE_ROLE';
```

6.5.2　并发槽

cDWU 是一组 CPU、内存和 I/O 的抽象概念，在并发量相同的情况下，可以认为获得 cDWU 多的查询要比获得 cDWU 少的查询性能更好。但并不是所有的资源都能线性累加，例如，一个 SQL 池有 100 cDWU，每个查询使用 10 cDWU，这并不意味 SQL 池能同时执行 10 个查询，并且每个查询的性能和只执行 1 个查询的时候一样。所以我们不能简单地将 SQL 池的总 cDWU 除以每个查询消耗的 cDWU 来得到并发量。

为了方便计算 SQL 池所支持的并发量，Synapse SQL 引入了并发槽的概念。每个 SQL 池的服务级别都有固定的可用并发槽数量，如表 6-8 和表 6-9 中“可用并发槽”列所示，DW100c 有 4 个可用并发槽，DW500c 有 20 个并发槽，DW1000c 则有 40 个并发槽。SQL 池的并发量由它所在的服务级别可用并发槽数量和每个查询需要的并发槽数量共同决定。

表 6-8　静态资源类使用的并发槽数量

服务级别	最大并发查询数	可用并发槽	各静态资源类使用的并发槽数量							
			staticrc10	staticrc20	staticrc30	staticrc40	staticrc50	staticrc60	staticrc70	staticrc80
DW100c	4	4	1	2	4	4	4	4	4	4
DW200c	8	8	1	2	4	8	8	8	8	8

（续表）

服务级别	最大并发查询数	可用并发槽	各静态资源类使用的并发槽数量							
			staticrc10	staticrc20	staticrc30	staticrc40	staticrc50	staticrc60	staticrc70	staticrc80
DW300c	12	12	1	2	4	8	8	8	8	8
DW400c	16	16	1	2	4	8	16	16	16	16
DW500c	20	20	1	2	4	8	16	16	16	16
DW1000c	32	40	1	2	4	8	16	32	32	32
DW1500C	32	60	1	2	4	8	16	32	32	32
DW2000c	48	80	1	2	4	8	16	32	64	64
DW2500c	48	100	1	2	4	8	16	32	64	64
DW3000c	64	120	1	2	4	8	16	32	64	64
DW5000c	64	200	1	2	4	8	16	32	64	128
DW6000c	128	240	1	2	4	8	16	32	64	128
DW7500c	128	300	1	2	4	8	16	32	64	128
DW10000c	128	400	1	2	4	8	16	32	64	128
DW15000c	128	600	1	2	4	8	16	32	64	128
DW30000c	128	1200	1	2	4	8	16	32	64	128

表 6-9　动态资源类使用的并发槽数量

服务级别	最大并发查询数	可用并发槽	各动态资源类使用的并发槽数量			
			smallrc	mediumrc	largerc	xlargerc
DW100c	4	4	1	1	1	2
DW200c	8	8	1	1	1	5
DW300c	12	12	1	1	2	8
DW400c	16	16	1	1	3	11
DW500c	20	20	1	2	4	14
DW1000c	32	40	1	4	8	28
DW1500C	32	60	1	6	13	42
DW2000c	32	80	2	8	17	56
DW2500c	32	100	3	10	22	70
DW3000c	32	120	3	12	26	84
DW5000c	32	200	6	20	44	140

（续表）

服务级别	最大并发查询数	可用并发槽	各动态资源类使用的并发槽数量			
			smallrc	**mediumrc**	**largerc**	**xlargerc**
DW6000c	32	240	7	24	52	168
DW7500c	32	300	9	30	66	210
DW10000c	32	400	12	40	88	280
DW15000c	32	600	18	60	132	420
DW30000c	32	1200	36	120	264	840

每个查询根据其所属的资源类，会在相应的服务级别上“预订”确定的并发槽数量，而该数量直接影响查询的并发。例如，DW1000c 有 40 个可用并发槽，如果查询所在的资源类在 DW1000c 上需要 8 个并发槽，那么最多有 5（40÷8）个这样的查询可以并发运行。如果有的用户需要在 DW1000c 的 SQL 池里批量加载数据，这样的操作负荷可能会很大，为了让操作能够快速完成，可以为用户赋予一个更大的静态资源类角色（如 staticrc60），那么该用户的查询将消耗 32 个并发槽。当这个查询执行时，SQL 池只剩下 8（40−32）个可用并发槽。这个 SQL 池还能运行需要 8 个或 8 个以下并发槽的查询，而其他需要 8 个以上并发槽的查询都将排队等待，直到上述查询完成。在查询完成后，Synapse SQL 会释放查询所占的并发槽。

并不是每个操作都是受用户所在资源类支配的，例如，分区合并、统计创建和更新等操作总使用 smallrc，而且不会计入并发槽限制。

6.5.3　最大并发查询数

SQL 池的并发量除了和并发槽有关，还与最大并发查询数有关，如表 6-8 和表 6-9 中“最大并发查询数”列所示，并发的查询在达到并发槽的极限之前很可能会被最大并发查询数限制。如果 SQL 池的服务级别是 DW1000c，它共拥有 40 个可用并发槽，假设所有查询的资源类都是 staticrc10，每个查询需要 1 个并发槽。尽管有 40 个可用并发槽，但这个

SQL 池不能同时执行 40（40÷1）个 staticrc10 的查询，因为它的最大并发查询数是 32 个。

6.5.4 工作负荷组

静态资源类和动态资源类是系统提供的，已经预定义了每个资源类能获得的计算资源，用户无法改变这些预定义配置。为了满足用户自定义资源的使用和并行性需求，Synapse SQL 引入了工作负荷组的概念。创建工作负荷组的 SQL 语法如下，其参数如表 6-10 所示。

```
CREATE WORKLOAD GROUP group_name
 WITH
 (     MIN_PERCENTAGE_RESOURCE = value
   , CAP_PERCENTAGE_RESOURCE = value
   , REQUEST_MIN_RESOURCE_GRANT_PERCENT = value
  [ [ , ] REQUEST_MAX_RESOURCE_GRANT_PERCENT = value ]
  [ [ , ] IMPORTANCE = { LOW | BELOW_NORMAL | NORMAL | ABOVE_NORMAL | HIGH } ]
  [ [ , ] QUERY_EXECUTION_TIMEOUT_SEC = value ] )
  [ ; ]
```

表 6-10 创建工作负荷组的参数

参数	描述
group_name	用于标识工作负荷组的名称。最长可为 128 个字符，并且在 SQL 池实例中必须唯一
MIN_PERCENTAGE_RESOURCE	指定此工作负荷组的最小资源分配百分比，这些资源由这个工作负荷组独享。这个值应该是 0～100 的整数，并且不能大于 CAP_PERCENTAGE_RESOURCE。如果定义了多个工作负荷组，那么 MIN_PERCENTAGE_RESOURCE 值的总和不能高于 100，而且每个服务级别都有相应的最小有效值
CAP_PERCENTAGE_RESOURCE	指定工作负荷组中所有请求的最大资源利用率。取值范围为 1～100。它的值必须大于 MIN_PERCENTAGE_RESOURCE

（续表）

参数	描述
REQUEST_MIN_RESOURCE_GRANT_PERCENT	设置为每个请求分配的最小资源量百分比。这是一个必需参数，取值范围为 0.75～100。它的值必须是 0.25 的倍数且是 MIN_PERCENTAGE_RESOURCE 的因数，并且小于 CAP_PERCENTAGE_RESOURCE。在设置这个值之前，用户可以将系统定义的工作负荷组的值作为基准
REQUEST_MAX_RESOURCE_GRANT_PERCENT	设置为每个请求分配的最大资源量百分比。这是一个可选的十进制参数，其默认值等于 REQUEST_MIN_RESOURCE_GRANT_PERCENT。它的值必须大于或等于 REQUEST_MIN_RESOURCE_GRANT_PERCENT。当值大于 REQUEST_MIN_RESOURCE_GRANT_PERCENT 且系统资源可用时，会为请求分配其他资源
IMPORTANCE	指定工作负荷组中某个请求的重要性，可设置为 LOW、BELOW_NORMAL、NORMAL、ABOVE_NORMAL 或 HIGH，默认为 NORMAL
QUERY_EXECUTION_TIMEOUT_SEC	指定查询在取消之前可以执行的最长时间，以秒为单位。它必须为 0 或一个正整数。默认设置为 0，表示查询永不超时

工作负荷组不是一种自定义资源类，而是一种资源和负荷管理的机制。目前 Synapse SQL 同时支持资源类和工作负荷组这两种机制。与资源组相比，工作负荷组可以设置额外的重要性来影响服务器处理查询的顺序，重要性较高的查询将被安排在重要性较低的查询之前运行。重要性可以在创建工作负荷组时通过参数 IMPORTANCE 来设置，有 5 个级别，如表 6-10 所示。

如前所述，如果没有多余的可用并发槽，查询就会进入等待队列，并且这个队列是以先进先出（FIFO）的方式建立起来的，这意味着第一个排队的查询通常是第一个要处理的查询。有了重要性设置，查询的顺序就可以按需求改变，重要性高的工作负荷组的查询会被优先执行。

此外，重要性设置也会影响服务器对锁的处理。锁在数据仓库中主要用来确保数据读写的一致性。在没有重要性设置的情况下，Synapse SQL 会优先考虑吞吐量，即在资源可用的情况下，如果部分排队的请求和正在运行的请求具有相同的锁定需求，这些请求会优先于那些具有更高锁定要求而且更早进入队列的请求。通过设置工作负荷组的重要性可以保证重要的查询在普通查询之前获得锁，确保其能更早完成。

Synapse SQL 会评估每个查询消耗资源的大小，并确定何时执行它们。在通常情况下，Synapse SQL 会优先考虑吞吐量，因此只要有足够的资源，就会立即执行这些任务。但是，在某些场景下，这可能会给那些大型查询带来延迟。例如，现在正在运行一些小型查询，而队列中有一些查询在等待，随着一些查询的完成，如果剩余的资源还不足以完成较大的查询，那么队列中的小型查询将被立即执行，而排在队列前面的大型查询不得不继续等待。直到大部分小型查询完成，Synapse SQL 有足够的资源可用，才可以执行大型查询。如果大型查询的重要性被提高，那么 Synapse SQL 就会为其留出计算资源，避免不断地执行较小的查询任务。

建议将大型查询标记为高度重要，确保这些任务所需的资源能更快地获得。

工作负荷组没有并发槽的概念，那么在工作负荷组的机制下，如何计算 SQL 池的并发能力呢？

在创建工作负荷组时，用户可以指定该工作负荷组能确保得到的资源分配，即参数 MIN_PERCENTAGE_RESOURCE。参数 REQUEST_MIN_RESOURCE_GRANT_PERCENT 则指定了每个请求能分配到的最小资源量。理论上该工作负荷组能确保以下并发量：

确保并发量=[MIN_PERCENTAGE_RESOURCE]/[REQUEST_MIN_RESOURCE_GRANT_PERCENT]

注意，这些参数都有设置范围。例如，REQUEST_MIN_RESOURCE_GRANT_PERCENT 在不同服务级别都有最小有效值，如表 6-11 所示。如果设置的值小于这个最小值，那么 SQL 池会将它调整为最小值。所以在计算并发量的时候需要使用 SQL 池最终选定的值，称为有效值。

确保并发量=[有效 MIN_PERCENTAGE_RESOURCE]/[有效 REQUEST_MIN_ RESOURCE_GRANT_PERCENT]

表 6-11　REQUEST_MIN_RESOURCE_GRANT_PERCENT 的最小有效值

服务级别	REQUEST_MIN_RESOURCE_GRANT_PERCENT 的最小有效值	最大并发查询数
DW100c	25	4
DW200c	12.5	8
DW300c	8	12
DW400c	6.25	16
DW500c	5	20
DW1000c	3	32
DW1500c	3	32
DW2000c	2	48
DW2500c	2	48
DW3000c	1.5	64
DW5000c	1.5	64
DW6000c	0.75	128
DW7500c	0.75	128
DW10000c	0.75	128
DW15000c	0.75	128
DW30000c	0.75	128

接下来，我们将演示工作负荷组是如何工作的。

（1）6.4 节通过 COPY 语句导入数据的演示使用了如下 SQL 语句创建工作负荷组。该语句设置 MIN_PERCENTAGE_RESOURCE 为 75，REQUEST_MIN_RESOURCE_GRANT_PERCENT 为 5，我们期望这个工作负荷组的并发量是 15（75÷5）。

```
CREATE WORKLOAD GROUP wgDataLoad
WITH
(
  MIN_PERCENTAGE_RESOURCE = 75
, REQUEST_MIN_RESOURCE_GRANT_PERCENT = 5
, CAP_PERCENTAGE_RESOURCE = 100
);
```

（2）在 SSMS 里右键单击管理员账户下的 datapool，选择 New Query，如图 6-25 所示。

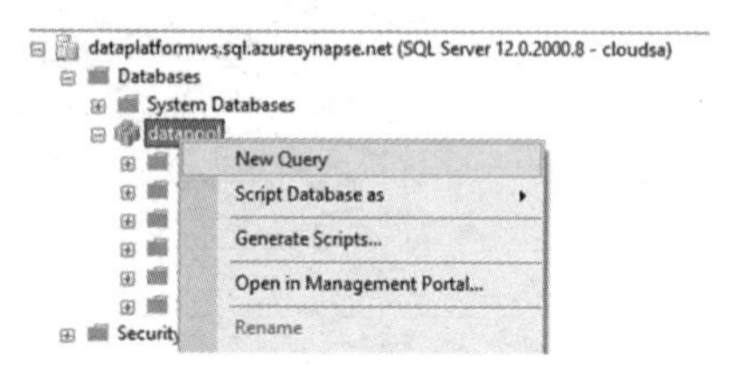

图 6-25　New Query

（3）执行以下 SQL 语句，列出自定义的工作负荷组。

```
SELECT group_id, name, importance, min_percentage_resource, cap_ percentage_resource, request_min_resource_grant_percent, request_max_resource_grant_percent, query_execution_timeout_sec, query_wait_timeout_sec
FROM sys.workload_management_workload_groups
WHERE group_id > 12;
```

系统定义的工作负荷组的 group_id 范围是 1～12。

图 6-26 所示为自定义工作负荷组 wgDataLoad 及其定义的参数，这些是用户定义的参数，不是有效值。

	group_id	name	importance	min_percentage_resource	cap_percentage_resource	request_min_resource_grant_percent	request_max_resource_grant_percent	query_execution_timeout_sec
1	13	wgDataLoad	normal	75	100	5.00	5.00	0

图 6-26　自定义工作负荷组 wgDataLoad 及其定义的参数

（4）执行以下 SQL 语句，列出自定义工作负荷组的有效值。

```
SELECT wg.group_id, wg.name, effective_min_percentage_resource, effective_cap_percentage_resource, effective_request_min_resource_grant_percent, effective_request_max_resource_grant_percent
    FROM sys.dm_workload_management_workload_groups_stats st
    INNER JOIN sys.workload_management_workload_groups wg
        ON st.group_id = wg.group_id
    WHERE wg.group_id > 12
    ORDER BY wg.group_id;
```

因为当前 SQL 池的服务级别是 DW100c，REQUEST_MIN_RESOURCE_GRANT_PERCENT 的有效值被调整为 25，如图 6-27 所示。可以看到，当前工作负荷组在 DW100c 服务级别上的实际并发量不是期望的 15，而是 3（75÷25）。可见 DW100c 无法满足期望的并发量。为了获得所需的并发量，需要调整服务级别。

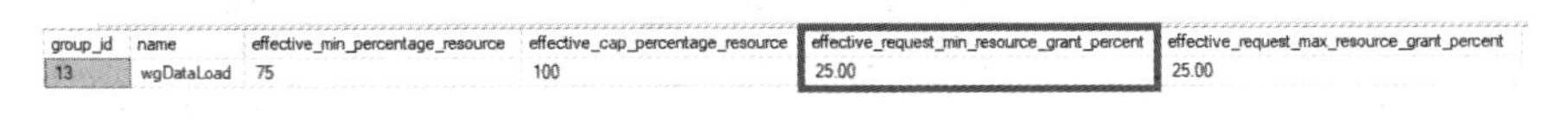

group_id	name	effective_min_percentage_resource	effective_cap_percentage_resource	effective_request_min_resource_grant_percent	effective_request_max_resource_grant_percent
13	wgDataLoad	75	100	25.00	25.00

图 6-27　自定义工作负荷组的有效值（DW100c）

（5）回到 Synapse 工作区的 SQL 池列表，单击 SQL 池右侧的…，在弹出的上下文菜单里单击 Scale，如图 6-28 所示。

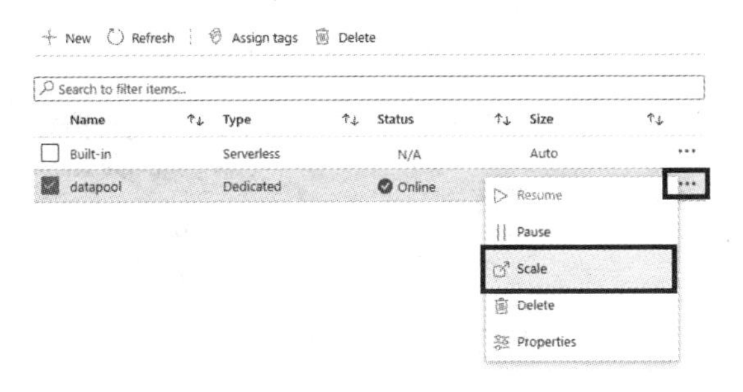

图 6-28　SQL 池的上下文菜单

（6）如图 6-29 所示，在 SQL 池工作负荷管理页面，将其调整为 DW1000c，单击 Save。可以看到，Azure 管理界面目前支持显示自定义工作负荷组的各有效参数值。在服务级别被调整为 DW1000c 后，Concurrency range 的最小值被修改为 15。

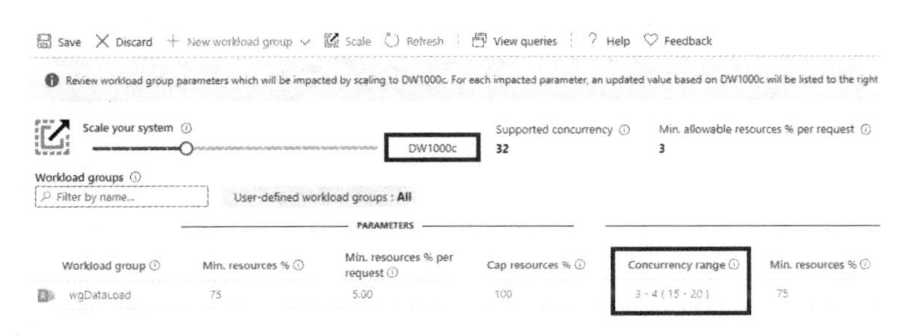

图 6-29　SQL 池工作负荷管理页面

（7）在 SQL 池完成扩展后，再次在 SSMS 中执行以下 SQL 语句。

```
SELECT wg.group_id, wg.name, effective_min_percentage_resource, effective_cap_percentage_resource, effective_request_min_resource_grant_percent, effective_request_max_resource_grant_percent
    FROM sys.dm_workload_management_workload_groups_stats st
    INNER JOIN sys.workload_management_workload_groups wg
        ON st.group_id = wg.group_id
    WHERE wg.group_id > 12
    ORDER BY wg.group_id;
```

如图 6-30 所示，REQUEST_MIN_RESOURCE_GRANT_PERCENT 的有效值被调整为设置的值 5。在 DW1000c 这个级别上，工作负荷组的最小实际并发查询数是期望的 15（75÷5）。

	group_id	name	effective_min_percentage_resource	effective_cap_percentage_resource	effective_request_min_resource_grant_percent	effective_request_max_resource_grant_percent
1	13	wgDataLoad	75	100	5.00	5.00

图 6-30　自定义工作负荷组的有效值（DW1000c）

创建符合要求的工作负荷组需要设置合适的参数，用户可以参考系统定义的工作负荷组的参数或者直接使用这些工作负荷组。执行以下 SQL 语句，列出系统定义的工作负荷组，结果如图 6-31 所示。

```
SELECT group_id, name, importance, min_percentage_resource, cap_percentage_resource, request_min_resource_grant_percent, request_max_resource_grant_percent, query_execution_timeout_sec, query_wait_timeout_sec
    FROM sys.workload_management_workload_groups

WHERE group_id <= 12;
```

	group_id	name	importance	min_percentage_resource	cap_percentage_resource	request_min_resource_grant_percent	request_max_resource_grant_percent
1	1	smallrc	normal	0	100	3.00	3.00
2	2	mediumrc	normal	0	100	10.00	10.00
3	3	largerc	normal	0	100	22.00	22.00
4	4	xlargerc	normal	0	100	70.00	70.00
5	5	staticrc10	normal	0	100	0.40	0.40
6	6	staticrc20	normal	0	100	0.80	0.80
7	7	staticrc30	normal	0	100	1.60	1.60
8	8	staticrc40	normal	0	100	3.20	3.20
9	9	staticrc50	normal	0	100	6.40	6.40
10	10	staticrc60	normal	0	100	12.80	12.80
11	11	staticrc70	normal	0	100	25.60	25.60
12	12	staticrc80	normal	0	100	51.20	51.20

图 6-31　系统定义的工作负荷组

以上工作负荷组和资源类同名，实际上，资源类被映射成重要性为 normal 的同名工作负荷组。这些系统定义的工作负荷组和对应的资源类有相同的资源分配。

用户不能删除系统定义的工作负荷组，如果要删除自定义的工作负荷组，可执行：

```
DROP WORKLOAD GROUP group_name;
```

6.5.5　工作负荷分类器

在资源类里资源的分配条件是用户所属的数据库角色，用户执行的请求会被分配到相应的资源类中。但是工作负荷组没有对应的数据库角色，那么符合什么条件的查询才能被分配到这个工作负荷组所保留的资源中呢？为了将工作负荷组和某个查询关联起来，需要定义工作负荷分类器。

工作负荷分类器用于管理工作负荷组，它支持多种分配条件，如数据库用户、角色或查询标签等，将符合条件的查询请求分配到相应的工作负荷组中。Synapse SQL 会对提交的每个查询请求进行评估，如果请求与所有分类器都不匹配，则将其分配到默认工作负荷组 smallrc 中。

创建工作负荷分类器的语句如下，其参数如表 6-12 所示。

```
CREATE WORKLOAD CLASSIFIER classifier_name
WITH
    (   WORKLOAD_GROUP = 'name'
    ,   MEMBERNAME = 'security_account'
[ [ , ] WLM_LABEL = 'label' ]
[ [ , ] WLM_CONTEXT = 'context' ]
[ [ , ] START_TIME = 'HH:MM' ]
[ [ , ] END_TIME = 'HH:MM' ]
```

```
        [ [ , ] IMPORTANCE = { LOW | BELOW_NORMAL | NORMAL | ABOVE_NORMAL | HIGH }])
        [;]
```

表 6-12 创建工作负荷分类器的参数

参数	描述
classifier_name	指定用于标识工作负荷分类器的名称。最长可为 128 个字符，并且在 SQL 池实例中必须是唯一的
WORKLOAD_GROUP	有效的工作负荷组名称。当查询满足分类器的参数条件时，这个分类器会将查询映射到这个工作负荷组中
MEMBERNAME	用作分类依据的安全账户。可以是数据库用户、数据库角色、Azure Active Directory 登录名或 Azure Active Directory 组
WLM_LABEL	指定作为请求分类依据的标签值。SQL 池支持“查询标签”（Query Labels）的概念。例如： SELECT * FROM sys.tables OPTION (LABEL = 'My Query Label'); 字符串“My Query Label”就是这个查询的标记，可以作为分类的依据
WLM_CONTEXT	指定可作为请求分类依据的会话上下文值。需要在 sys.sp_set_session_context 中设置变量 wlm_context
START_TIME 和 END_TIME	指定可作为请求分类依据的开始时间和结束时间。采用 HH:MM 格式的 UTC 时区值，必须一起设置
IMPORTANCE	指定请求的相对重要性。如果设置的话，该参数的值会优先于工作负荷组的重要性设定。如果未指定重要性，则使用工作负荷组的重要性设置

工作负荷分类器定义了 5 个用来评估查询请求的条件：MEMBERNAME:USER、MEMBERNAME:ROLE、WLM_LABEL、WLM_CONTEXT、START_TIME/END_TIME。一个查询请求可能会匹配多个工作负荷分类器的条件，需要利用优先级机制来决定选择哪个分类器，所以 Synapse SQL 为每个条件分配了权重，如表 6-13 所示。

表 6-13 工作负荷分类器参数的权重

分类器参数	权重
MEMBERNAME:USER	64
MEMBERNAME:ROLE	32

（续表）

分类器参数	权重
WLM_LABEL	16
WLM_CONTEXT	8
START_TIME/END_TIME	4

如果一个查询匹配了 2 个工作负荷分类器，一个分类器符合查询请求的时间范围 START_TIME/END_TIME 和 MEMBERNAME:ROLE 的条件，它将获得 36（4+32）分；另一个分类器符合 WLM_LABEL 和 MEMBERNAME: USER 的条件，它获得 80（64+16）分。那么这个查询就会使用第二个分类器指定的工作负荷组的资源。

在（6.4 节）使用 COPY 导入数据时，我们创建了定义数据库用户、查询标签、查询开始和结束时间条件的工作负荷分类器。

```
CREATE WORKLOAD CLASSIFIER wgcETL WITH
( WORKLOAD_GROUP = 'wgDataLoad'
 ,MEMBERNAME = 'ETLUser'
 ,WLM_LABEL = 'COPY: dbo.Flights'
 ,IMPORTANCE = HIGH
 ,START_TIME = '01:00'
 ,END_TIME = '10:00'
);
```

Synapse SQL 有两个动态管理视图（Dynamic Management Views，DMV）：sys.workload_management_workload_classifiers 和 sys.workload_management_workload_classifier_details，可以提供分类器的基本信息。执行以下 SQL 语句可以列出当前所有分类器的配置信息，如图 6-32 所示。

```
SELECT wc.classifier_id, wc.name, wc.group_name, wc.importance, wdt.classifier_type, wdt.classifier_value, wc.is_enabled, wc.create_time, wc.modify_time
    FROM sys.workload_management_workload_classifiers wc
    INNER JOIN sys.workload_management_workload_classifier_details wdt
        ON wc.classifier_id = wdt.classifier_id;
```

classifier_id	name	group_name	importance	classifier_type	classifier_value	is_enabled
1	smallrc	smallrc	normal	membername	smallrc	1
2	mediumrc	mediumrc	normal	membername	mediumrc	1
3	largerc	largerc	normal	membername	largerc	1
4	xlargerc	xlargerc	normal	membername	xlargerc	1
5	staticrc10	staticrc10	normal	membername	staticrc10	1
6	staticrc20	staticrc20	normal	membername	staticrc20	1
7	staticrc30	staticrc30	normal	membername	staticrc30	1
8	staticrc40	staticrc40	normal	membername	staticrc40	1
9	staticrc50	staticrc50	normal	membername	staticrc50	1
10	staticrc60	staticrc60	normal	membername	staticrc60	1
11	staticrc70	staticrc70	normal	membername	staticrc70	1
12	staticrc80	staticrc80	normal	membername	staticrc80	1

图 6-32　工作负荷分类器的配置信息

Synapse SQL 目前同时支持使用资源类和工作负荷分类器进行资源分配。为了简化分类错误的排查工作，建议只使用其中一种。如果使用工作负荷分类器，那么需要删除相应的资源类角色映射 ，即把用户从资源类数据库角色中移除。

6.6 数据仓库发展趋势

随着企业数字化转型的加快和大数据技术的发展，数据仓库面临新的挑战。为了能够从爆炸式增长的各类数据中获得洞察力并进行实时数据处理，以更强大的能力在正确的时间提供正确的数据，数据仓库正在演进为全面的逻辑数据分析平台，拥有完整的解决方案和技术，可以满足最复杂、最苛刻的企业内部、云端或任何混合场景下的需求。

6.6.1 挑战

1. 新的数据来源和类型

数据仓库建立在结构良好、经过清洗和可信的数据存储策略上，但如今大量的数据来自移动设备、社交媒体、扫描仪、传感器和 RFID 等，来源不同，数据类型也不同。这些数据不容易匹配传统的业务模式，而且可能不符合利用 ETL 导入关系数据仓库的成本效益原则。但同时，这些数据却具有业务价值，例如，一家运输公司可能会使用 GPS 定位数据、交通状况数据和从燃料/重量等传感器获取的数据来优化运输路线。

2. 混合的新部署模式

目前，企业已经开始通过部署大数据平台来应对日益增长的非关系型数据，这要求企业采用新的生态系统、新的编程语言，甚至新的基础设施。很多企业增加了专门针对大数据的云计算部署，因为云计算不仅可以实现成本效率，还可以让计算规模满足现在和未来处理任何数据量的需求。这种趋势意味着越来越多的新数据都是“云生”的，如点击量、视频、社交源及 GPS、市场、天气和交通信息。此外，将 CRM 和 ERP 等核心业务应用转移到云平台上的趋势，也使云上的关系型业务数据量不断增加。云计算正在改变业务和 IT 策略，即数据应该在哪里被访问、分析、使用和存储。

3. 高级分析和机器学习的需求

企业需要寻求新的方法来洞察并创造新的商业机会。为此，许多组织实施了先进的预测性分析，从越来越多的数据源和类型中发现可能发生的事情。然而，传统的数据仓库并不是为这些新的分析类型而设计的，因为其分析风格是归纳式的，或者说是自下而上的。在这种模式下，收集的数据是预先定义的，而如今前沿的分析和数据科学则使用实验的方法来探索未成型或未知问题的答案。这要求在将数据整理成一个模型前，需要先对数据进行分析，让数据本身来推动洞察力。

4. 传统分析过程的局限

企业一般使用数据仓库和数据湖的组合来存储和分析数据。数据仓库适合存储结构化、信息密度高、经过处理的数据，而数据湖适合存储非结构化、信息密度低、未经清洗的数据。传统的大数据分析过程通过将数据导入数据湖，利用工具对数据进行管理、处理、监控、调度。在完成加工后，数据再被导入数据仓库供分析师使用。在这种流程中，即使数据在数据湖里已经准备好了，仍然需要将其导入数据仓库才能进行查询。这造成高昂的数据重复存储、搬迁和管理成本。

6.6.2 趋势

1. 数据管理和处理

数据仓库应该具有处理关系型数据源和非关系型数据源的能力，它既可以实时处理数据，也可以轻松地引入外部数据，还能提供分析引擎，从不同角度对数据进行预测分析和互动探索。数据仓库支持利用大数据技术进行数据处理，利用数据质量服务和主数据管理服务来支持可信和一致的数据，还能提供联合查询功能以查询关系型和非关系型数据。

2. 数据仓库和数据湖的融合

数据湖是企业新型数据生态的核心枢纽，能够接入上游各种类型的数据，可以是结构化、半结构化数据，也可以是完全无结构的日志、音频、视频文件等。传统数据仓库则提供了基于数据抽象的结构化统一存储，具有极高的数据存储、计算能力，以及完善而精细的数据管理能力。虽然两者差别明显，应用场景不尽相同，但在企业中的作用是互补的。以 Azure Synapse Analytics、Amazon Redshift Spectrum 为代表的现代数据仓库已经将数据仓库和数据湖融合在一起，支持用户直接从数据仓库访问数据湖中的数据。通过打通数据仓库和数据湖，用户可以通过统一的开发管理平台操作存储在异构系统中的数据。

3. 商业智能和数据科学

数据仓库能够通过 BI 工具在团队环境中跨设备创建和共享分析结果，使业务分析人员可以在数据仓库里使用他们熟悉的BI工具分析数据。同时，现代数据仓库还能满足数据科学家的需求，用数据运行实验，进行预测性分析建模，并协助实时决策。

4. 弹性扩展能力

数据仓库需要能够应对数据导入和数据计算压力的大范围波动。在高峰期，要同时应对来自前端的查询压力和来自后端的数据接入、校验、离线压力或实时仓库数据计算和存储压力，此时需要大量的硬件资源。但在平峰期，系统所需的计算、网络、存储资源趋于稳定，此时可以释放空闲的资源。虽然公有云能提供近乎无限的计算存储资源，但传统的数据仓库架构仍然需要运维人员预先配置相应的资源和扩展规则。目前 Google BigQuery、Azure Synapse Analytics 等现代云原生数据仓库已经支持无服务器架构，可以动态地管理计算资源的分配，显著降低运维复杂度和成本。

6.7　Synapse Analytics 的高级特性

前面介绍的 Synapse 专用 SQL 池，属于传统企业数据仓库的范畴，接下来，我们通过 Synapse Analytics 展示现代数据仓库的高级特性。

1. 统一数据平台

Azure 提供了广泛的数据服务，它们各有其使用场景，但需要足够的经验和时间将其集成起来。Synapse Analytics 将 Azure 现有的核心数据服务（包括数据湖存储、数据工厂、Power BI 和 SQL 池等）整合在一起，用户可以从统一的界面探索数据、运行实验、开发管道和操作解决方案。

2. 无服务器的 SQL 查询

在 Synapse Analytics 里，用户能够使用熟悉的 T-SQL 语言查询一系列数据源和格式，目前支持 CSV、Parquet 和 JSON 格式，并可以选择通过无服务器计算架构按需运行工作负载，即无须预先分配任何集群或计算资源就可进行查询，甚至可以在没有运行 Spark 集群的情况下查询 Spark 表。

3. 无缝集成 Spark

Synapse Analytics 提供托管 Spark 环境。托管 Spark 环境可以整合数据仓库中的“关系型数据”和数据湖中的“大数据”，帮助数据科学家使用他们熟悉的语言（Python、R 和 Scala 等）快速、轻松地分析数据，而不需要在数据湖和数据仓库之间来回搬运数据。

4. 兼容传统工具

用户无须学习新的工具和语言，Synapse Analytics 与现有工具（包括 Informatica、SSIS、DataStage、Pentaho、Talend 等）无缝集成。正如负责 Azure Data 的微软副总裁 Rohan Kumar 所说：“利用 Synapse，企业可以将所有数据源、数据仓库和大数据分析系统的洞察整合在一起，更快速、更高效、更安全地将数据投入使用。”

6.7.1 Synapse 工作室

Synapse 工作室（Synapse Studio）是一个基于 Web 的 UI（用户界面），提供端到端的工作空间和开发体验。在进入其工作区主页后，在 Overview 页面的中部，单击 Open Synapse Studio 即可打开工作室，如图 6-33 所示。

图 6-33 Open Synapse Studio 链接

Synapse 工作室界面如图 6-34 所示。Synapse 工作室是一个可以完成数据处理所有步骤（包括数据引入、转换、清洗、分析等）的工作空间。在这个工作室中，用户可以进行如下操作。

（1）创建数据管道，进行数据引入和转换。

（2）使用 Spark Pool 访问 Azure 数据湖存储和 SQL 数据库等多种数据源并对数据进行转换和清洗。

（3）将数据结果写入 SQL 池以供下游工具使用。

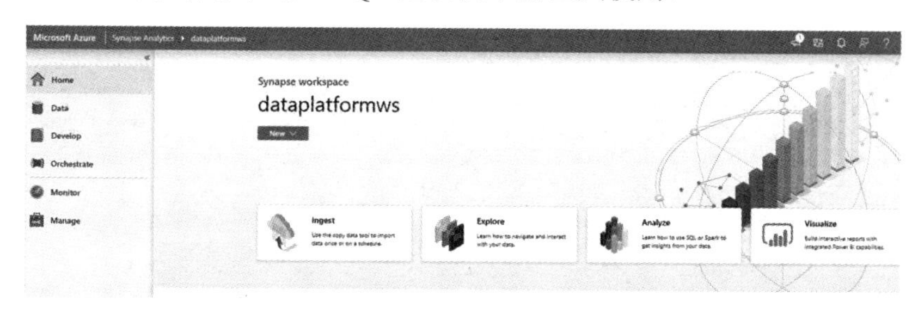

图 6-34　Synapse 工作室界面

6.7.2　数据中心

Synapse 工作室的数据中心不仅可以管理 Synapse Analytics 里的所有数据，包括 SQL 表和 Spark 表，也能直接访问与 Synapse Analytics 连接的外部资源，如数据湖存储。在数据中心里，用户可以直接运行 SQL 脚本。如图 6-35 所示，单击 Synapse 工作室左侧边栏中的 Data，进入数据中心。

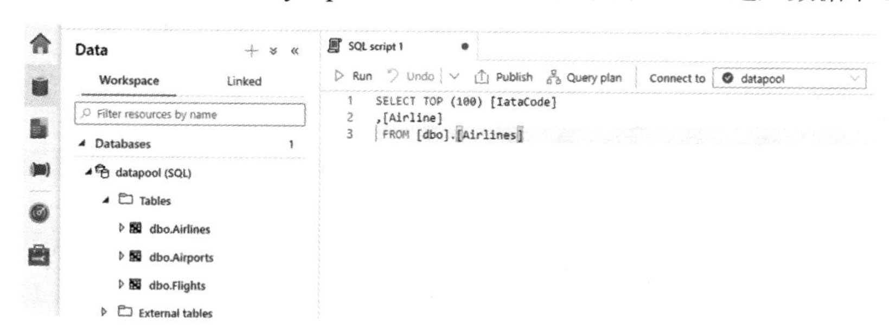

图 6-35　Synapse 工作室的数据中心

6.7.3 无服务器 SQL 池

Synapse 工作室的管理中心里有一个预先创建好的名为“Built-in”的 SQL 池，如图 6-36 所示。

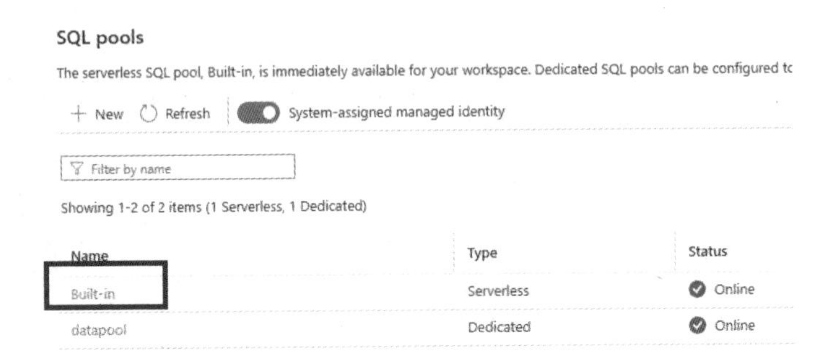

图 6-36 Built-in 池

Built-in 池是无服务器服务。使用无服务器 SQL 池，用户不需要自己构建基础结构和维护集群。因此在工作区创建后，可以立即开始查询数据，而不需要像专用 SQL 池那样指定性能级别以预先分配资源。

如图 6-37 所示，无服务器 SQL 池的控制节点利用分布式查询处理（Distributed Query Processing）引擎，将用户查询拆分为在计算节点上执行的较小查询，优化和协调用户查询的分布式执行。每个小查询称为一个任务。控制节点汇总所有任务的结果，对全部数据进行分组或排序。而计算节点将自动进行缩放以适应资源查询需求。无服务器 SQL 池的拓扑能够随时间变化，如添加、删除节点或进行故障转移。

使用无服务器 SQL 池可以对数据湖存储中的各种文件（如 CSV 文件、Parquet 文件等）直接运行 SQL 查询。这里我们演示如何在 Synapse 工作室中查询数据湖存储里的 CSV 文件。

（1）在 Synapse 工作室，单击 Data 进入数据中心。然后单击+，选择 Connect to external data，如图 6-38 所示。

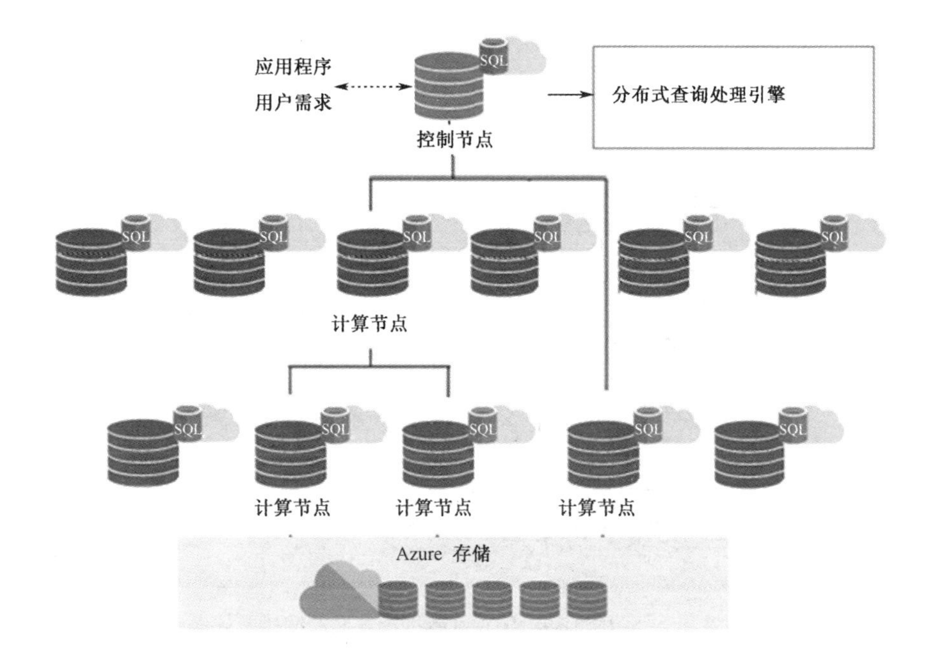

图 6-37　无服务器 SQL 池架构

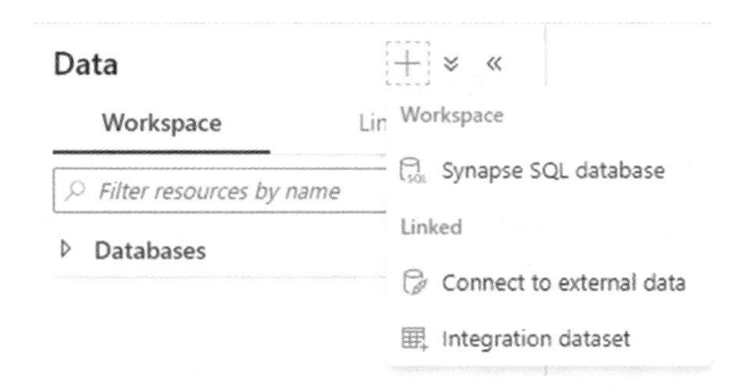

图 6-38　选择 Connect to external data

（2）右侧会弹出 Connect to external data 页面。选择 Azure Data Lake Storage Gen2，然后单击 Continue。

（3）接下来，配置到数据湖存储的链接服务，如图 6-39 所示，选择已创建的数据湖存储账户，单击 Create 进行创建。

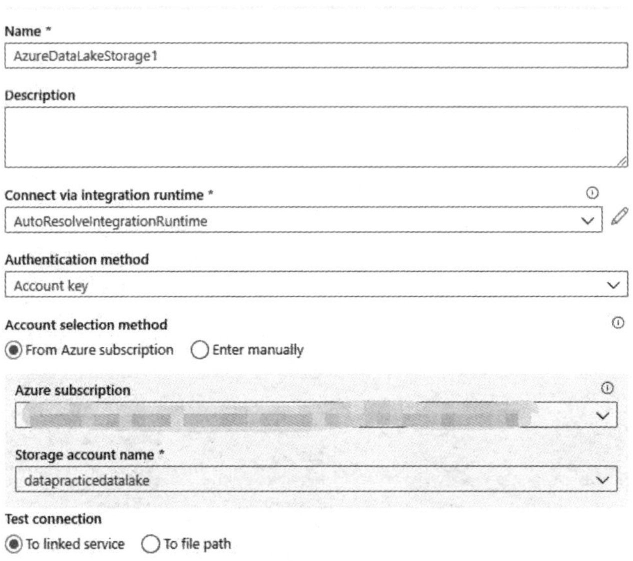

Name *
AzureDataLakeStorage1
Description
Connect via integration runtime *
AutoResolveIntegrationRuntime
Authentication method
Account key
Account selection method
From Azure subscription Enter manually
Azure subscription
Storage account name *
datapracticedatalake
Test connection
To linked service To file path

图 6-39 配置到数据湖存储的链接服务

（4）在数据中心里单击 Linked，即可看到刚创建的链接服务。然后可以像在 Storage Explorer 内一样进入目录/flightdata/batchprocessed，看到处理过的 CSV 文件，如图 6-40 所示。

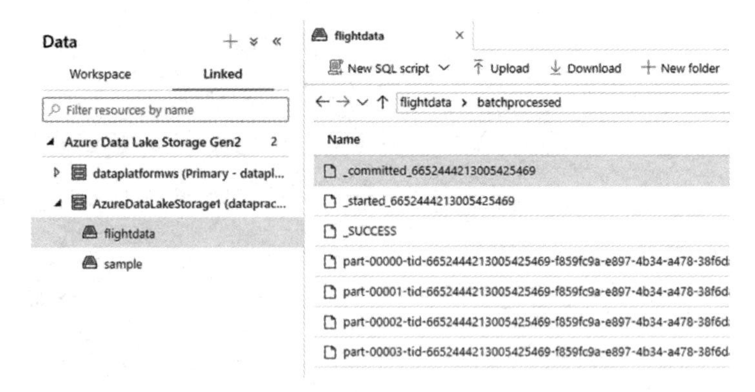

图 6-40 在 Synapse 工作室直接访问数据湖存储中的数据

（5）右键单击任意一个 CSV 文件，选择 New SQL script > Select TOP 100 rows，如图 6-41 所示。

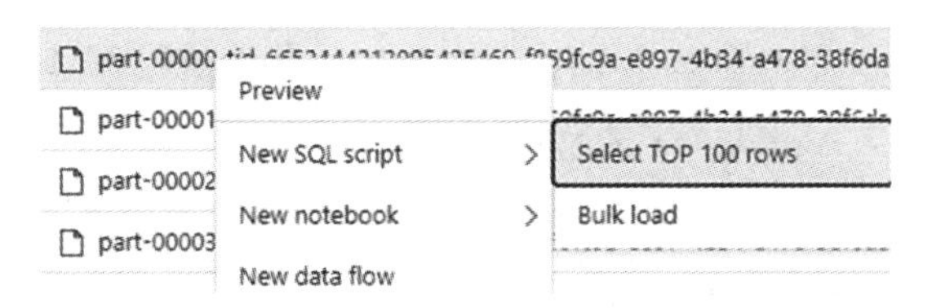

图 6-41　操作数据湖存储内的文件

（6）确认 Connect to（连接到）Build-in 池（无服务器服务），如图 6-42 所示。

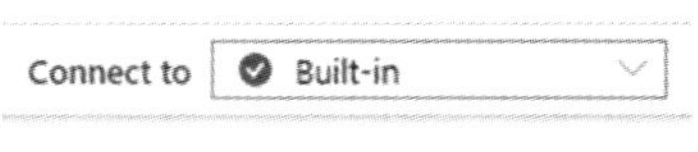

图 6-42　Connect to Build-in

（7）在新页面里，将 SQL 语句更改为如下代码后进行查询。其中*.csv 是通配符，代表目录下所有的 CSV 文件。FIRSTROW 指定跳过 CSV 文件中表示表头的第一行。

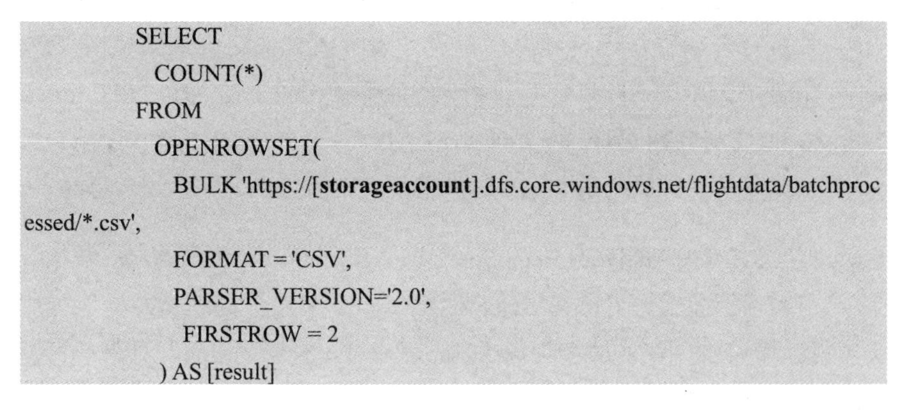

```
SELECT
  COUNT(*)
FROM
  OPENROWSET(
    BULK 'https://[storageaccount].dfs.core.windows.net/flightdata/batchprocessed/*.csv',
    FORMAT = 'CSV',
    PARSER_VERSION='2.0',
     FIRSTROW = 2
   ) AS [result]
```

（8）Build-in 池查询结果如图 6-43 所示，可以看到，和使用 COPY 导入数据的记录数相同。

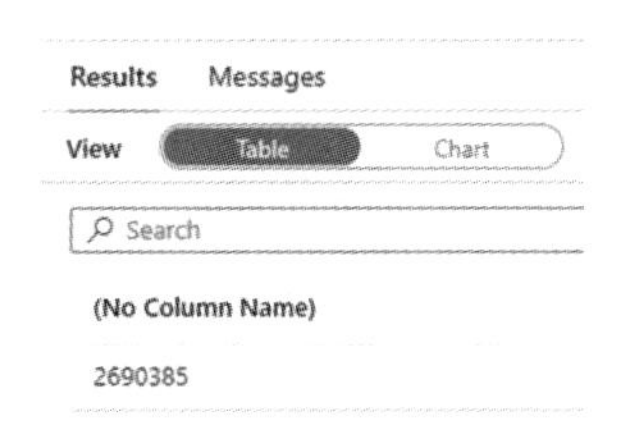

图 6-43　Build-in 池查询结果

在数据中心里运行无服务器 SQL 池查询，会使用当前的 Azure AD 用户身份访问数据湖存储里的文件。所以当前的 Azure AD 用户需要至少在外部存储资源中具有 Storage Blob Data Owner、Storage Blob Data Contributor 或 Storage Blob Data Reader 角色。如果用户想使用 SAS 密钥或自定义标识来访问外部存储资源，需要配置数据库凭据。

6.7.4 托管 Spark

Synapse Analytics 提供基于 Apache Spark 2.4 的托管 Spark 环境。Synapse Analytics 中的 Spark 是开源 Apache Spark 的发行版，它集成在 Synapse Analytics 中，让 Spark 用户拥有和 Synapse Analytics 一致的网络、监控、安全和管理体验。因为是云原生的托管环境，所以 Synapse Analytics 负责管理底层基础设施。用户无须设置或管理即可直接使用。Synapse Analytics 中的 Spark 不仅支持 Scala 和 Python，还通过.NET for Apache Spark 支持使用 C#和 F#访问 Spark API。对于具有.NET 背景的用户来说，这意味着既可以利用 Spark 的优势，又不需要学习新的编程语言。

Synapse Analytics 中的 Spark 与 Azure Blob 存储及 Azure 数据湖存储兼容，因此用户可以在 Synapse Analytics 里直接处理 Azure 存储中的数据。接下来，我们演示使用 Synapse Analytics 中的 Spark 处理数据湖存储中的航班信息。

（1）在 Synapse 工作室，单击左侧边栏的 Manage 进入管理中心。在 Apache Spark pools 中单击+New 创建 Apache Spark 池，如图 6-44 所示。

（2）在 Create Apache Spark pool 页面输入名称、节点大小和数量，如图 6-45 所示。

- Apache Spark pool name：Apache Spark 池的名称。

- Node size：选择最小的 small (4 vCores / 32GB)。
- Autoscale：Disabled。
- Number of nodes：3。

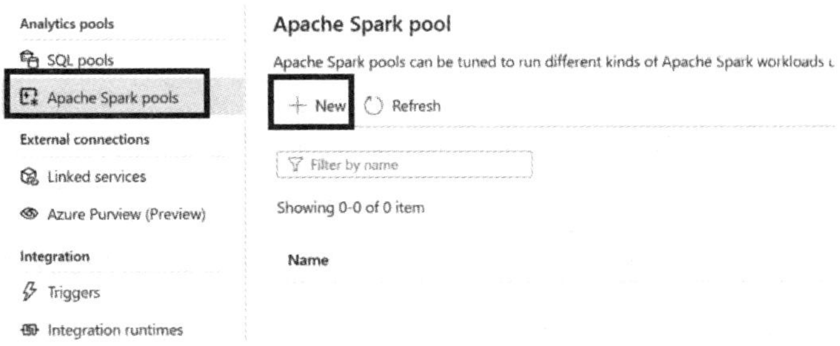

图 6-44　在管理中心新建 Apache Spark 池

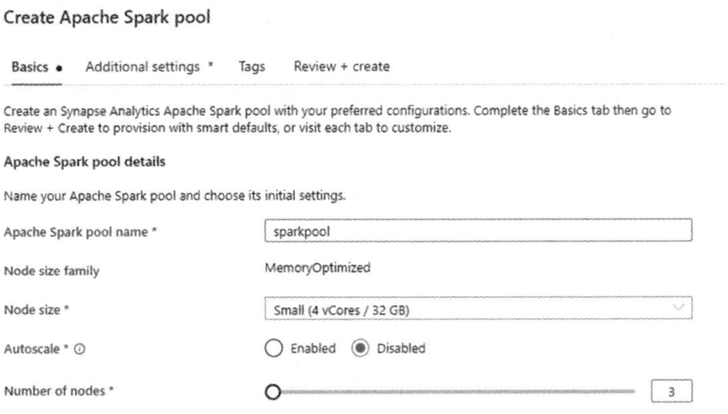

图 6-45　新建 Apache Spark 池的 Basics 页面

（3）Additional settings 和 Tags 使用默认选项，直接单击 Review+create 进入 Summary 页面。在确认信息无误后，单击 Create 创建，等待部署完成。

（4）单击 Synapse 工作室左侧边栏的 Develop 进入开发中心，然后单击+选择新建 Notebook（笔记本），如图 6-46 所示。

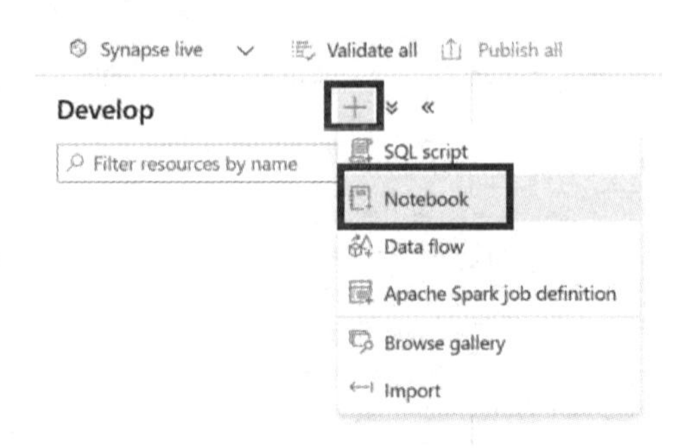

图 6-46 新建 Notebook

（5）在新建的 Notebook 里，从 Attach to 下拉框里选择刚刚创建好的 Apache Spark 池，然后在代码单元格里输入以下代码，创建一个 Spark 数据库 DataPractice。单击左侧的运行按钮执行代码单元格。

```
%%pyspark
spark.sql("CREATE DATABASE IF NOT EXISTS DataPractice")
```

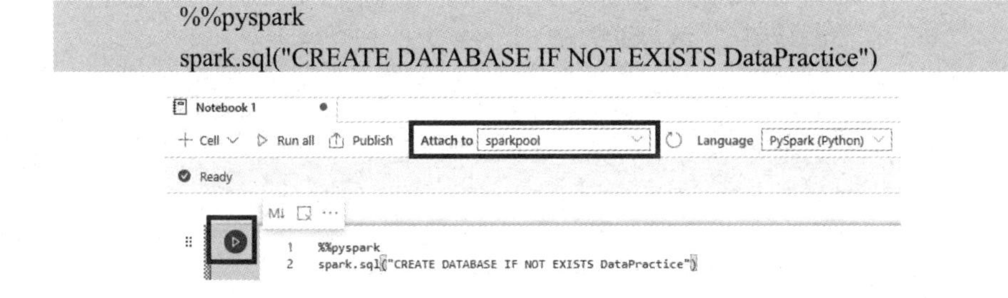

图 6-47 执行代码单元格以创建 Spark 数据库

（6）单击+Cell 创建一个新的代码单元格。在这个新代码单元格里输入以下代码，将其中的 storageaccount 和 Storage Account Key 替换为实际的存储账号和访问密钥。

```
spark.conf.set("fs.azure.account.key.<storageaccount>.dfs.core.windows.net",
"<Storage Account Key>")

from pyspark.sql.functions import col
from pyspark.sql.types import *
from pyspark.sql import functions as F

file_location = "abfss://flightdata@<storageaccount>.dfs.core.windows.net/
```

```
raw/FlightDelaysWithAirportCodes.csv"
        file_type = "com.databricks.spark.csv"

        # CSV 文件选项
        infer_schema = "true"
        first_row_is_header = "true"
        delimiter = ","

        # 这里使用的选项只适用于 CSV 文件。如果是其他文件格式，这些选项将
被忽略。
        dfFlights = spark.read.format(file_type) \
          .option("inferSchema", infer_schema) \
          .option("header", first_row_is_header) \
          .load(file_location)

        dfFlights = dfFlights.na.drop() \
          .withColumn("DepartureHour", (col("CRSDepTime") / 100).cast(IntegerType())) \
          .withColumn("ArrivalHour", (col("CRSArrTime") / 100).cast(IntegerType())) \
          .withColumnRenamed("Carrier", "Airline") \
          .withColumnRenamed("CRSDepTime", "DepartureTime") \
          .withColumnRenamed("DepDelay", "DepartureDeplay") \
          .withColumnRenamed("CRSArrTime", "ArrivalTime") \
          .withColumnRenamed("ArrDelay", "ArrivalDelay") \
          .withColumnRenamed("OriginAirportCode", "OriginAirport") \
          .withColumnRenamed("DestAirportCode", "DestinationAirport") \
          .drop("Year", "OriginAirportName", "DestAirportName", "OriginLatitude",
"OriginLongitude", "DestLatitude", "DestLongitude")

        display(dfFlights)

        # 将处理好的数据写入 Spark 表
        dfFlights.write.mode("overwrite").saveAsTable("DataPractice.Flights")
```

（7）以上代码对数据湖存储中的航班信息进行处理，并将结果保存到新建的 Spark 数据库 DataPractice 的 Flights 表中。单击左侧的运行按钮执行这个代码单元格。

（8）单击 Synapse 工作室左侧边栏的 Data 进入数据中心。展开刚创建的 Spark 数据库，单击 flights 选择 New SQL script > Select TOP 100 rows，如图 6-48 所示。

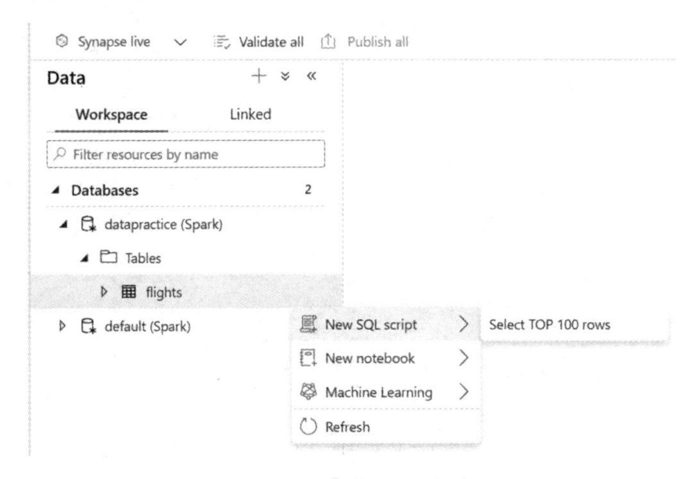

图 6-48　新建 SQL 脚本

（9）Synapse Analytics 允许不同的工作区计算引擎在 Apache Spark 池与无服务器 SQL 池之间共享数据库和表。在确认连接到 Built-in 池后，将 SQL 语句更改为如下代码，单击 Run。这里我们通过无服务器 SQL 池查询 Spark 数据库。

```
SELECT COUNT(*) FROM flights
```

（10）查询 Spark 数据库的结果如图 6-49 图所示，和 6.7.3 节通过无服务器 SQL 池查询数据湖存储中的 CSV 文件得到的结果完全一致。

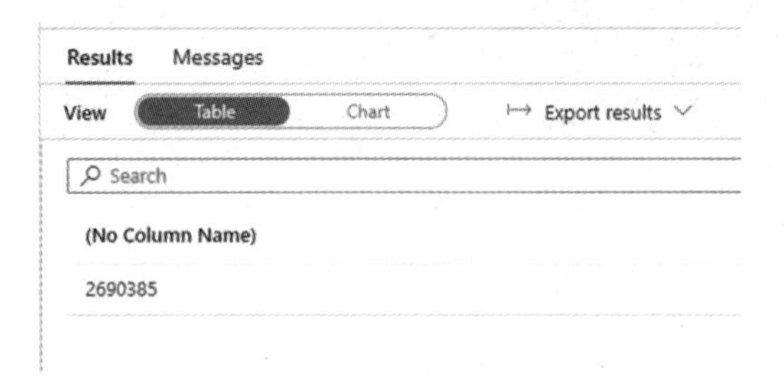

图 6-49　查询 Spark 数据库的结果

6.8 本章小结

现代数据仓库正在演进为一个全面的数据分析平台，本章梳理了当前主流的云原生数据仓库服务，并以 Synapse Analytics 为例，介绍了其架构、资源和负载管理，演示了如何快速将数据从数据湖存储导入到 Synapse 中，并展示了其无服务器架构、Spark 引擎、融合数据仓库和数据湖等新特性。

第 7 章

数据可视化

随着海量信息的出现，分析数据并筛选信息以获得相关的见解变得越来越困难。更有效率地去理解数据，识别各种模式、趋势以得到见解和相关性，正是数据可视化的作用所在。

7.1　数据可视化概述

数据可视化是将数据转化为图表、图像、图形甚至视频，并利用数据分析工具发现其中未知信息的处理过程。它的基本思想是将数据项作为图元元素，将数据的各属性值以多维形式表示，让用户可以从不同的维度观察数据，从而进行更深入的分析。

为什么数据可视化会成为数据分析中的关键领域？

1. 呈现海量数据

数据可视化可以让用户迅速掌握以特定样式呈现的海量数据，这是数据可视化最显著的优势之一。研究结果表明，人类通过图形获取信息的速度是通过文字获取信息的速度的 6 万倍。数据可视化发挥了人类的生物优势，将抽象的数据变成易于理解和观察的图形，提供了更加清晰的数据呈现方式。

2. 提高决策速度

数据可视化能够直观地表达出数据中的信息和意义，可以实质性地提高决策速度，让企业及时针对趋势采取行动，更迅速地针对市场变化进行调整并发现新的商业机会。通过数据可视化，管理者和决策者可以快速绘制并即时“消化”关键指标。如果这些指标中的任何一项出现了异常，如某一地区的销售额明显下降，决策者能够迅速地深入到数据中，揭示是什么运营条件或决策在起作用，以及这些条件或决策如何与指标相关联。

3. 实现动态交互

用现代数据可视化工具构建的图形并不是简单的静态图片。这些工具允许用户对数据进行深入研究并将其转化为动态交互效果，鼓励用户深入探索并实时操作。

4. 加强团队协作

数据可视化能更快、更准确地将员工、决策者和其他信息聚集在一起，这意味着更多的团队成员可以参与到分析过程中。清晰有效的沟通可以提高员工满意度和积极性，降低缺勤率和员工流失率，进而提高生产力，增加运营的有效性。因此，在利用数据可视化时，不仅要与决策者沟通，还要与员工分享相关的数据见解。

7.2 数据可视化工具

市场上有很多数据可视化工具，在选择工具时，需要在功能、灵活性和易用性等方面权衡。

（1）评估工具所支持的可视化种类。不仅要与企业收集的数据种类进行匹配，还要考虑如何消费这些数据，确保能以企业熟悉的方式呈现数据。需要注意的是，可视化的目的是将信息从机器快速传递到人脑中，强调的是高效。因此，核心需求不是可视化的美学价值，而是它所传达的信息的实用价值。

（2）确认工具所支持的数据格式和导入数据的方式。工具除了能够支持来自各类 SQL 和 NoSQL 数据库的数据，还需要支持营销平台及 CRM 等销售工具。另外，很多用户正在进入大数据处理领域，对 Hadoop 生态的支持也至关重要。

（3）考察工具对源数据的钻取程度。可视化工具的目的是成为企业业务的可视化窗口，因此快速、轻松地调整视图对于实现工具的全部价值至关重要。对数据进行钻取是非常重要的功能，用户可以随时改变可视化视图，获得动态可变的商业见解。

（4）评估工具所具备的导出功能，以及能在何处发布最终的可视化效果。工具应该支持导出各种格式，如 CVS、JPEG 和 PDF 等，还应该支持导出代码片段以直接嵌入网页，或通过应用程序编程接口整合到其他应用程序中，以最佳方式在桌面和移动设备上呈现。

（5）如果企业已经进入大数据领域，还要评估产品的数据处理能力。如果工具主要作为数据仓库的查询前端，那么查询负荷是由数据仓库承受的。如果所需的查询涉及其他数据源，则需要工具能够优化查询，具备数据处理能力。

以下是目前比较流行的可视化工具。

1. Tableau

Tableau 是全球知名的数据可视化工具，用户群体庞大，操作界面灵活，个性化程度高，易用性和交互体验都很优秀。Tableau 的特点如下。

（1）具有大量数据连接器和可视化集合。

（2）用户体验好。

（3）具有强大的数据引擎，具有性能优势。

（4）是成熟的产品，拥有庞大的用户群体。

（5）学习曲线比其他平台更陡峭，需要大量培训才能完全掌握。

2. QlikView

QlikView 是一个灵活而简单的商业智能平台，它有多样的展示样式，允许设置和调整每个对象的属性，并支持自定义可视化仪表板的外观。

QlikView 的特点如下。

（1）具有良好的灵活性，能够为各行各业不同规模的业务提供预设程序。

（2）能够自动关联数据，识别集合中各种数据项之间的关系，无须手动建模。

（3）数据探索速度快，用户体验好。

（4）入门较容易，但如果要建立复杂的报表，则需要较高的编程技能和使用 QlikView 专有查询语言的经验。

（5）较昂贵，定价模式复杂且缺乏灵活性。

3. Sisense Fusion Analytics

Sisense 是一家成立于 2004 年的商业分析软件公司，它的产品 Sisense Fusion Analytics 具有直观的用户界面和显著的数据可视化能力，其特点如下。

（1）性能强大，独特的 In-Chip 处理技术能够最大限度地利用磁盘、内存和 CPU，实现低延迟。

（2）强大的自然语言查询功能，用户能够通过自然语言提出复杂的问题，Sisense Fusion Analytics 会自动提供建议，帮助建立查询。

（3）使用较简单，但对自助式商业智能来说仍然较复杂。

4. Power BI

Power BI 是由微软开发和支持的可视化解决方案，它提供数据可视化和商业智能功能，帮助用户以低成本实现快速、明智的决策。Power BI 的特点如下。

（1）拥有丰富的数据源连接器。

（2）能提供良好的用户体验。

（3）支持 Web、桌面和移动设备，覆盖多个平台。

（4）提供云原生的 SaaS 服务。

（5）具有卓越的数据可视化能力。

（6）用户可在 Power BI 内协作并共享自定义的仪表板和交互式报告。

本章接下来将以 Power BI 为例进一步介绍数据可视化。

7.3 Power BI

7.3.1 什么是 Power BI

Power BI 是包含一系列软件服务、应用和连接器的可视化解决方案，允许用户快速连接数据、准备数据，根据业务需求进行建模，将数据源转化为合乎逻辑的、逼真的交互式见解，创建自定义的实时业务视图仪表板，从而提取商业智能以增强决策，如图 7-1 所示。另外，Power BI 支持用户将自定义可视化视图嵌入自己的应用程序或网站，分享和分析报告，方便终端用户获得最新信息。

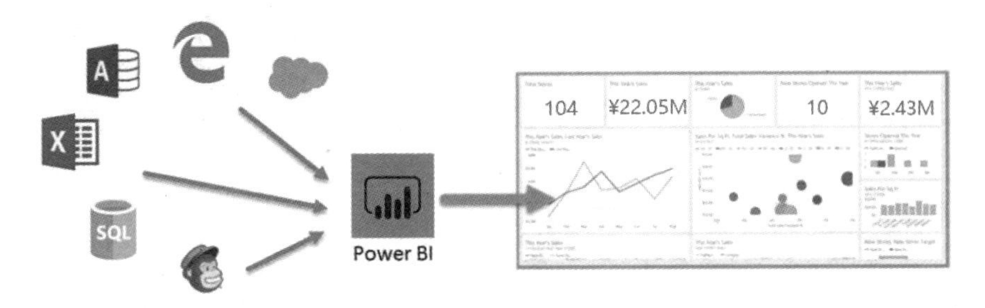

图 7-1　Power BI 示意

Power BI 的主要组件如下。

（1）Power BI Desktop：桌面应用程序，用于创建和设计报表，然后将其发布至 Power BI 服务。

（2）Power BI 服务：SaaS 服务，用于管理和分享用户的报告。

（3）Power BI 移动应用：适用于 Windows、iOS 和 Android 的 Power BI 移动应用，用户可以通过移动应用随时随地访问 Power BI 服务中的报告。

Power BI 的使用方式取决于用户在项目或团队中的角色。不同的角色会采用不同的方式使用 Power BI，例如，有的用户主要使用 Power BI Desktop 创建业务报表，有的用户则主要通过 Power BI 服务查看报表和仪表板。

通常来说，使用 Power BI 的流程如图 7-2 所示。

（1）利用 Power BI Desktop 连接数据，创建数据集并生成报表，从而呈现数据。

（2）将报表发布至 Power BI 服务，生成仪表板并与团队共享。

（3）在 Power BI 移动应用中查看共享的仪表板和报表。

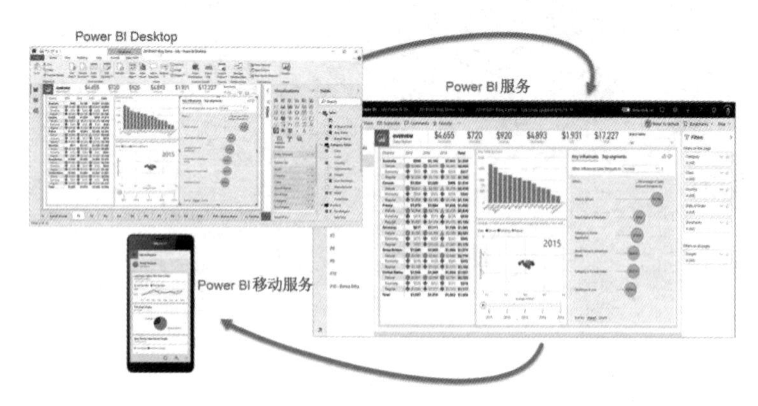

图 7-2 使用 Power BI 的流程

7.3.2　Power BI 的构件

在尝试以上流程前，需要先了解 Power BI 的构件（Building Blocks）。Power BI 所做的任何工作都可以分解成若干个构件，看似复杂的报表都是在这些构件之上创建而成的。

1. 可视化效果

可视化（Visualizations）效果有时也称为“视觉对象”，是数据的可视化表示形式。如图 7-3 所示，可视化效果包括图表、着色地图或用来直观呈现数据的其他视觉效果。它可以是一个简单的数字，也可以是很复杂的可视化表示形式。Power BI 提供各种类型的可视化效果，并且持续不断地增加新的可视化效果供用户使用。

图 7-3　Power BI 可视化效果

2. 数据集

数据集（Datasets）是 Power BI 用于创建可视化效果的数据集合。Power BI 拥有大量数据连接器，支持连接不同的数据源，包括 JSON、Excel、数据仓库，以及物联网设备和 Dynamics 365 等。用户可以使用数据连接器连接相应数据，通过筛选和组合生成数据集，然后导入 Power BI，如图 7-4 所示。

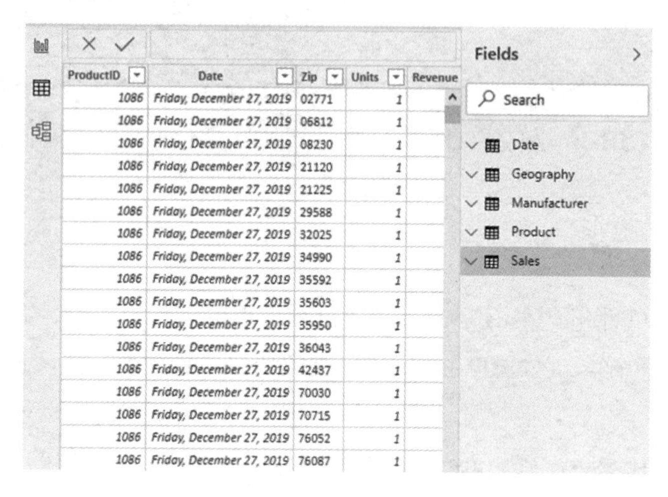

ProductID	Date	Zip	Units	Revenue
1086	Friday, December 27, 2019	02771	1	
1086	Friday, December 27, 2019	06812	1	
1086	Friday, December 27, 2019	08230	1	
1086	Friday, December 27, 2019	21120	1	
1086	Friday, December 27, 2019	21225	1	
1086	Friday, December 27, 2019	29588	1	
1086	Friday, December 27, 2019	32025	1	
1086	Friday, December 27, 2019	34990	1	
1086	Friday, December 27, 2019	35592	1	
1086	Friday, December 27, 2019	35603	1	
1086	Friday, December 27, 2019	35950	1	
1086	Friday, December 27, 2019	36043	1	
1086	Friday, December 27, 2019	42437	1	
1086	Friday, December 27, 2019	70030	1	
1086	Friday, December 27, 2019	70715	1	
1086	Friday, December 27, 2019	76052	1	
1086	Friday, December 27, 2019	76087	1	

图 7-4　Power BI 数据集

Power BI 在不断扩展数据源类型，因此，用户通常会看到工作过程中的数据源版本被标记为 Beta 或预览。被标记为 Beta 或预览的数据源所提供的支持和功能有限，不建议在生产环境中使用。

3. 报表

在 Power BI 中，报表（Reports）是在一个或多个页面上显示的可视化效果集合，如图 7-5 所示。报表中的可视化对象来自单个数据集。通过报表，用户可根据需要在多个页面上创建多个可视化效果，并以最适合呈现的方式排列这些可视化效果。

4. 仪表板

用户如果想要共享报表中的一个页面或某些可视化效果，就需要创建仪表板（Dashboards）。仪表板本身是一个画布，包含多个磁贴和小组件。利用仪表板，用户可以进行如下操作。

（1）快速查看决策所需的信息。

（2）监视业务相关信息。

（3）确保用户可以共享和访问相同的信息。

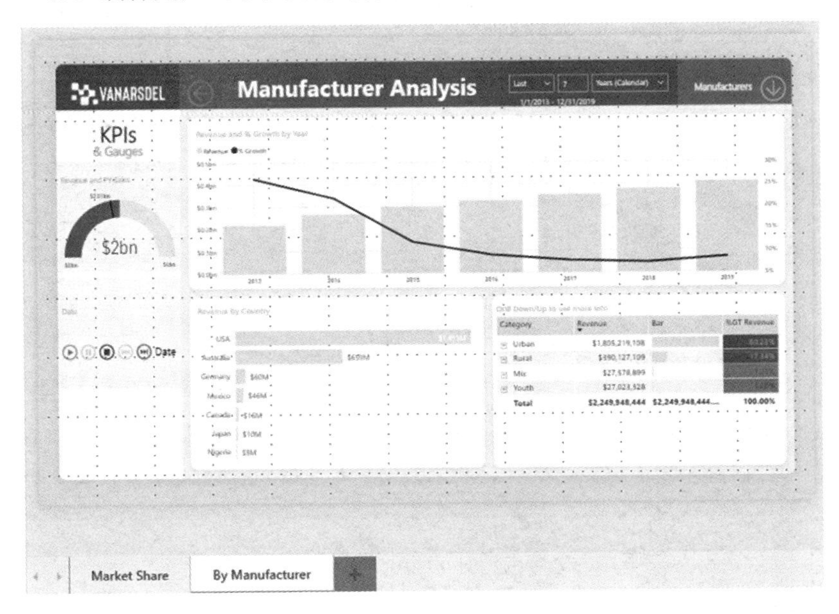

图 7-5　Power BI 报表

5. 磁贴

磁贴（Tiles）是固定到仪表板的数据快照，是一个包含视觉对象的矩形框。用户可以在报表、数据集、仪表板、问答框等位置创建磁贴。图 7-6 显示了固定到仪表板的多个不同的磁贴，用户可以根据需要移动、排列、放大或更改磁贴。

仪表板和磁贴属于 Power BI 服务的功能，不是 Power BI Desktop 的功能。

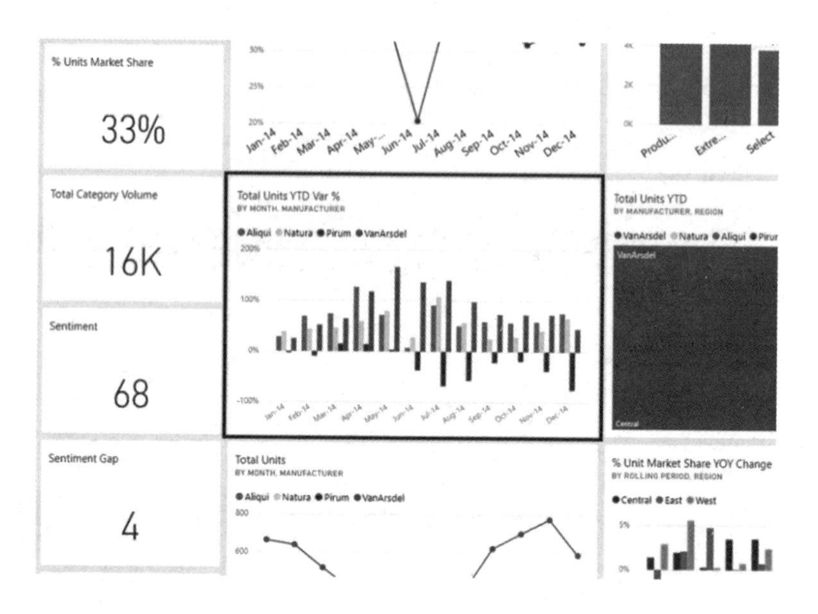

图 7-6 Power BI 磁贴

7.3.3 使用 Power BI Desktop

Power BI Desktop 是一个免费的 Windows 桌面应用程序，用于收集、转换和可视化数据，可以和 Power BI 服务协同工作。用户通常在 Power BI Desktop 中创建报表，然后将其发布至 Power BI 服务以供其他用户使用。

1. 安装 Power BI Desktop

用户可以通过如表 7-1 所示的两种方式安装 Power BI Desktop。另外，用户需要先在 app.powerbi.com 中注册一个账号，之后才能登录 Power BI。

表 7-1 Power BI Desktop 安装方式

下载策略	说明
Windows 应用商店	自动保持更新
从 Web 下载.msi 安装文件	手动更新

2. 浏览 Power BI Desktop

在启动 Power BI Desktop 后，将显示 Getting Started 对话框，其中提供了相关论坛、博客和介绍视频的链接。

如图 7-7 所示，Power BI Desktop 主要包括 5 个工作区域。

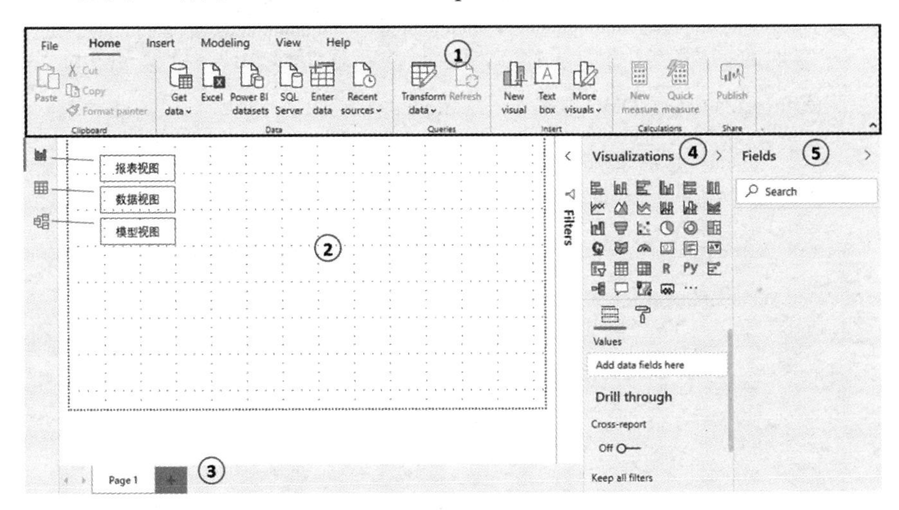

图 7-7　Power BI Desktop 工作区域

区域①：功能区，显示与报表和可视化效果关联的常见任务。

区域②：视图和画布，可在其中创建和排列可视化效果。在左侧切换报表视图、数据视图和模型视图。

区域③：页选项卡，此区域位于页面底部，用于选择或添加报表页。

区域④：可视化效果窗格，可在其中选择或更改可视化效果、自定义颜色或坐标轴、应用筛选器、拖动字段和执行相关操作。

区域⑤：字段窗格，可在其中将查询元素和筛选器拖到报表视图中，或拖到可视化效果窗格的筛选器区域内。

3. 获取数据

在使用 Power BI Desktop 进行数据可视化前，要先获取数据。

（1）单击功能区的 Get data（见图 7-7）。

（2）如图 7-8 所示，Get Data 对话框会列出各种类型的数据源，包括本地数据库、文件、工作表和云服务。单击 Azure，选择 Azure Synapse Analytics (SQL DW)，单击 Connect。

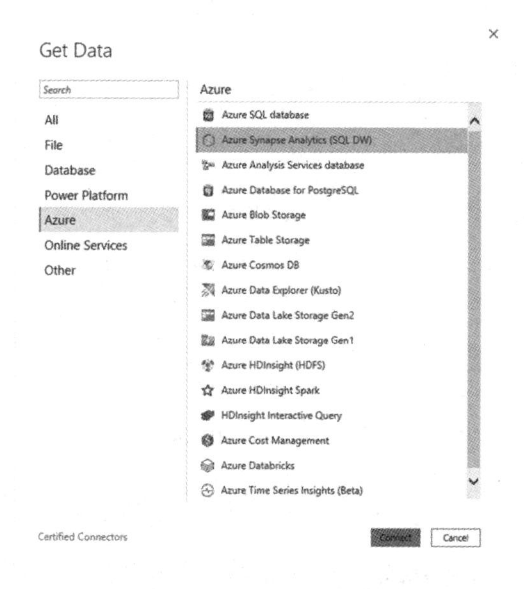

图 7-8 Get Data 对话框

（3）输入第 6 章创建的 SQL 池服务器的名字，如图 7-9 所示。本书示例使用 dataplatformws.sql.azuresynapse.net。选择 DirectQuery 作为数据连接模式，单击 OK。

Power BI 提供了两种数据连接模式，分别是 Import 和 DirectQuery。Import 模式会将数据导入 Power BI 缓存。用户可以通过定期刷新来导入最新的数据。Import 模式可以充分利用 Power BI 的高性能查询引擎，提供高度交互和功能完善的体验。建议在数据集大小小于 1GB 且数据不持续变化时使用 Import 模式。在 DirectQuery 模式下，Power BI 直接连接数据源（数据不被导入 Power BI），Power BI 会在建立可视化或进行可视化交互时向数据源发送查询请求，视图刷新所花费的时间取决于数据源的性能，每个查询的返回量限制为小于或等于 100 万行。当数据量非常大、变化频繁且报表必须反映最新数据时，使用 DirectQuery 模式可以构建实时或接近实时的 BI 解决方案。

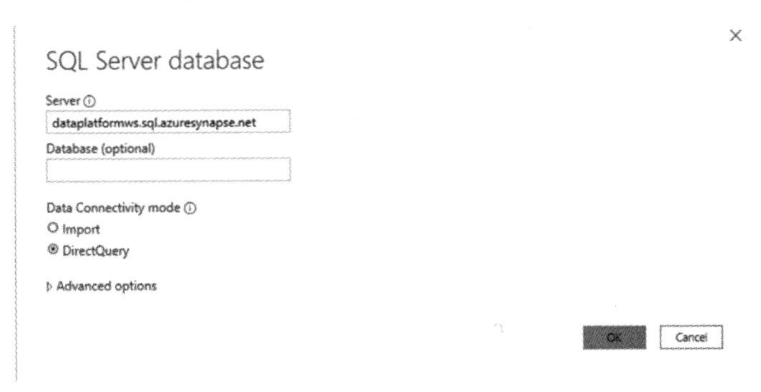

图 7-9　连接 SQL 池服务器对话框

（4）如图 7-10 所示，在弹出的身份凭证对话框里选择 Database，然后输入 Synapse 工作区 SQL 管理员名称（本书示例使用 cloudsa）和密码。单击 Connect。

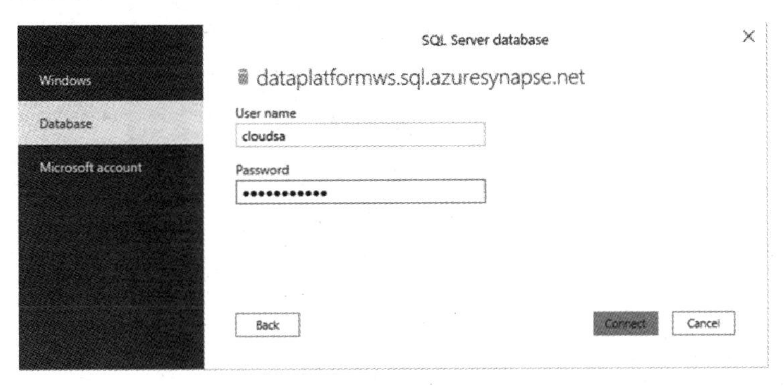

图 7-10　身份凭证对话框

（5）如图 7-11 所示，Navigator 窗口会显示 Synapse 服务器上的 SQL

池和数据表。选择已导入 Synapse 专用 SQL 池的 Airlines、Airports 和 Flights 这 3 张表。用户可以单击 Transform Data，在加载数据前转换和清理数据，由于本书演示的数据已经处理过了，这里直接单击 Load 加载所选的表。

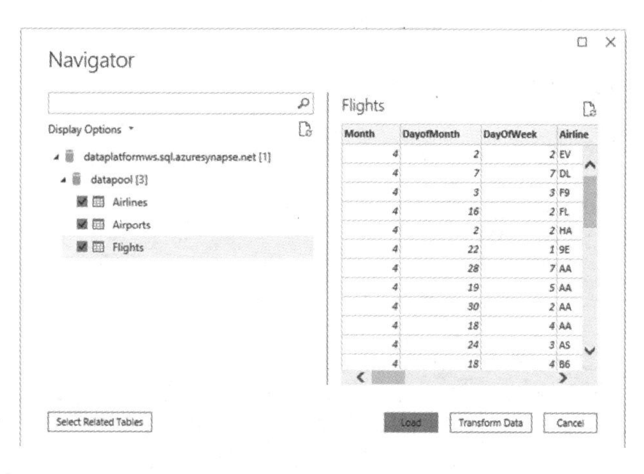

图 7-11　Navigator 窗口

（6）在数据加载完成后，字段窗格会显示所有已加载的表及其字段，如图 7-12 所示。

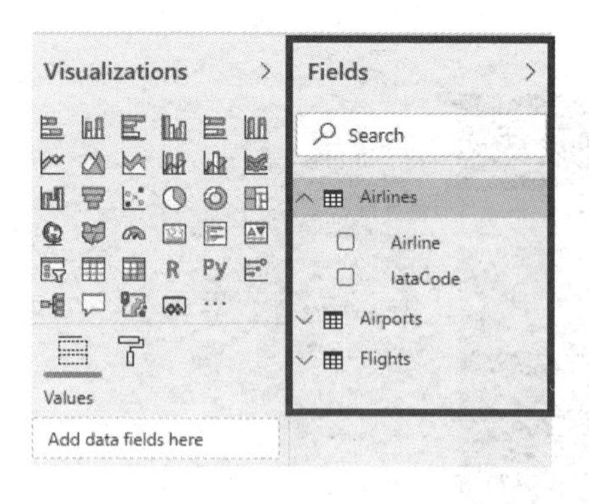

图 7-12　字段窗格

4. 管理数据关系

用户有时需要同时对多个表中的数据进行分析。为确保计算结果准确并在报表中显示正确信息，在设计报表前，还需要设置这些表及字段之间的关系。在示例中，Airlines、Airports 和 Flights 这 3 张表构成了一个星型模式，其中 Flights 是一张事实表，而 Airlines 和 Airports 则是维度表。Flights 表中的 Airline 字段对应 Airlines 表中的 IataCode 字段，OriginAirport、DestinationAirport 字段也对应 Airports 表中的 IataCode 字段。

（1）单击左侧边栏的模型视图图标，切换到模型视图，如图 7-13 所示。Power BI Desktop 在加载数据时会自动检测各表中的字段名，如果这些表存在相应的关系，则会自动创建这些关系。本书示例用的字段名在各表中不相同，所以 Power BI Desktop 无法自动确定存在的匹配项，我们需要手动创建表之间的关系。

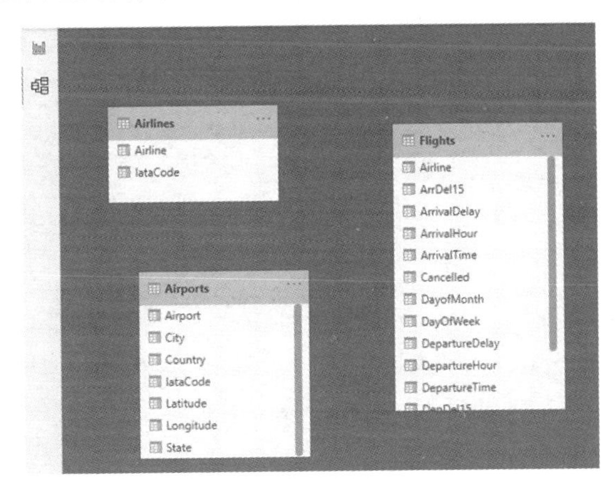

图 7-13　模型视图

（2）在模型视图中，将 Airlines 表中的 IataCode 拖动到 Flights 表中的 Airline 上，这时会弹出 Create relationship 对话框，如图 7-14 所示，Airlines 表中的 IataCode 和 Flights 表中的 Airline 之间是 1 对多的关系，单击 OK。

（3）虽然可以使用同样的步骤对 Airports 表中的 IataCode 和 Flights

表中的 OriginAirport、DestinationAirport 字段建立 1 对多的关系，但这会在两个表之间建立多个关系。由于 Power BI Desktop 仅允许两个表之间存在一个活跃关系，因此无法同时使用 OriginAirport、DestinationAirport 字段。这里我们需要对表进行一些处理，如图 7-15 所示，单击功能区的 Transform data 打开 Power Query Editor 窗口。

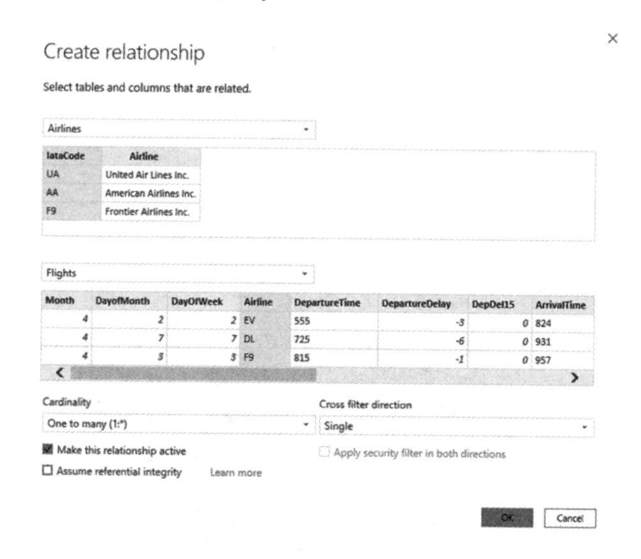

图 7-14 Create relationship 对话框

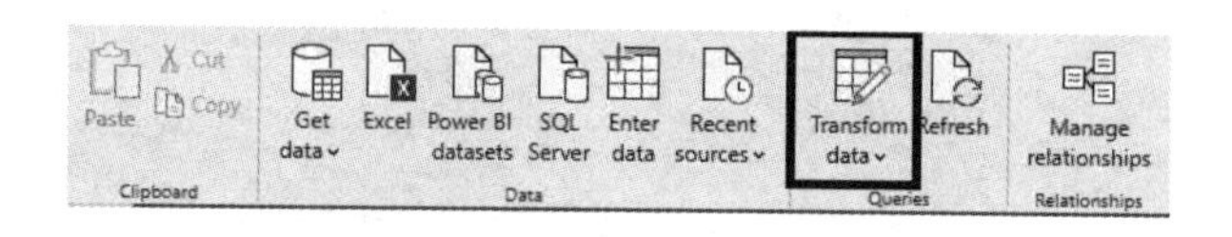

图 7-15 功能区的 Transform data

本示例的解决方案是复制一个 Airports 表。这样一个 Airtports 表对应 OriginAirport，另一个 Airports 表对应 DestinationAirport。

（4）如图 7-16 所示，在 Power Query Editor 窗口右键单击 Airports，选择 Rename，将其名称改为 AirportsFrom。然后右键单击 AirportsFrom，选择 Duplicate，可以看到新增了一个表，将其名称改为 AirportsTo。单击

Power Query Editor 窗口功能区中的 Close & Apply。

（5）在模型视图里按照相同步骤建立 AirportsFrom 表中的 IataCode 和 Flights 表中的 OriginAirport、AirportsTo 表中的 IataCode 和 Flights 表中的 DestinationAirport 之间的 1 对多关系，如图 7-17 所示。

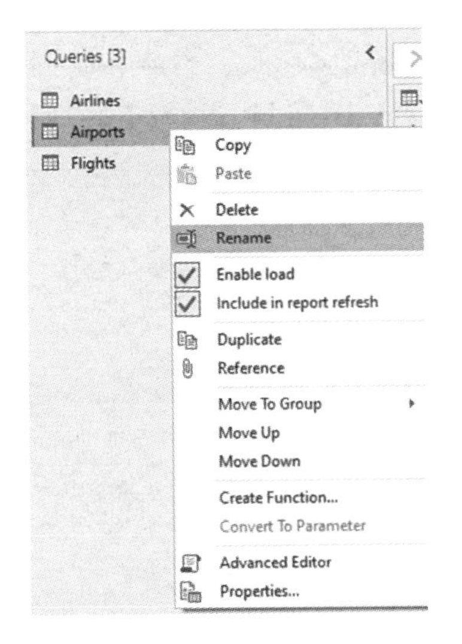

图 7-16　右键单击 Airports

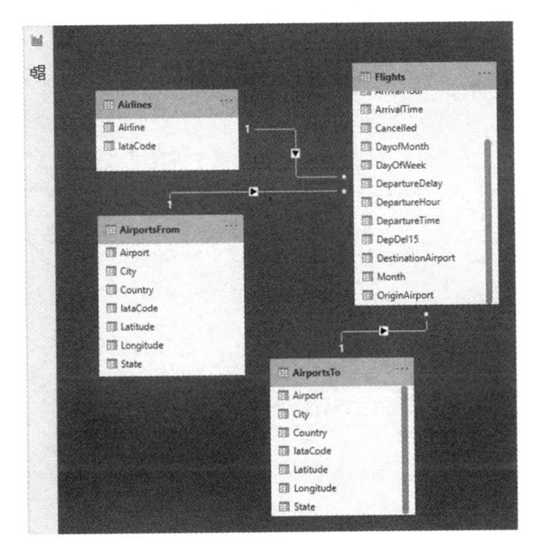

图 7-17　模型视图里各表的最终关系

5. 创建报表

接下来，我们创建关于航空公司航班延误的报表。

（1）单击左侧的报表视图图标切换到报表视图。在可视化效果窗格上单击 Clustered column chart，即簇状柱形图，画布上出现一个空占位符，类似选择的视觉对象类型。将 Airlines 表中的 Airline 字段拖至可视化效果窗格下面的 Axis，将 Flights 表中的 DepartureDelay 字段拖至 Values。此时画布上会出现一个柱状图，展现各航空公司出发延误时间的总和，如图 7-18 所示。

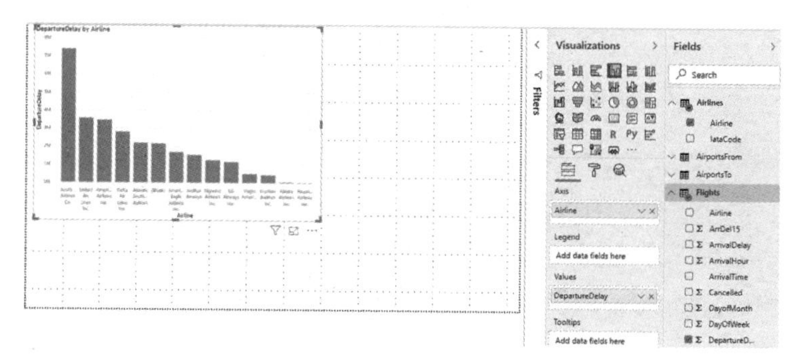

图 7-18　簇状柱形图

（2）按航空公司确定的总延误时间价值并不大，往往一个航空公司的航班越多，它的延误总时长就越大。单击 Values 下 DepartureDelay 旁边的三角形下拉菜单，选择 Average（见图 7-19）。Values 变为 Average of DepartureDelay。

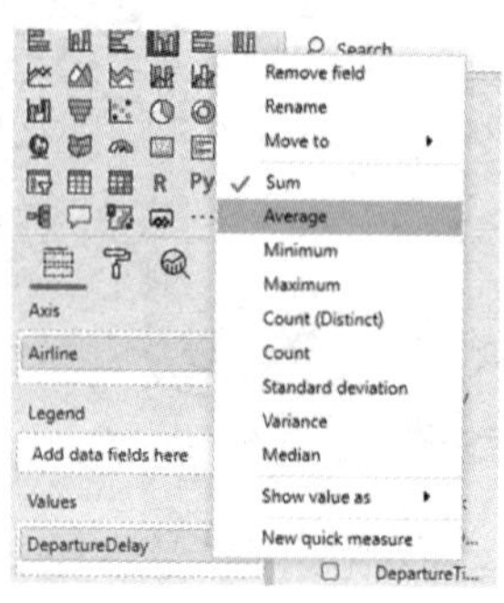

图 7-19　修改 Values 选项

（3）将 Flights 表中的 ArrivalDelay 拖到 Average of DepartureDelay 下面，再次在下拉菜单中选择 Average。这样可以得到按航空公司确定的平均出发延误时间和平均到达延误时间的柱状图，如图 7-20 所示。

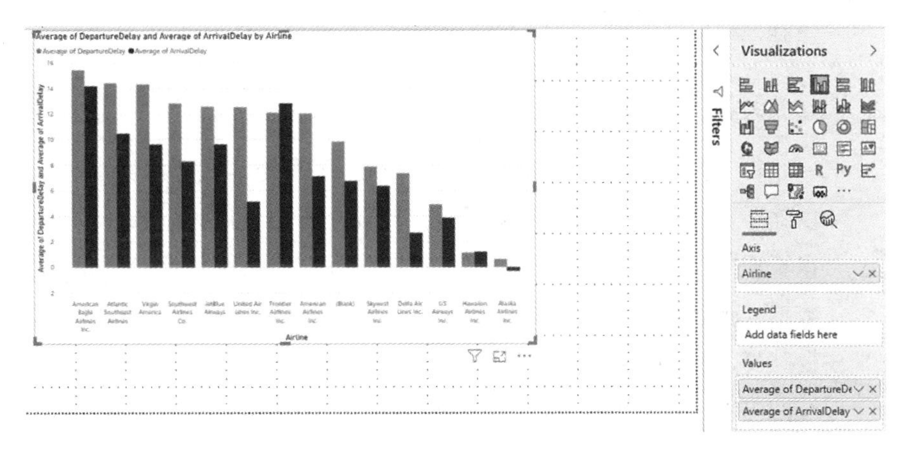

图 7-20　按航空公司确定的平均出发延误时间和平均到达延误时间的柱状图

（4）用户可以通过单击可视化效果选项下面的画笔图标 来更改标题和设计默认值。展开 Title，将 Title text 改为 Average Departure & Arrival Delays in Minutes，如图 7-21 所示。

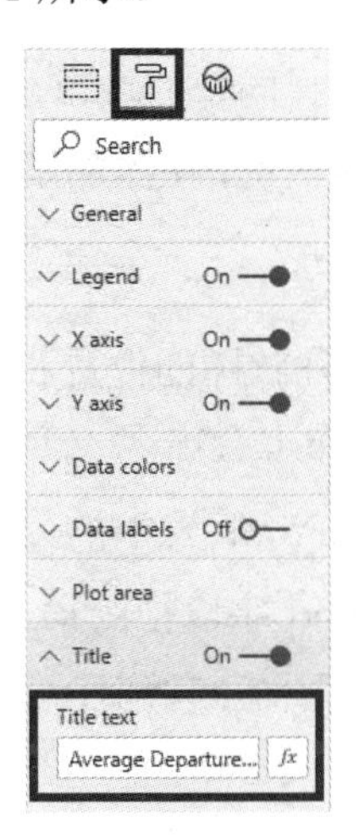

图 7-21　修改可视化效果对象的 Title 属性

以上报表提供了航空公司的平均延误时间，但并不能说平均延误时间长的航空公司总会延误，也许航空公司在一些机场有很大的延误，但在其他机场都很准时。接下来，我们继续修改报表，分析几个机场之间的航线延误情况。

6. 交互式可视化

在 Power BI 中，使用筛选器（Filters）和交互式切片器（Slicers）可以缩小数据子集的范围。筛选器可以应用于一个可视化对象、整个页面或报表中的所有页面。用户可以在编辑报表时使用筛选器设置条件以筛选数据，报表显示的是筛选后的数据。如果随后将结果作为 Power BI 仪表板共享，那么仪表板的只读用户由于无法修改筛选条件，将只能看到筛选过的内容，而无法看到完整的原始数据。如果用户需要交互式地筛选数据，则应该使用交互式切片器保留所有数据。

（1）单击画布的空白处，将 AirportsFrom 表中的 City 字段拖至 Filters 窗格的 Filters on this page，然后选择城市 Atlanta、Boston、Chicago、Cleveland、Las Vegas、Los Angeles、New Orleans、New York、Philadelphia、San Francisco、San Jose 和 Seattle。将 AirportsTo 表中的 City 字段也拖至 Filters on this page，选择同样的城市，如图 7-22 所示。该演示会分析这些城市之间的航班延误情况，在添加了这些筛选条件后，平均延误时间会略有变化。

（2）在画布上调整柱状图的位置和大小，单击画布的空白处，然后选择切片器图标，画布上会出现一个空占位符，用同样的方式添加第 2 个切片器。将 AirportsFrom 表中的 Airport 字段拖至第 1 个占位符，AirportsTo 表中的 Airport 字段拖至第 2 个占位符。切片器会列出位于所选城市的所有机场，如图 7-23 所示。

Filters
Search
Visualizations
Fields
Filters on this page
City
is Atlanta, Boston, Chicago, Cleveland, Las Vegas, Los Angele...
Filter type
Basic filtering
Seattle
Seattle 1
Atlanta 0
Boston 0
Chicago 0
Cleveland 0
Las Vegas 0
Los Angeles 0
Require single selection
City
is Atlanta, Boston, Chicago, Cleveland, Las Vegas, Los Angele...
Filter type
Basic filtering
Seattle
Seattle 1
Atlanta 0
Boston 0
Chicago 0
Cleveland 0

图 7-22　筛选器

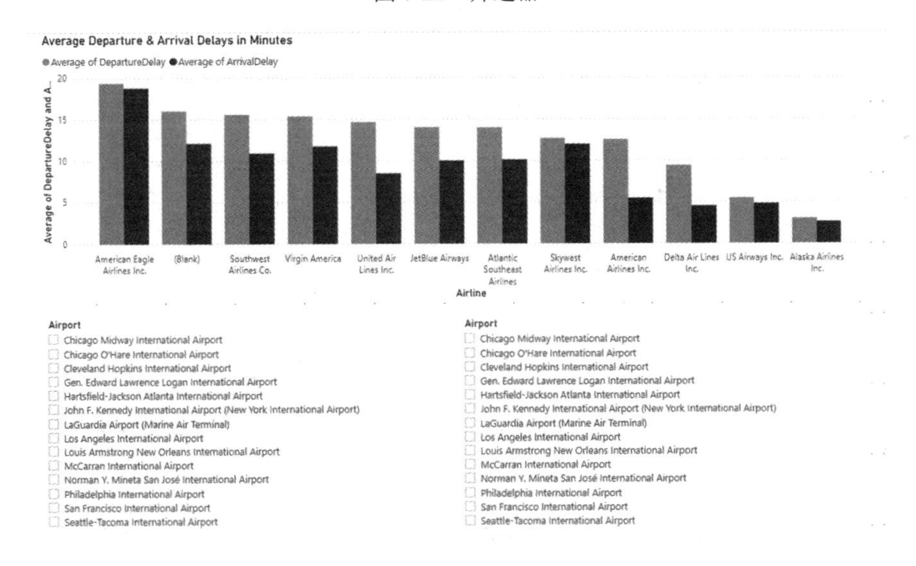

图 7-23　交互式切片器显示结果

（3）切片器默认使用字段名，所以我们需要指出哪个切片器是出发机场，哪个切片器是到达机场。右键单击字段窗格里 AirportsFrom 表中的 Airport 字段，选择 rename，改名为 Origin Airport。右键单击 AirportsTo 表中的 Airport 字段，选择 rename，改名为 Destination Airport。切片器的标题会自动更新。在 Origin Airport 切片器里选择 Chicago O'Hare International Airport，在 Destination Airport 切片器里选择 Seattle-Tacoma International Airport，以柱状图显示，在这 2 个机场运营的航空公司中，Alaska Airlines Inc.是没有延误（甚至提前到达）的航空公司，如图 7-24 所示。

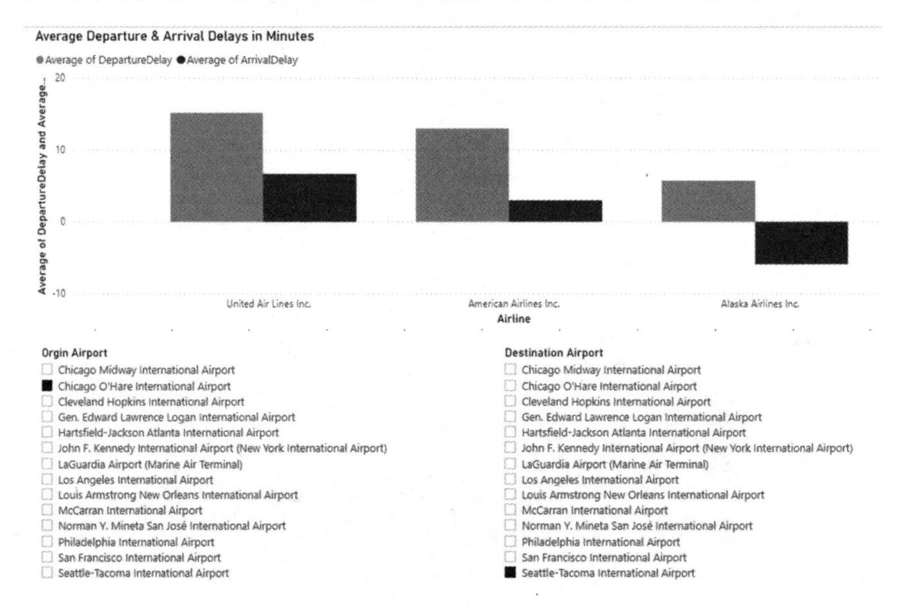

图 7-24　使用切片器

在演示中，对于数据集的变动，如修改字段名、复制表等，都只发生在 Power BI 中，不会影响数据源。

7. 发布至 Power BI 服务

（1）保存完成的报表为 pbix 文件，如 flightDelay.pbix。

（2）如图 7-25 所示，单击功能区的 Publish。

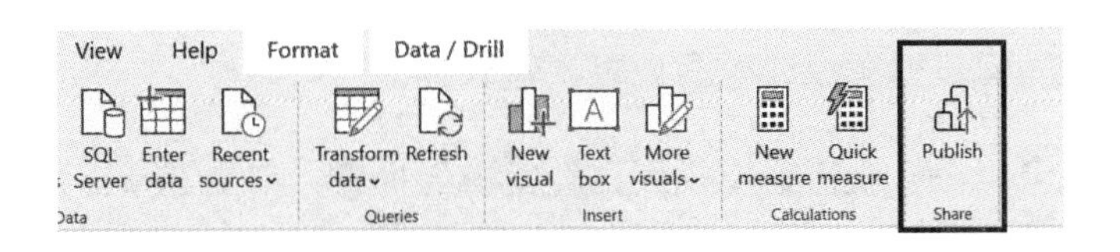

图 7-25　发布至 Power BI 服务

（3）Publishing to Power BI 对话框里会列出当前账户下的所有工作区。在 Power BI 服务中，工作区是仪表板和报表的集合，用户可以在工作区和团队其他成员共同进行数据分析，共享相关资源。选择 My workspace，单击 Select。

（4）在发布完成后，单击 Open ‘flightdelay.pbix’ in Power BI 链接，将打开浏览器并跳转到 Power BI 服务，如图 7-26 所示。

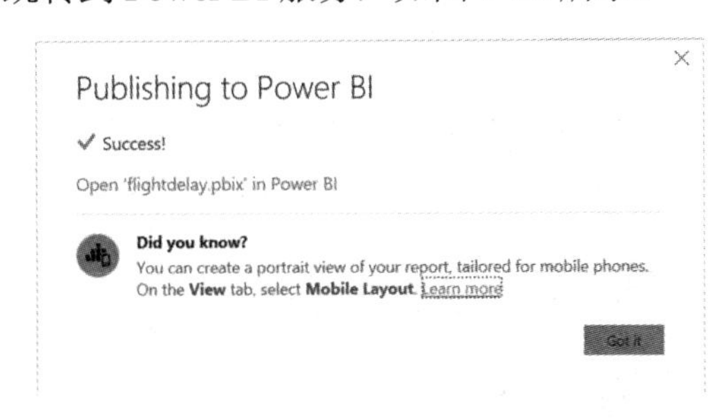

图 7-26　报表发布完成

7.3.4　使用 Power BI 服务

Power BI 服务是一个 SaaS 应用，用户可以通过 https://powerbi.microsoft.com 登录服务。如前所述，Power BI 的常见工作流程是在 Power BI Desktop 中创建报表，将其发布至 Power BI 服务，然后由 Power BI 服务管理这些报表，并与他人共享。本节将演示如何使用 Power BI 服务。

1. 配置连接凭据

本示例使用的是 DirectQuery 连接方式，Power BI 服务需要使用用户凭证访问数据源。此处需要再次输入凭证。

（1）在导航窗格中找到已经发布的报表，单击 Power BI 服务主页右上角的齿轮状图标，选择 Settings，如图 7-27 所示。

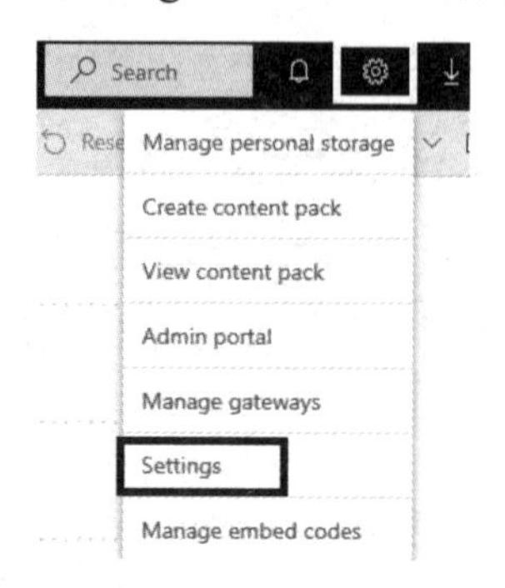

图 7-27 Power BI 服务主页的 Settings 菜单项

（2）在 Settings 页面单击 Datasets，选择刚发布的 flightdelay，然后展开 Data source credentials，单击 Edit credentials，如图 7-28 所示。

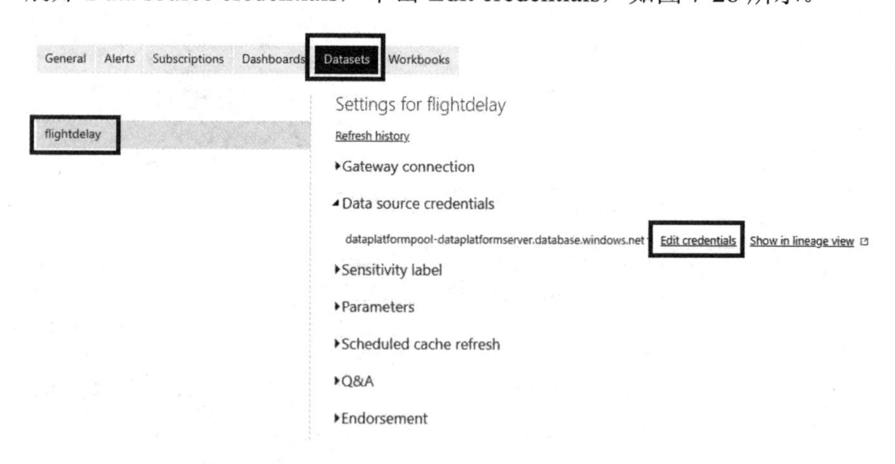

图 7-28 设置 Data source credentials

（3）如图 7-29 所示，输入 SQL 池服务器的用户名和密码，单击 Sign in，Power BI 服务会在浏览器里显示与 Power BI Desktop 里一样的报表。

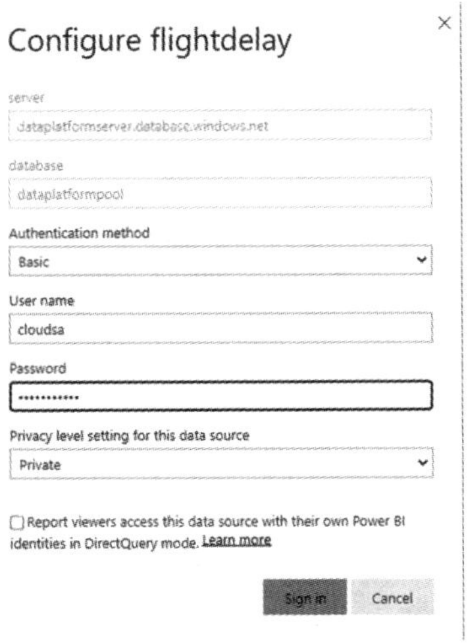

Configure flightdelay

server

dataplatformserver.database.windows.net

database

dataplatformpool

Authentication method

Basic

User name

cloudsa

Password

Privacy level setting for this data source

Private

Report viewers access this data source with their own Power BI identities in DirectQuery mode. Learn more

Sign in　Cancel

图 7-29　输入 SQL 池服务器的用户名和密码

2. 编辑报表

Power BI 服务本身支持轻量级报表编辑和协作，例如，单击 Power BI 服务主页左侧导航窗格最下面的 Get data 可导入数据源，创建新报表。对于现存的报表，单击 Edit 按钮可以进入编辑模式，直接进行修改，如图 7-30 所示。

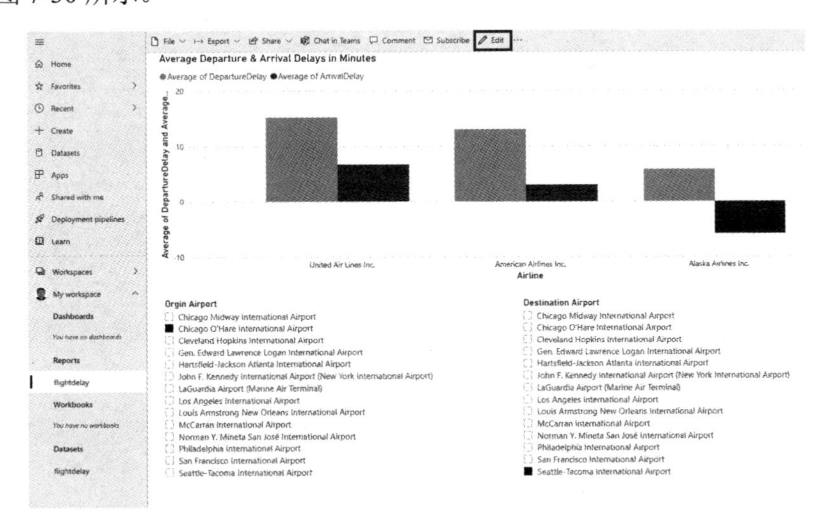

图 7-30　在 Power BI 服务中编辑报表

3. 共享报表

（1）Power BI 服务支持多种共享方式。单击主页上方的 Share，选择 Report，如图 7-31 所示。

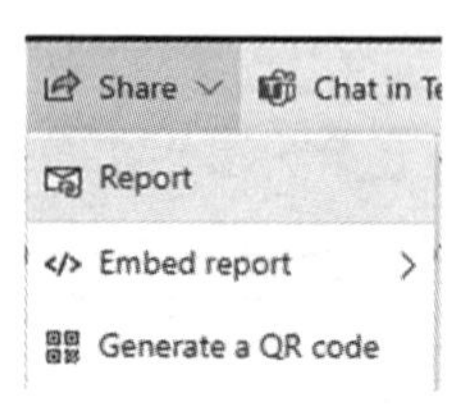

图 7-31　Power BI 服务主页的 Share Report 选项

（2）然后在浏览器右侧弹出的 Share report 窗格里输入对方的 Email 地址，即可共享，如图 7-32 所示。

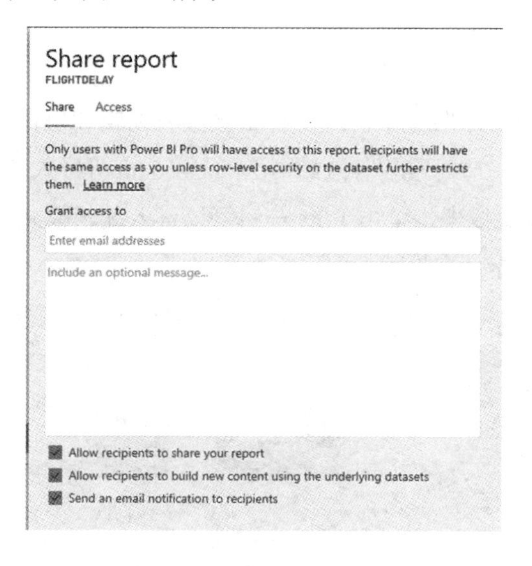

图 7-32　Share report 窗格

（3）对方的邮箱会收到一封来自 no-reply-powerbi@microsoft.com 的通知邮件，如图 7-33 所示，单击 Open this report 即可访问共享的报表。

图 7-33　Share report 通知邮件

（4）Power BI 服务也可以生成有关报表的 HTML 代码和相应的链接，如图 7-34 所示。用户可以使用这些代码和链接将报表嵌入 SharePoint online 及自己的网站中。

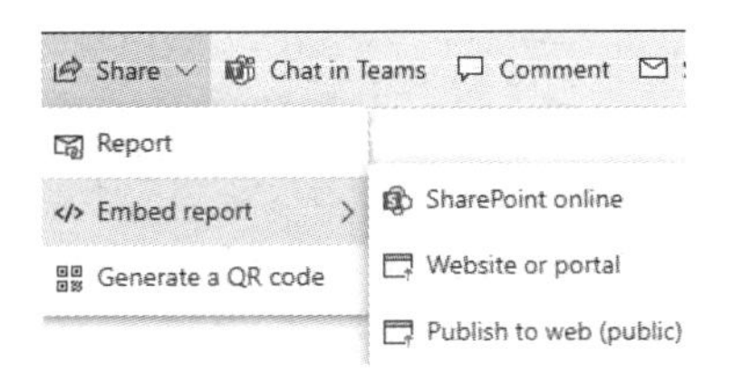

图 7-34　生成报表的 HTML 代码和链接

7.4　本章小结

数据可视化是对信息的可视化描述，是数据分析的重要组成部分。本章介绍了目前市场上比较流行的可视化工具，并以 Power BI 为例，演示了如何创建、发布和共享报表，以及对数据仓库中的数据进行可视化。

第8章

机器学习

机器学习是当今计算机领域炙手可热的技术，它已经走入我们生活的方方面面，无时无刻不在影响和改变着这个世界。例如，当我们打开浏览器并在搜索框内输入文字时，搜索引擎背后以机器学习为核心的系统已经在理解输入的文本，最终将结合用户个人兴趣返回结果。机器学习历史久远，计算机科学家图灵早在 1950 年就发表了论文《计算机器与智能》，提出了人工智能领域著名的图灵测试，即如果电脑能在 5 分钟内回答测试者提出的一系列问题，而且超过 30% 的回答能让测试者认为是人类所答，则可认为该电脑具有智能。1952 年，Arthur Samuel 创建了世界上第一个机器学习程序——一个简单的棋盘游戏，计算机能够从游戏中学习策略，并提高自己的游戏水平。那用现代的眼光看，什么是机器学习呢？

8.1　机器学习概述

机器学习是一个涉及多学科的专业领域，包括计算机科学、统计学、信息学和神经科学等多个学科。机器学习基于数据和算法构建模型并对模型进行评估。如果效果达到了要求，就用该模型处理其他目标数据；如果达不到要求，则进一步调整算法或参数，重新建立模型并再次评估，通过反复测试和评估来获得满意的模型。

8.1.1　算法类型

根据算法类型，机器学习可以分为四类，即监督学习（Supervised Learning）、无监督学习（Unsupervised Learning）、半监督学习（Semi-Supervised Learning）和强化学习（Reinforcement Learning）。

1. 监督学习

监督学习使用标记过的数据进行训练。所谓标记过的数据，指的是包含已知输入和输出的原始数据。其中输入数据中的每个变量都称为一个特征（Feature）值，而输出数据则是针对这些输入数据的输出的期望值，也称标签（Label）值。在监督学习中，计算机使用输入数据计算输出值，然后对比标签值计算误差，通过迭代寻找最佳模型参数。监督学习通常用于基于历史数据的未来事件预测，主要解决两类问题，即回归（Regression）和分类（Classification）。在天气预报中使用历史数据预测未来几天的温度、湿度和降雨量等就是典型的回归问题，其输出的数据是连续的；而分类问题的输出是不连续的离散值，例如，使用历史数据判断航班是否晚点是一种二元分类问题，其输出值只有“是”和“非”两种可能。在实际情况中，有些场景既可以看作回归问题，也可以看作分类问题，如天气预报中将利用回归计算得到的温度值转换为“炎热”和“凉爽”的分类问题。

常用的监督学习算法包括 K 邻近算法（K-Nearest Neighbors，KNN）、线形回归（Linear Regression）、逻辑回归（Logistic Regression）、支持向量机（Support Vector Machine，SVM）、朴素贝叶斯（Naive Bayes）、决策树（Decision Tree）、随机森林（Random Forest）、神经网络（Neural Network）和卷积神经网络（Convolutional Neural Networks，CNN）等。

2. 无监督学习

与监督学习不同，无监督学习所使用的原始数据的输出部分没有标签，也就是说，在训练的时候并不知道期望的输出是什么。所以，无监督学习并不像监督学习那样预测输出结果，而是解决输入数据的聚类（Clustering）和特征关联（Correlation）问题，目标是通过训练来发现输入数据中存在的共性特征，或者发现特征值之间的关联关系。其中，聚类算法根据对象属性进行分组，例如，针对图 8-1 中的数据，算法会根据这组数据里 x 与 y 的值将其分为 4 个不同的簇，所以聚类算法可以用于识别不同的客户群体，然后在营销活动中向其推送不同的广告信息。

常用的无监督学习算法包括 K 均值聚类（K-Means Clustering）、主成分分析（Principal Component Analysis，PCA）算法、自组织映射（Self-Organizing Map，SOM）神经网络和受限玻尔兹曼机（Restricted Boltzmann

Machine，RBM）等。

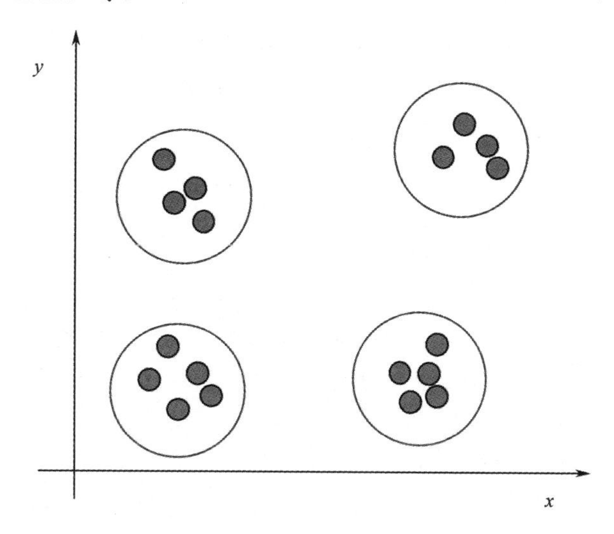

图 8-1　聚类

3. 半监督学习

半监督学习与监督学习的应用场景相同，主要面向分类和回归。但半监督学习使用的原始数据只有一部分有标签。因为无标签数据的获取成本更低，在实际场景中，用户会倾向于使用少量的标签数据与大量的无标签数据进行训练。例如，在图像识别领域，先在大量含有特定物体的原始图像中挑选部分图像进行手工标注，然后就可以使用半监督学习对数据集进行训练，得到能够从图像中准确识别物体的模型。

常用的半监督学习算法包括协同训练（Co-Training）和转导支持向量机（Transductive Support Vector Machine，TSVM）等。

4. 强化学习

强化学习面向决策链问题，在不断变化的状态下，强化学习的目的是确定当前状态下的最佳决策。由于当前的决策往往无法立刻被验证和评估，所以强化学习往往没有大量的原始数据，计算机需要进行大量的试错学习，基于错误发现哪些行动能产生最大的回报，再根据规则找到生成最佳结果的最优路径。强化学习的目标是学习最好的策略，通常用于机器人、自动驾驶、游戏和棋类等，2016 年横空出世的 AlphaGo 就是典型的强化学习案例。

8.1.2 业务场景

机器学习已经成为许多企业价值驱动的核心要素，其应用范围非常广泛，以下为业界常见的机器学习业务场景。

1. 决策支持

机器学习能够帮助企业对大量历史数据和相关数据集进行分析，提出最佳方案的决策建议。例如，在医疗行业，基于机器学习的临床决策工具可以帮助医生进行诊断并选择合适的治疗方法，提高效率并提升治疗效果；在农业领域，机器学习可以整合气候、能源、水资源等多维度数据，帮助农民做出农作物管理决策；在商业领域，决策工具能够帮助管理层预测趋势、识别问题并加速决策。

2. 个性化推荐

机器学习可以创造个性化的体验，通过为客户推荐感兴趣的相关项目提高潜在客户的转化率或推动重复销售。在电子商务场景中，机器学习可以根据客户过去的购买记录、公司当前的库存或其他类似客户的购买历史等，向不同客户推荐不同的产品和服务，增强个性化，提高客户的购物体验。在媒体娱乐场景中，机器学习可以根据用户的观看历史、具有类似兴趣的用户的观看历史，提供个性化的娱乐节目推荐，帮助用户快速找到感兴趣的视频节目，提高客户留存率。

3. 防止客户流失

客户流失率是非常关键的绩效指标，代表了客户的忠实度及企业后续的业绩发展预期。企业通过机器学习可以从大量历史数据中找到规律，理解在什么情况下容易失去客户；进而分析现有客户行为，预测客户关系是否可能发生恶化，提醒业务人员哪些客户存在转向其他供应商的可能。

4. 客户服务改善

改善客户服务是提高企业品牌和客户忠实度的重要途径之一，成熟的企业会将客户服务中心视为至关重要的资产，而不是纯粹的成本中心。客户服务是一项高度依赖经验的工作，提高客服人员的工作效率是所有客户服务中心的核心内容。机器学习能帮助客服人员根据客户提供的基本信息及时获得所需信息，更迅速地为其解决问题；也能通过资源预测优化人员配备，利用自动化的后台工具减少客户等待时间和问题解决时间，提高客户服务的工作效率。

5. 网络欺诈检测

网络欺诈每年会在世界范围内造成几十亿美元的损失，传统的用于防范虚假账户访问、信用卡盗窃和其他网络恶意行为的应用程序已经无法适应如今网络犯罪的多样性和“高速发展”。机器学习可以理解规律并发现规律之外异常情况的能力使其成为检测网络欺诈行为的利器，在金融、旅游、游戏和零售等领域得到了广泛应用。例如，金融机构利用机器学习了解单个客户的典型行为，包括经常在何地使用信用卡，以及刷卡金额的范围和经常购买的物品种类；当发生新交易时，机器学习利用掌握的规律，结合其他相关数据集，可以迅速判断该交易是否超出了正常交易的规范标准，是否存在欺诈的可能性。这种准确性和高效性能够大大提高抵御网络诈骗的能力，但仅靠人工是几乎不可能实现的。

8.2　机器学习的流程

机器学习项目的成功在很大程度上依赖训练数据的质量。机器学习流程一般包括如下七个步骤：数据获取、数据探索、数据处理、模型训练、模型评估、参数调整和模型部署。

1. 数据获取

用于机器学习训练的原始数据可能来自不同的数据源，包括数据库里的结构化数据、企业应用的文本日志或各类图片。在数据获取阶段，需要对原始数据进行整合，以方便实施后续步骤。

2. 数据探索

机器学习的本质是从已有数据中获取经验，所以训练数据的质量和数量直接影响训练模型的效果。在数据探索阶段，需要通过数据可视化检查变量之间是否存在依赖关系，或者数据本身是否存在平衡问题，进而提炼出高质量的数据。

3. 数据处理

在数据处理阶段，需要对数据进行调整（包括去重和归一化等），还需要将数据分成两部分，其中一部分用于训练模型，另一部分（预留）用于评估训练好的模型，这样可以避免使用训练数据进行评估而发生的过拟合。

4. 模型训练

针对不同的机器学习场景，研究人员和数据科学家已经创建了许多成熟的算法，在模型训练阶段，数据工程师可以选择适当的算法并基于已处理好的数据进行训练。

5. 模型评估

在模型训练完成后，可以进行模型评估，测试模型的准确率和召回率等指标是否符合要求。在模型评估阶段，需要使用预留的评估数据集，检查模型在“从未见过”的数据上的表现。

6. 参数调整

在完成模型评估后，基于评估结果，数据工程师可能需要更改算法或调整参数以进一步改善模型。算法的参数一般在训练时进行了隐含假设，通过调整参数可以重复测试这些假设及其他值，进一步对模型进行优化。

7. 模型部署

在获得满意的模型后，需要进行模型部署，将模型部署到生产环境中以服务用户，这也是机器学习价值的最终体现。

8.3 机器学习的挑战与云原生平台的优势

机器学习已成为企业争相追逐的发展方向，但实施过程中的挑战不容忽视。

1. 数据获取

机器学习应用的核心挑战是收集和组织模型训练所需的数据，这与学术界科学研究的场景形成鲜明对比。在科学研究中，数据科学家会把主要精力放在创建新模型上，用数据训练模型只是为了证明模型的功能，而不是为了解决实际问题。与之相反，在机器学习的实际应用场景中，常见的公共数据集往往难以满足具体业务对数据维度的要求，也就是说，收集高质量、准确的数据至关重要。以目前非常成熟的图像识别为例，实际场景的需求往往是识别与企业业务相关的图像，例如，为了让机器学习模型可靠地识别农作物和杂草的图像，工程师需要在不同的照明、环境和土壤条件下拍摄图像，然后将图像标记为“农作物”或“杂草”，这是一个费时费力的过程。

2. 数据处理

随着大数据生态系统越来越多样化，数据量呈爆炸式增长。信息可能来自众多不同的数据源，从传统的事务性数据库到 SaaS 平台，再到移动设备和物联网设备。当需要从不同来源引入数据时，往往会面临数据库模式不一致、数据缺失等问题。另外，在处理数据的过程中，除了需要考虑时间成本和金钱成本，还要考虑合规性，如医疗和银行业要求将训练数据中的敏感信息剔除。在这种情况下，将打标签任务进行外包可能行不通，产品团队需要自行处理。所以，机器学习系统需要具有将不同来源的数据自动整合到数据湖中的能力，以支持模型的训练和维护。

3. 模型维护

机器学习模型从数据中寻找模式，并预测未来的结果。随着环境的变化，数据也在发生变化。以新冠肺炎疫情为例，它改变了我们很多生活习惯，也让许多机器学习模型不再有效。例如，随着购物从实体店“过渡”到网上商城，用于供应链管理和销售预测的机器学习模型变得过时了，需要重新训练、管理和纠正，才能继续提供有意义的输出。因此，机器学习需要完善的流程来持续收集新数据并更新和管理模型。如果是监督学习模型，还要有在流程中为新数据贴标签及允许用户对机器学习模型的预测提供反馈的能力。

4. 技能需求

机器学习涉及计算机科学、统计学、信息学和神经科学等多个学科，对从事机器学习的数据科学家和数据工程师要求很高，他们需要同时具备数据分析、算法选择、特征工程、交叉验证和解决问题的能力。为了将机器学习在具体业务场景中落地，数据工程师更要熟悉包括 Python 和 C++在内的多种编程语言，其中 Python 对机器学习来说是最重要的语言，而 C++主要用于提升代码速度。同时，数据工程师需要能够熟练使用开源代码或者第三方代码，在分布式平台上调度机器学习工作负载。所以，合格的机器学习人才既稀少又非常“昂贵”。

5. 工具需求

机器学习流程包括数据获取、数据探索、数据处理、模型训练等多个步骤，如果没有集成工具，机器学习只能局限于业界专业领域而无法“普惠大众”。当传统的零售、农业和制造业企业等意识到机器学习的重要性并进入该领域时，由于缺乏足够的经验，因此各业务线往往选择独自建立机器学习工具集，快速落地应用到具体的业务场景中。这种模式虽然为业务抢占市场赢得了先机，但由于业务线重复“造轮子”，数据处理、模型训练等都是各自独立的，面对复杂的交叉业务难以协同工作。

6. 算力需求

机器学习不断向大数据量、多参数的方向发展，这对算力提出了严峻要求。2020 年，OpenAI 发布了有史以来最强的 NLP 预训练模型 GPT-3，模型参数最多达到了 1750 亿个。为了满足 GPT-3 的算力需求，微软在 Azure 上提供了 28.5 万个 CPU 核心和 1 万个英伟达 GPU 核心。很难想象如果一个企业在本地数据中心配置如此高的算力，将需要多么高昂的硬件投入与运维成本。

可以看到，机器学习是一个复杂而“昂贵”的过程，那云计算是否有办法让其变得容易呢？正如之前章节所介绍的，公有云可以提供近乎无限的存储与算力，同时云原生大数据平台中方便高效的数据处理工具能够大大降低数据获取和数据处理的难度，使我们更容易获得高质量的数据。另外，面对机器学习在模型维护、技能需求和工具需求方面的挑战，云原生机器学习平台，包括 AWS 的 SageMaker、阿里云的 PAI（Platform of Artificial Intelligence）和 Azure 的 Azure Machine Learning Service，都旨在通过统一的工作空间提供机器学习所需的所有组件，简化机器学习过程中每个步骤中的烦琐工作，从而使用户更轻松地开发高质量模型。可以说，云原生机器学习平台不仅让机器学习在传统企业中变得“触手可及”，也使专业用户能够以更少的工作量、更低的成本，将机器学习成果投入生产环境。

8.4 云原生机器学习平台

Azure Machine Learning Service 是 Azure 上的云原生机器学习平台，一般称为 Azure 机器学习平台，提供训练、部署、自动化、管理和跟踪机器学习模型的能力，可用于任何类型的机器学习场景。典型的模型开发生命周期往往从开发或测试少量数据开始，在此阶段，Azure 机器学习平台支持使用开发者的本地计算机。随后，为了处理更大的数据集而执行分布式训练，Azure 机器学习平台提供了全托管自动缩放的计算集群，在训练任务完成后会自动释放集群，大大降低了计算资源的管理难度和成本。在建模方面，Azure 机器学习针对机器学习工作流提供了开发人员和数据科学家所需的所有工具，具体如下。

（1）Jupyter 笔记本：使用基于 Python 的 SDK（包括 PyTorch、TensorFlow、scikit-learn 和 Ray RLlib）进行机器学习。

（2）R 笔记本：使用基于 R 的 SDK 进行机器学习。

（3）机器学习设计器：能拖放模块以生成实验，工程师无须编写任何代码即可迅速创建机器学习模型。

（4）多模型解决方案加速器：能训练、操作和管理数百个甚至数千个机器学习模型。

（5）基于 Visual Studio Code 的机器学习扩展：提供了功能完备的开发环境，用于构建和管理机器学习项目。

Azure 机器学习平台支持通过机器学习管道，在数据准备及模型训练、评估和部署等各步骤中进行协作，包括自动完成端到端机器学习、重用组件，以及仅在需要时重新运行步骤，在每个步骤中使用不同的计算资源，执行批量评分任务等。机器学习管道大大简化了机器学习各步骤的协作。

如图 8-2 所示，作为云原生机器学习平台，Azure 机器学习工作区是整个平台的顶级资源，提供了统一集中的工作空间，用于执行所有与机器学习相关的操作，维护进行机器学习的资产，包括环境、实验、管道、数据集、模型和终结点。

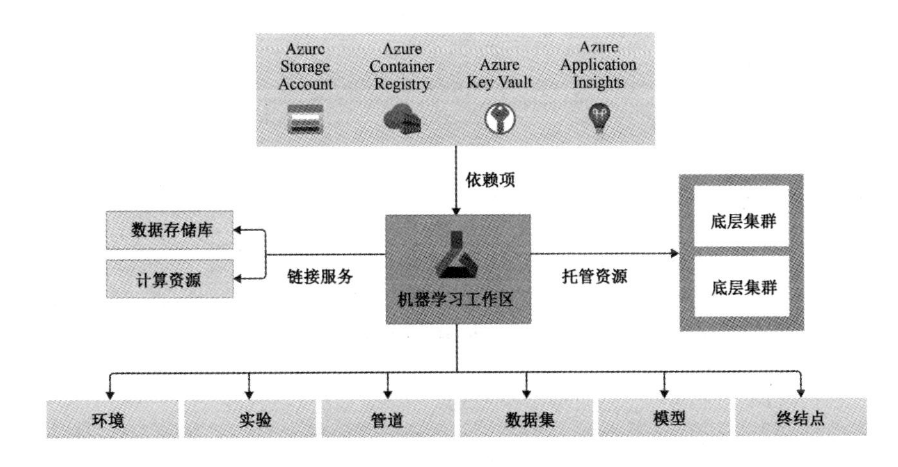

图 8-2　机器学习工作区

接下来，我们将演示如何创建工作区和相关数据集，该数据集会在后续训练中用到。

8.4.1　创建工作区

登录 Azure 管理界面，在左侧边栏单击 Create a resource 并选择 Machine Learning。如图 8-3 所示，在创建页面中输入相关信息，包括订阅、工作区名称和区域等，然后单击 Review+create 按钮开始创建。

（1）Subscription：选择自己的订阅。

（2）Resource group：dataplatform-rg。

（3）Workspace name：datapracticeaml。

（4）Region：Southeast Asia。

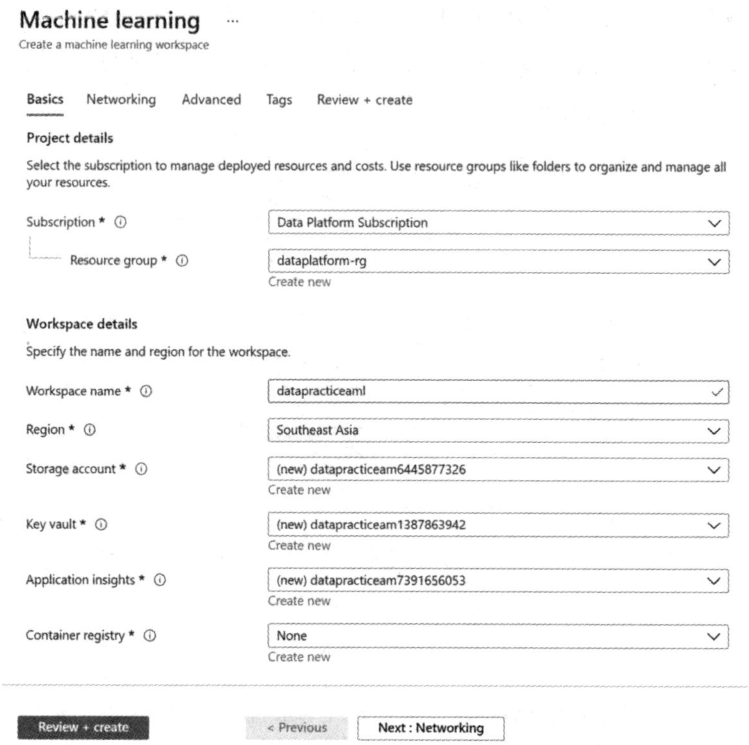

Machine learning ...
Create a machine learning workspace

Basics Networking Advanced Tags Review + create

Project details

Select the subscription to manage deployed resources and costs. Use resource groups like folders to organize and manage all your resources.

Subscription * ⓘ Data Platform Subscription

Resource group * ⓘ dataplatform-rg
Create new

Workspace details

Specify the name and region for the workspace.

Workspace name * ⓘ datapracticeaml

Region * ⓘ Southeast Asia

Storage account * ⓘ (new) datapracticeam6445877326
Create new

Key vault * ⓘ (new) datapracticeam1387863942
Create new

Application insights * ⓘ (new) datapracticeam7391656053
Create new

Container registry * ⓘ None
Create new

Review + create < Previous Next : Networking

图 8-3 创建 Azure 机器学习平台

创建好的工作区如图 8-4 所示，左侧边栏列出了机器学习流程所涉及的相关组件，包括笔记本（Notebooks）、设计器（Designer）、数据集（Datasets）和模型（Models）等。本章后续将对这些概念进行进一步的介绍。

8.4.2 创建数据存储库

在 Azure 机器学习平台上进行训练时，我们一般按以下步骤使用数据。

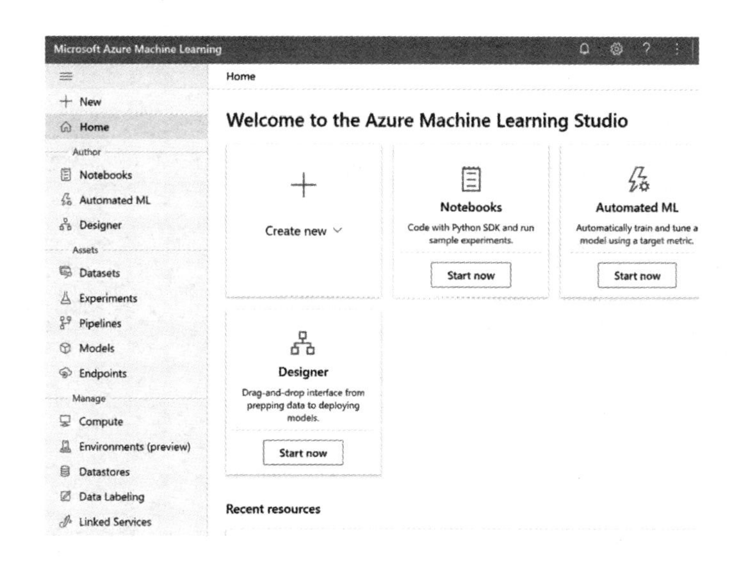

图 8-4　创建好的工作区

（1）在工作区内创建数据存储库以保存目标数据的连接信息。

（2）创建机器学习数据集，指向数据存储库中的原始数据。

（3）将数据集装载到进行实验的计算目标上，进行模型训练。

（4）对模型创建数据集监视器以监视数据偏移。其中，数据偏移是指模型输入数据中导致模型性能下降的变化，这是模型准确度在一段时间后下降的主要原因之一。监视数据偏移有助于检测模型性能问题。

（5）如果监测到数据偏移，则更新输入数据集，并相应地重新训练模型。

如图 8-5 所示，数据存储库是 Azure 机器学习在基础存储服务上提供的抽象层，其中保存了目标数据的连接信息，数据工程师无须编写“特定于存储类型”的代码即可在训练中使用相关数据，目前数据存储库支持以下几种数据源：Azure Blob、Azure 文件共享、Azure 数据湖、Azure SQL 数据库、Azure Database for PostgreSQL、Databricks 文件系统、Azure Database for MySQL。

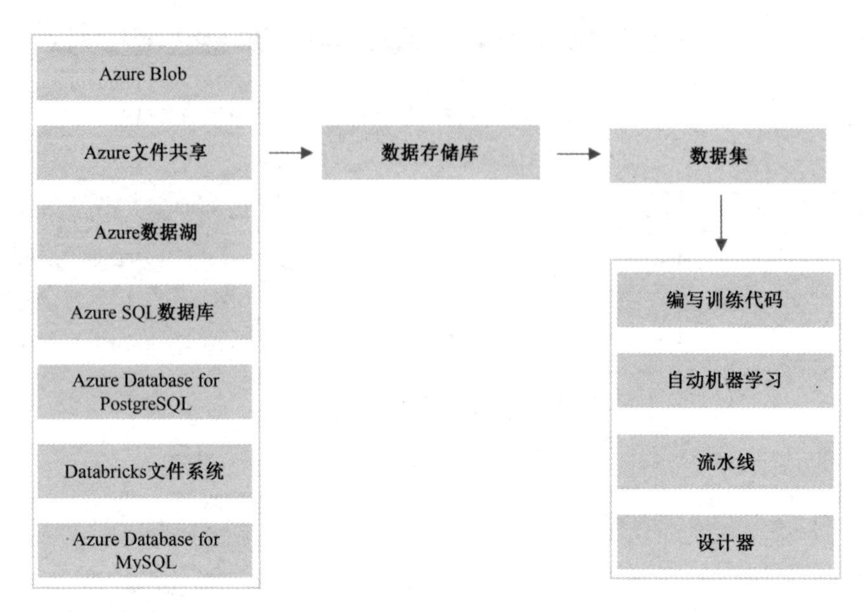

图 8-5 数据存储库

在工作区左侧边栏单击 Datastores 进入创建数据存储库页面，如图 8-6 所示，本示例选择已保存在数据湖存储中的 flightdata 容器。

New datastore
Datastore type *
Azure Blob Storage
Account selection method
From Azure subscription
Enter manually
Subscription ID *
Data Platform Subscription
Storage account *
datapracticedatalake (dataplatform-rg)
Blob container *
flightdata
Save credentials with the datastore for data access (Preview)
No
Yes
Authentication type *
Account key
Account key *
Use workspace managed identity for data preview and profiling in Azure Machine
Create
Cancel

图 8-6 创建数据存储库页面

8.4.3　创建数据集

若要在机器学习平台中与原始数据进行交互，需要在工作区中创建数据集，将数据打包成机器学习任务可用的对象。这样可在不同的实验中共享和重用该数据集，避免了数据引入的复杂性。Azure 机器学习平台支持从本地文件、公共 URL、开放数据集或数据存储库创建数据集。数据集分为以下两类。

（1）File Dataset：引用数据存储库或公共 URL 中的单个或多个文件。

（2）Tabular Dataset：以表格格式表示的数据，可以将 Tabular Dataset 加载到 Pandas 或 Spark DataFrame 中，以便进一步处理和清理。

在本示例中，我们基于已清洗并存储在 Azure 数据湖存储中的航班数据创建 Tabular Dataset。

（1）在创建数据集时，在工作区左侧边栏单击 Datasets 进入创建页面，如图 8-7 所示，在本示例中设置数据集名称为 flightdataset，并选择类型为 Tabular，单击 Next。

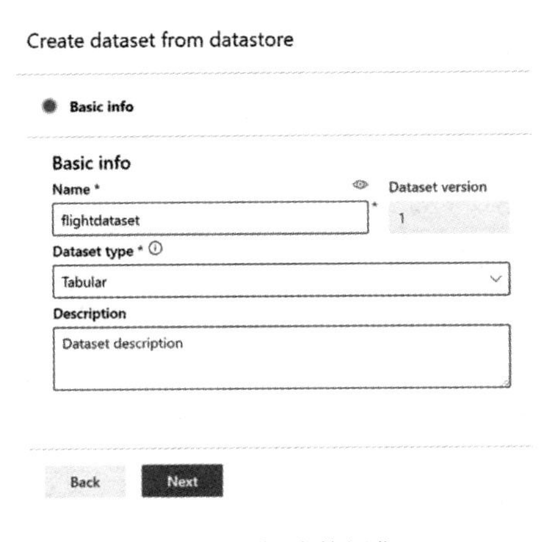

图 8-7　创建数据集

（2）如图 8-8 所示，选择已创建的数据存储库 flightdatastore，并将路径指定为 machinelearning/*.csv，这表示 machinelearning 文件夹下的所有 csv 文件构成目标数据集，单击 Next。

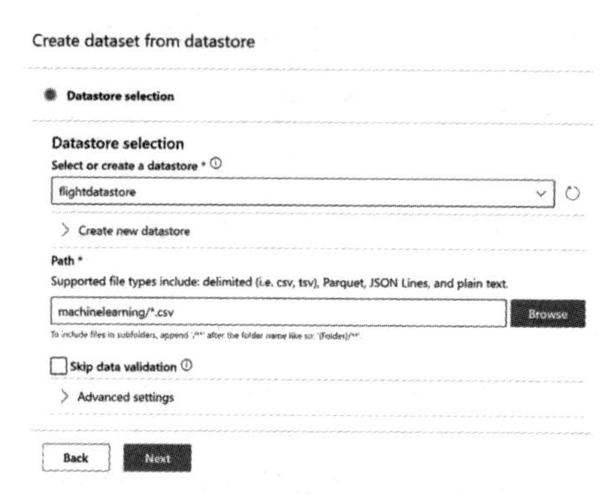

图 8-8　选择数据存储库

（3）如图 8-9 所示，在 Schema 页面可以预览当前数据集每列的名称和数据类型。本示例演示的是二元分类算法，确保将 DepDel15 的类型设置为 Boolean。

Schema

Column types are auto-detected based on the first 200 rows of the data. Please make any necessary adjustments. Values not aligning with the specific column type will fail conversion and would be either null-filled or replaced with error value.

Search

Include	Column name	Properties	Type	Format settings and
	Path	Not applicable to selected type	String	
	OriginAirport	Not applicable to selected type	String	DTW, DTW, SLC
	Month	Not applicable to selected type	Integer	4, 4, 4
	DayofMonth	Not applicable to selected type	Integer	19, 19, 19
	DepartureHour	Not applicable to selected type	Integer	8, 8, 17
	DayOfWeek	Not applicable to selected type	Integer	5, 5, 5
	Airline	Not applicable to selected type	String	DL, DL, DL
	DestinationAirport	Not applicable to selected type	String	MIA, MIA, JFK
	DepDel15	Not applicable to selected type	Boolean	false, false, false
	WindSpeed	Not applicable to selected type	Decimal (dot '.')	21, 21, 7
	SeaLevelPressure	Not applicable to selected type	Decimal (dot '.')	29.47, 29.92, 29.98
	HourlyPrecip	Not applicable to selected type	Decimal (dot '.')	0.005, 0, 0

Back　Next

图 8-9　设置数据集的 Schema

8.4.4　创建计算资源

计算资源是用于运行训练脚本或部署已训练好的模型的计算机或计算机集群，Azure 机器学习平台为训练任务提供了两类托管的计算资源。

（1）计算实例：计算实例是一个包含机器学习工具和环境的托管虚拟机，主要用于机器学习开发工作，数据工程师无须进行任何安装和配置即可运行笔记本电脑中的代码，从而进行训练和推理。

（2）计算集群：计算集群是具有多节点缩放功能的虚拟机集群，适合大型作业和生产。在数据工程师提交作业后，集群会自动纵向扩展；在作业完成后，集群则会自动回收。

在本示例中，我们将创建一个计算集群以用于后续的训练作业。如图 8-10 所示，在工作区左侧边栏单击 Compute 进入创建页面并选择配置后，单击 Next。

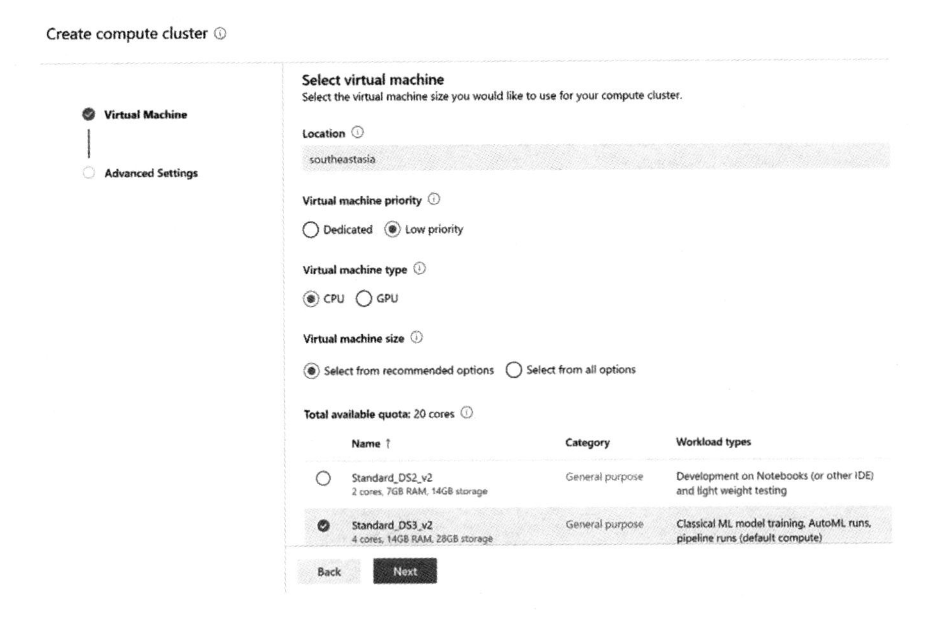

图 8-10　创建计算集群

（1）Virtual machine priority：Low priority。

（2）Virtual machine type：CPU。

（3）Virtual machine size：Standard_DS3_v2。

如图 8-11 所示，将集群名称设置为 mycluster，并对集群缩放进行如下配置。该配置代表集群在执行作业时，最多有一台机器在运行，在作业完成并闲置 1800 秒后，计算资源将全部自动回收。

（1）Minimum number of nodes：0。

（2）Maximum number of nodes：1。

（3）Idle seconds before scale down：1800。

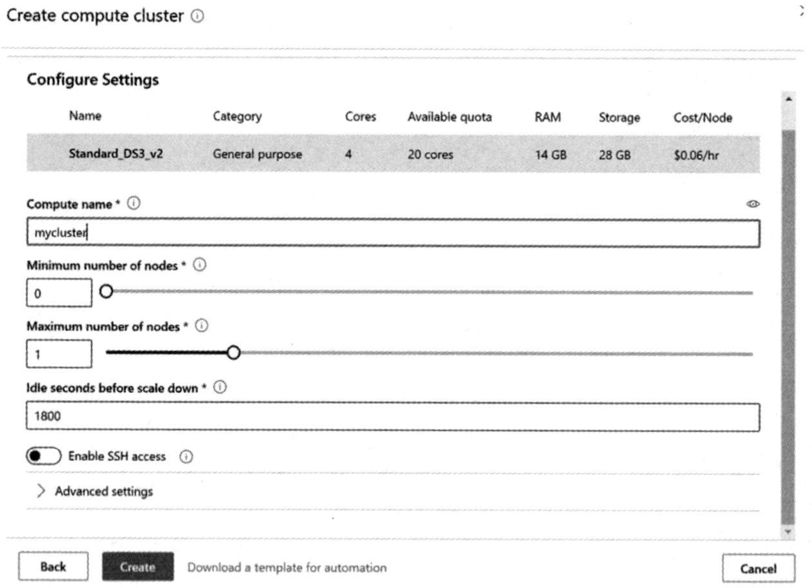

图 8-11　设置集群缩放

8.5 机器学习设计器

在准备好数据后，就可以开始建模了。Azure 机器学习设计器是一个可视化建模平台，具备流程化、可视化的建模界面，内置了丰富的经典机器学习和深度学习算法，覆盖了数据预处理、特征工程、模型训练和模型评估等全链路的建模流程操作。用户能够在机器学习设计器中以拖曳模块的方式构建实验，这大大降低了机器学习的使用门槛，使工程师不需要具备太多机器学习的经验也能够轻松构建推荐系统、金融风控、疾病预测或新闻分类等模型。通常在模型训练好后，用户还需要耗费较大的精力考虑如何将模型部署为在线服务，为此 Azure 机器学习设计器提供了一键部署的功能，大大简化了从构建模型到生产服务的操作。

接下来，我们将演示如何在机器学习设计器中基于已经创建好的数据集进行模型训练。

（1）在机器学习工作区左侧边栏单击 Designer 进入设计器。设计器左侧列出了所有“开箱即用”的机器学习模块，包括数据集（Datasets）、数据转换（Data Transformation）、统计函数（Statistical Functions）等。如图 8-12 所示，在数据集下找到已定义好的 flightdataset，并将其拖放至中间的设计区。

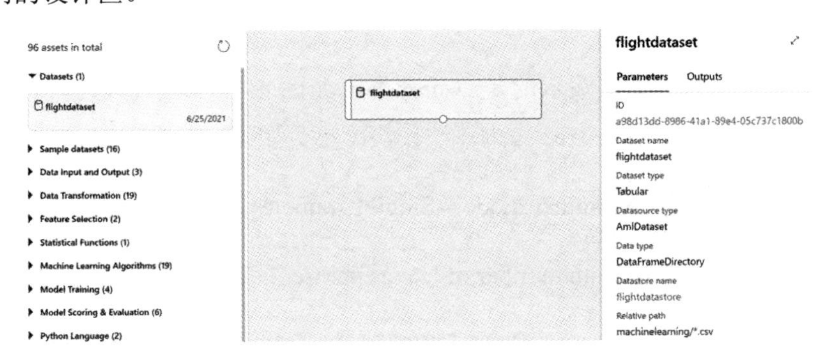

图 8-12　添加数据集模块

（2）如图 8-13 所示，把 Split Data 模块拖放至设计区，并将 flightdataset 数据集的输出端口连接至 Split Data 模块的输入端口。该模块的设置如下，表示原始数据集将被拆分成两个独立的数据集，其中 80% 的数据用来训练模型，由左侧端口输出；20%的数据用来测试模型，由右侧端口输出。

- Splitting mode：Split Rows。
- Fraction of rows in the first output dataset：0.8。
- Randomized split：True。
- Random seed：0。
- Stratified split：False。

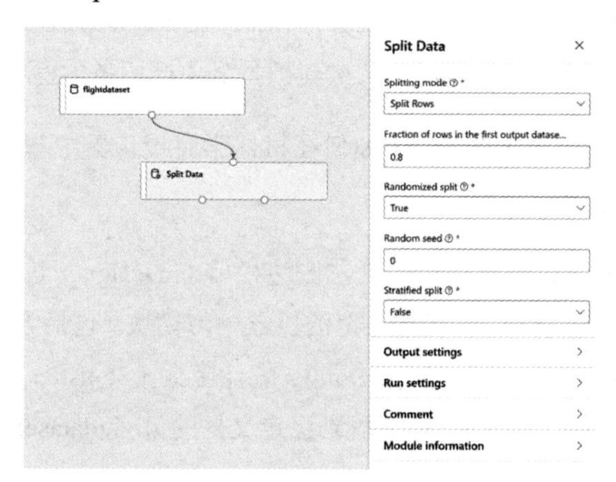

图 8-13　添加 Split Data 模块

（3）本示例演示的是二元分类，如图 8-14 所示，选择 Two-Class Boosted Decision Tree 作为算法模块，参数如下。

- Create trainer mode：SingleParameter。
- Maximum number of leaves per tree：20。
- Minimum number of samples per leaf：10。

- Learning rate：0.2。
- Number of trees constructed：100。

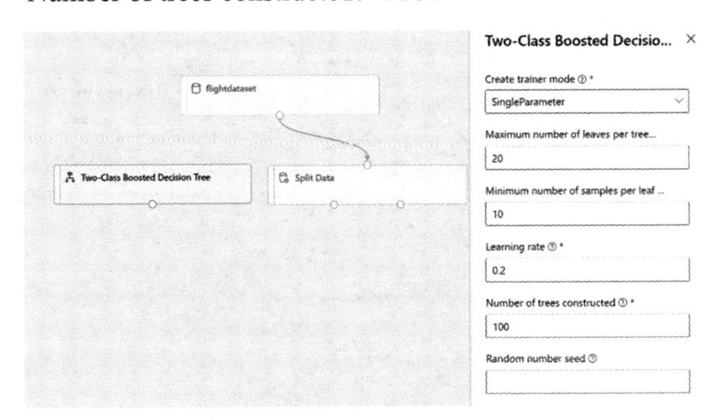

图 8-14　添加算法模块

（4）如图 8-15 所示，将 Train Model 模块拖入设计区，将 Two-Class Boosted Decision Tree 模块的输出端连接至 Train Model 的左侧输入端，将 Split Data 的左侧输出端连接至 Train Model 的右侧输入端。注意，此处需要设置训练模块的 Label column，“DepDel15”表示该模型的目的是预测飞机在不同条件下是否会发生延误。

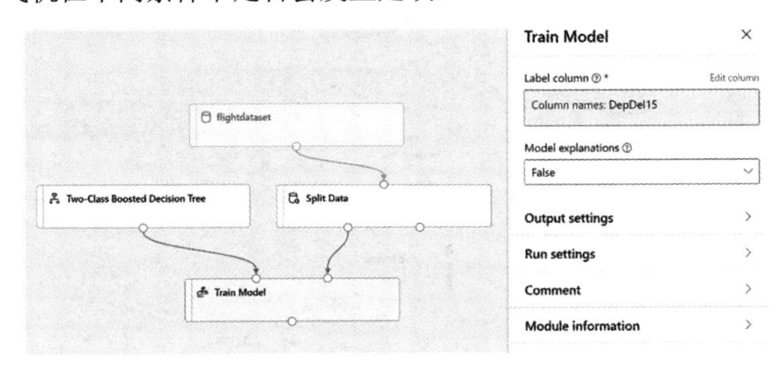

图 8-15　添加训练模块

（5）如图 8-16 所示，在依次添加 Score Model 和 Evaluate Model 模块后，将 Default compute target 设置为已经创建的 mycluster，单击 Submit，训练作业将在 mycluster 集群上启动。

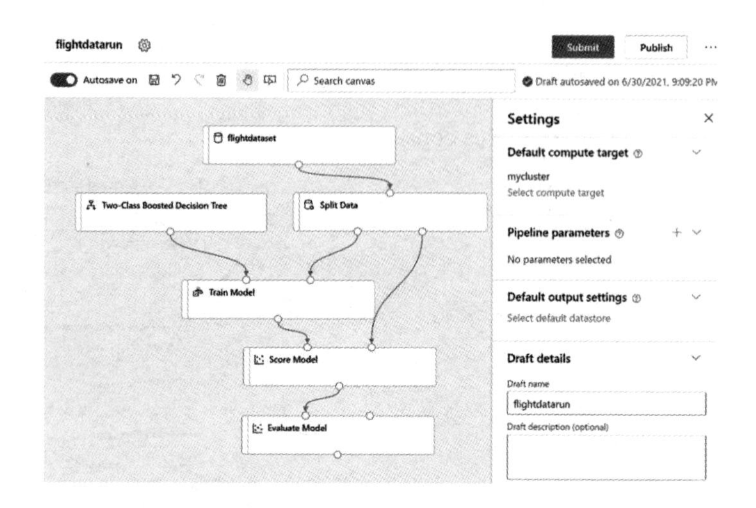

图 8-16　提交训练作业

（6）如图 8-17 所示，在训练完成后，设计器将显示每个训练步骤的完成状态，训练集群也将自动关闭。此时，读者可以右键单击 Evaluate Model 查看模型评估结果。

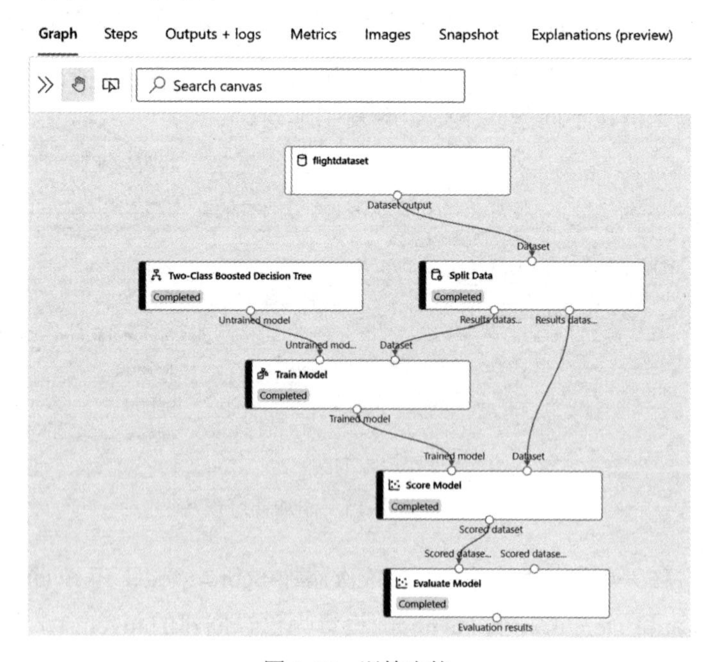

图 8-17　训练完毕

本示例演示的是二元分类模型，在进行预测的时候，二元分类可能会出现如下 4 种情况，它们可构成如表 8-1 所示的二元分类预测矩阵。

表 8-1　二元分类预测矩阵

—		预测类别		总计
		正类	负类	
实际类别	正类	TP	FN	TP+FN
	负类	FP	TN	FP+TN
总计		TP+FP	FN+TN	TP+FN+FP+TN

（1）TP：True Positive，将正类预测为正类的样本数量。

（2）FN：False Negative，将正类预测为负类的样本数量。

（3）FP：False Positive，将负类预测为正类的样本数量。

（4）TN：True Negative，将负类预测为负类的样本数量。

根据该矩阵，机器学习设计器的评估模块为二元分类模型提供了如下指标。

（1）准确率（Accuracy）：分类正确的样本数所占的比重，即（TP+TN）/（TP+TN+FP+FN）。

（2）精准度（Precision）：被预测为正类的样本中真正的正类样本的比重，即 TP/（TP+FP）。

（3）召回率（Recall）：被正确分类的正类样本占总的正类样本的比重，即 TP/（TP+FN）。

（4）F1 score：精准率与召回率的加权平均值，介于 0～1，理想值为 1，主要用于评估模型的稳健性。

（5）AUC：在 y 轴上绘制真报率，在 x 轴上绘制误报率，度量绘制的曲线下的面积，主要用于评估样本的均衡情况。

类似地，回归模型返回的指标旨在估算错误量，如果观测值与预测值之间的差很小，则认为模型能够很好地拟合数据。机器学习设计器为回归模型提供的指标包括平均绝对误差（Mean Absolute Error，MAE）、均方根误差（Root Mean Squared Error，RMSE）、相对绝对误差（Relative Absolute Error，RAE）、相对平方误差（Relative Squared Error，RSE）和决定系数等。

聚类分析模型在许多方面与分类和回归模型有很大差别，机器学习设计器评估模型也为聚类分析模型返回了不同的统计指标，用于说明分配给每个聚类的数据点数量、聚类之间的隔离量及每个聚类中数据点的聚集程度。

（1）Average Distance to Other Center：表示该聚类中每个点与所有其他聚类中心的平均距离。

（2）Average Distance to Cluster Center：表示某个聚类中所有点到该聚类中心的接近程度。

（3）Number of Points：表示每个聚类有多少数据点，以及所有聚类中数据点的总数。如果分配给聚类的数据点总量小于可用的数据点数量，则意味着无法再将数据点分配给聚类。

（4）Maximal Distance to Cluster Center：表示每个点与该点所属聚类的中心之间的最大距离。

8.6 自动化机器学习

如今，用户对机器学习的要求越来越高，成本、准确度、性能都决定了机器学习能否成功落地到日常的使用中，这也催生了探索机器学习方法的需求。对机器学习的新用户而言，使用机器学习算法的一个主要障碍是算法的性能受许多设计决策（包括训练过程、算法、正则化方法、超参数等）的影响，选择合适的设计决策对机器学习新用户的要求很高。另外，传统的机器学习训练过程涉及特征分析、模型选择、调参和评估等多个步骤，即便是资深的数据工程师，往往也需要花费数星期甚至数月的时间。在这种情况下，促进技术公平，降低技术门槛，让任何企业和个人都可以熟练使用机器学习，成为机器学习方法的发展方向，自动化机器学习应运而生。

自动化机器学习的目标是使用自动化的数据驱动方式做机器学习的设计决策，使用者只需提供数据，自动机器学习即可确定最佳的方案。如果没有自动化机器学习，该选择怎样的参数、被选择的参数是否有价值或者模型有没有问题、该如何优化模型等，都需要依靠个人的经验、知识或者数学方法来判断。自动化机器学习虽然也需要这些步骤，但其完全不依赖经验，而是使用数学方法，基于数据的分布和模型的性能，不断评估最优解的分布区间并对这个区间再次采样，进而自动选择最优算法及进行超参数优化。所以自动化机器学习可以在整个模型训练的过程中大大缩短时间，业务领域的专家可以将精力主要放在与业务相关的研究上，而不再需要费力学习各种机器学习算法。

接下来，我们将演示如何基于已创建的航班数据集，使用 Azure 自动化机器学习进行机器学习的训练。

（1）在机器学习工作区左侧边栏中单击 Automated ML，开始创建自动化机器学习。如图 8-18 所示，选择已定义好的 flightdataset，单击 Next。

（2）如图 8-19 所示，配置该自动化机器学习的 Target column，即预测目标列为 DepDel5，选择已创建的 mycluster 作为训练集群，单击 Next。

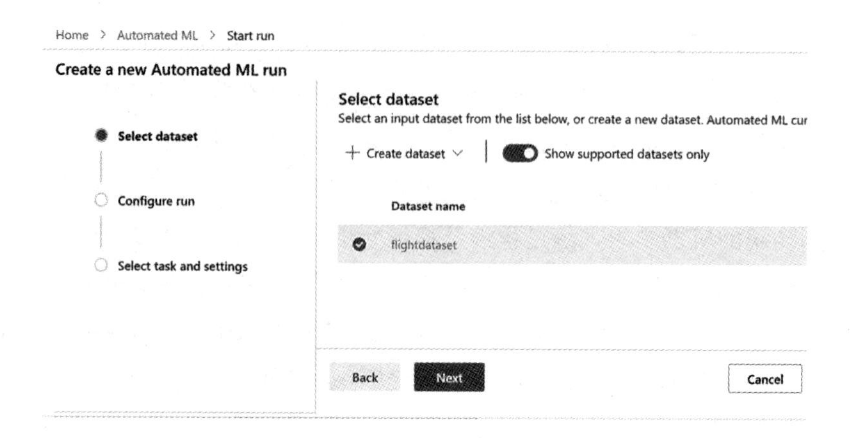

图 8-18 为自动化机器学习添加数据集

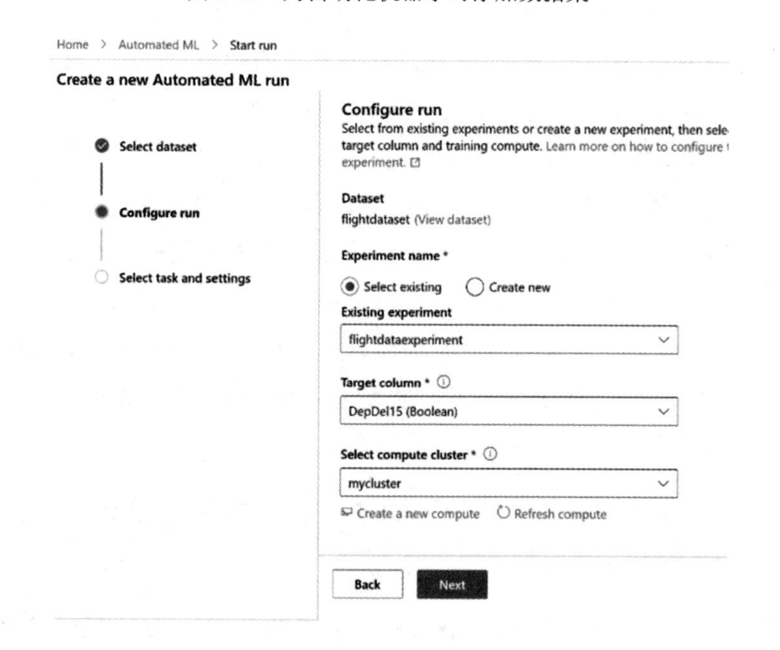

图 8-19 配置目标列

（3）如图 8-20 所示，在任务类型页面选择 Classification 后，单击 Finish 开始训练。

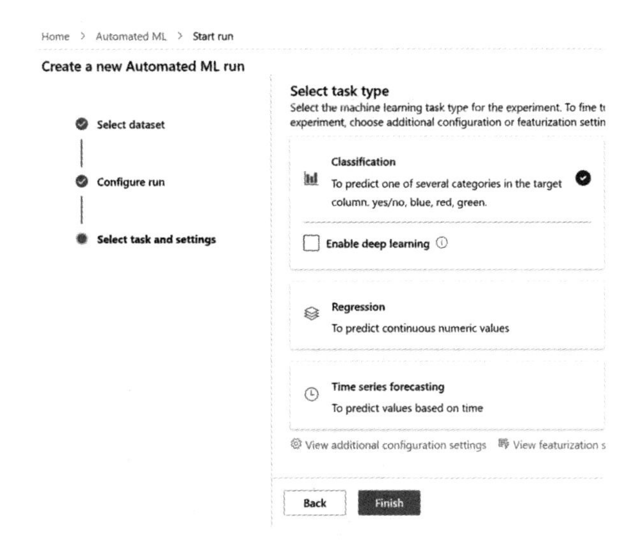

图 8-20　提交训练

（4）在训练完成后，可以看到本次训练的详细信息，包括状态（Status）、时长（Duration）等。如图 8-21 所示，在 Best model summary 下可以看到，本次训练发现的最合适的算法是 StackEnsemble，对应模型的准确率为 0.82689。

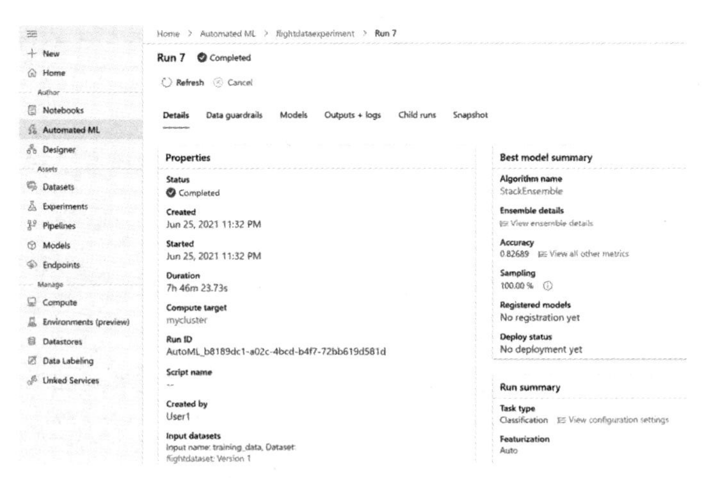

图 8-21　训练信息

（5）如图 8-22 所示，单击 Models 进入所有模型页面，即可看到本次训练所产生的所有模型（按准确率排序）。

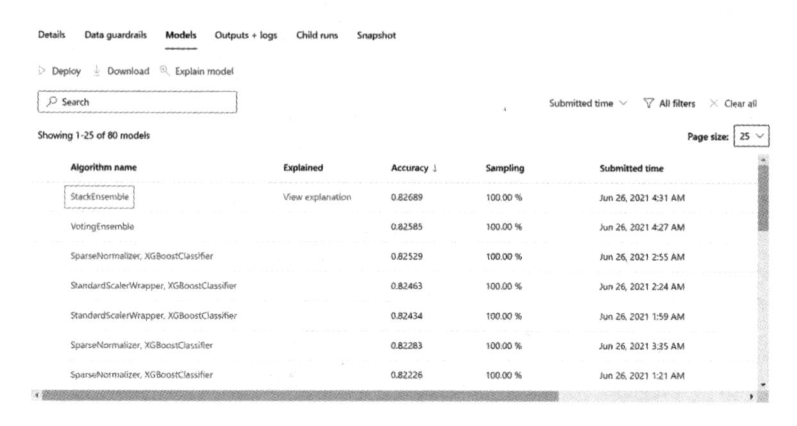

Algorithm name	Explained	Accuracy ↓	Sampling	Submitted time
StackEnsemble	View explanation	0.82689	100.00 %	Jun 26, 2021 4:31 AM
VotingEnsemble		0.82585	100.00 %	Jun 26, 2021 4:27 AM
SparseNormalizer, XGBoostClassifier		0.82529	100.00 %	Jun 26, 2021 2:55 AM
StandardScalerWrapper, XGBoostClassifier		0.82463	100.00 %	Jun 26, 2021 2:24 AM
StandardScalerWrapper, XGBoostClassifier		0.82434	100.00 %	Jun 26, 2021 1:59 AM
SparseNormalizer, XGBoostClassifier		0.82283	100.00 %	Jun 26, 2021 3:35 AM
SparseNormalizer, XGBoostClassifier		0.82226	100.00 %	Jun 26, 2021 1:21 AM

图 8-22　模型列表

（6）单击任意模型，可以查看其详细指标，如图 8-23 所示，单击 StackEnsemble 即可看到该模型对应的详细指标。

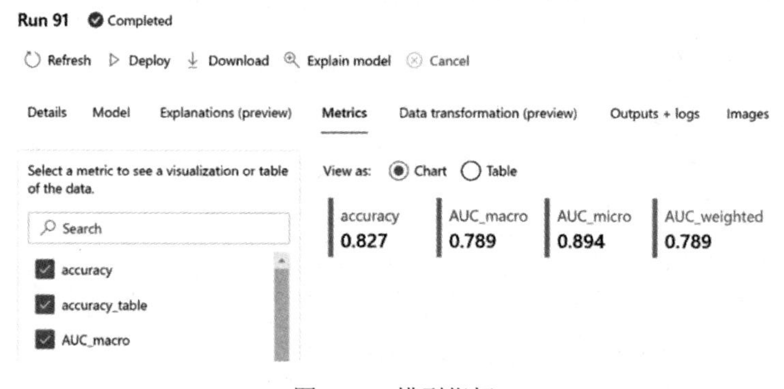

图 8-23　模型指标

可以看到，云原生的自动化机器学习平台大大降低了机器学习的门槛，把看似“高不可攀”的机器学习放到了普通工程师“触手可及”的位置。这也意味着，一旦数据集有相对清晰的格式，自动化机器学习将会比大多数工程师更快地训练与优化机器学习模型。当然，自动化机器学习的目的并不是代替数据科学家，而是减轻他们的工作负担，使其不必将大量精力耗费在重复与耗时的机器学习管道设计和参数优化上，而将时间投入到无法进行自动化的其他任务中。

8.7　本章小结

本章首先介绍了机器学习的算法类型和使用场景，阐述了机器学习的挑战和云原生平台的优势。然后结合 Azure Machine Learning Service 深入展示了云原生机器学习平台中的机器学习设计器和自动化机器学习，这些功能促进了技术公平，降低了技术门槛，减轻了工程师的工作负担，让任何企业和个人都有机会熟练使用机器学习。另外，云原生机器学习平台也支持在 Notebook 中通过代码训练模型，由于篇幅所限，本章没有进行深入介绍，感兴趣的读者可以继续实践。

参考文献

[1] Wikipedia. Clive Humby[EB/OL].[2021-03-20]. https://en.wikipedia.org/wiki/Clive_Humby.

[2] Sanjay Ghemawat, Howard Gobioff, Shun-Tak Leung. The Google File System[EB/OL].[2021-04-12]. https://static.googleusercontent.com/media/research.google.com/en//archive/gfs-sosp2003.pdf.

[3] Jeffrey Dean, Sanjay Ghemawat. MapReduce: Simplified Data Processing on Large Clusters[EB/OL].[2021-04-12]. http://static.googleusercontent.com/media/research.google.com/es/us/archive/mapreduce-osdi04.pdf.

[4] Fay Chang, Jeffrey Dean, Sanjay Ghemawat, et al. Bigtable: A Distributed Storage System for Structured Data[EB/OL].[2021-04-12]. https://research.google/pubs/pub27898/.

[5] James Dixon. Pentaho, Hadoop, and Data Lakes[EB/OL]. [2021-04-12]. https://jamesdixon.wordpress.com/2010/10/14/pentaho-hadoop-and-data-lakes/.

[6] Hadoop. Hadoop Azure Support: Azure Blob Storage[EB/OL].[2021-04-12]. https://hadoop.apache.org/docs/current/hadoop-azure/index.html.

[7] Microsoft. Subscription decision guide[EB/OL].[2021-04-12]. https://docs.microsoft.com/en-us/azure/cloud-adoption-framework/decision-guides/subscriptions/.

[8] Hadoop. Hadoop Azure Support: ABFS — Azure Data Lake Storage Gen2[EB/OL].[2021-04-12]. https://hadoop.apache.org/docs/current/hadoop-azure/abfs.html.

[9] Microsoft. Enterprise Data Warehouse Architecture[EB/OL].[2021-04-12]. https://azure.microsoft.com/en-us/solutions/architecture/modern-data-warehouse/.

[10] 全国信息安全标准化技术委员会秘书处. 关于开展国家标准《信息安全技术 个人信息安全规范(草案)》征求意见工作的通知[EB/OL].[2021-04-12]. https://www.tc260.org.cn/front/postDetail.html?id=20190201173320.

[11] Reynold Xin. Apache Spark the Fastest Open Source Engine for Sorting a Petabyte[EB/OL].[2021-04-12]. https://databricks.com/blog/2014/10/10/spark-petabyte-sort.html.

[12] Juliusz Sompolski, Reynold Xin. Benchmarking Big Data SQL Platforms in the Cloud[EB/OL].[2021-04-12]. https://databricks.com/blog/2017/07/12/benchmarking-big-data-sql-platforms-in-the-cloud.html.

[13] Brenner Heintz, Denny Lee. Productionizing Machine Learning with Delta Lake[EB/OL].[2021-04-12]. https://databricks.com/blog/2019/08/14/productionizing-machine-learning-with-delta-lake.html.

[14] Microsoft. Recommended configurations for Apache Kafka clients [EB/OL].[2021-04-12]. https://docs.microsoft.com/en-us/azure/event-hubs/apache-kafka-configurations.

[15] W.H. Inmon. Building the Data Warehouse[M]. 4th ed. Indianapolis: Wiley Publishing, 2005.

[16] Microsoft. Data Warehouse Units (DWUs) for dedicated SQL pool (formerly SQL DW) in Azure Synapse Analytics[EB/OL].[2021-03-20]. https://docs.microsoft.com/en-us/azure/synapse-analytics/sql-data-warehouse/what-is-a-data-warehouse-unit-dwu-cdwu.

[17] Microsoft. Memory and concurrency limits for dedicated SQL pool in Azure Synapse Analytics[EB/OL].[2021-03-20]. https://docs.microsoft.com/en-us/azure/synapse-analytics/sql-data-warehouse/memory-concurrency-limits#service-levels.

[18] Microsoft. CREATE EXTERNAL TABLE (Transact-SQL)[EB/OL]. [2021-03-20]. https://docs.microsoft.com/en-us/sql/t-sql/statements/create-external-table-transact-sql.

[19] Microsoft. CREATE TABLE AS SELECT (Azure Synapse Analytics)[EB/OL].[2021-03-20]. https://docs.microsoft.com/en-us/sql/t-sql/statements/create-table-as-select-azure-sql-data-warehouse.

[20] Microsoft. Dedicated SQL pool (formerly SQL DW) in Azure Synapse Analytics release notes[EB/OL].[2021-03-20]. https://docs.microsoft.com/en-us/azure/synapse-analytics/sql-data-warehouse/release-notes-10-0-10106-0#october-2019.

[21] Microsoft. COPY (Transact-SQL)[EB/OL].[2021-03-20]. https://docs.microsoft.com/en-us/sql/t-sql/statements/copy-into-transact-sql.

[22] Microsoft. Workload management with resource classes in Azure Synapse Analytics[EB/OL]. [2021-03-20]. https://docs.microsoft.com/en-us/azure/synapse-analytics/sql-data-warehouse/resource-classes-for-workload-management#dynamic-resource-classes.

[23] Microsoft. Memory and concurrency limits for dedicated SQL pool in Azure Synapse Analytics[EB/OL]. [2021-03-21]. https://docs.microsoft.com/en-us/azure/synapse-analytics/sql-data-warehouse/memory-concurrency-limits#concurrency-maximums-for-resource-classes.

[24] Microsoft. Workload management with resource classes in Azure Synapse Analytics[EB/OL]. [2021-03-21]. https://docs.microsoft.com/en-us/azure/synapse-analytics/sql-data-warehouse/resource-classes-for-workload-management#operations-not-governed-by-resource-classes.

[25] Microsoft. CREATE WORKLOAD GROUP (Transact-SQL)[EB/OL]. [2021-03-20]. https://docs.microsoft.com/en-us/sql/t-sql/statements/create-workload-group-transact-sql?view=azure-sqldw-latest#effective-values.

[26] Microsoft. Using labels to instrument queries for dedicated SQL pools in Azure Synapse Analytics[EB/OL]. [2021-03-20]. https://docs.microsoft.com/en-us/azure/synapse-analytics/sql-data-warehouse/sql-data-warehouse-develop-label.

[27] Microsoft. sp_set_session_context (Transact-SQL)[EB/OL]. [2021-03-20]. https://docs.microsoft.com/en-us/sql/relational-databases/system-stored-procedures/sp-set-session-context-transact-sql?view=azure-sqldw-latest.

[28] Microsoft. Workload classification for dedicated SQL pool in Azure Synapse Analytics[EB/OL]. [2021-03-21]. https://docs.microsoft.com/en-us/azure/synapse-analytics/sql-data-warehouse/sql-data-warehouse-workload-classification#mixing-resource-class-assignments-with-classifiers.

[29] Rohan Kumar. Simply unmatched, truly limitless: Announcing Azure Synapse Analytics[EB/OL]. [2021-03-21]. https://azure.microsoft.com/en-us/blog/simply-unmatched-truly-limitless-announcing-azure-synapse-analytics/.

[30] Microsoft. Control storage account access for serverless SQL pool in Azure Synapse Analytics[EB/OL]. [2021-03-21]. https://docs.microsoft.com/en-us/azure/synapse-analytics/sql/develop-storage-files-storage-access-control?tabs=user-identity#database-scoped-credential.

[31] VOGEL D R, DICKSON O W, LEHMAN J A. Persuasion and the Role of Visual Presentation Support: The UM/3M Study[C]. Minneapolis: University of Minnesota Working Paper Series, 1986.

[32] Microsoft. Power BI data sources [EB/OL]. [2021-03-20]. https://docs.microsoft.com/en-us/power-bi/connect-data/power-bi-data-sources.

[33] Microsoft. Sign up for the Power BI service as an individual [EB/OL]. [2021-03-20]. https://docs.microsoft.com/en-us/power-bi/fundamentals/service-self-service-signup-for-power-bi.